RÉCRÉAMATHS

IVAN MOSCOVICH

h.f.ullmann

001 01

NUMÉROS DES ÉNIGMES
Les énigmes de ce livre sont accompagnées de deux nombres présentés dans un petit cadre : un nombre blanc indiquant le numéro de l'énigme, et un nombre rouge indiquant le niveau de difficulté. Pour retrouver la solution de l'énigme à la fin de l'ouvrage, repérez-vous grâce au nombre blanc.

Toutes les énigmes de ce livre ont été créées et vérifiées par l'auteur.

Titre original : *BrainMatics. More logic puzzles*
ISBN 978-3-8331-5374-7

Idée originale et conception t: Ivan Moscovich
Texte : Ivan Moscovich
Coordination éditoriale : Daniel Fischer
Maquette : scripta, Cologne
Design de couverture: Jeff Beebe

Réalisation : Intexte, Toulouse
Traduction de l'anglais : Sophie Guyon, Christine Liabeuf

Printed in China

ISBN 978-3-8331-5375-4

10 9 8 7 6 5 4 3 2 1

Vous souhaitez être informé des nouveautés h.f.ullmann ?
Inscrivez-vous à notre newsletter sur notre site
www.ullmann-publishing.com
h.f.ullmann, Im Mühlenbruch 1, 53639 Königswinter, Allemagne
newsletter@ullmanpublishing.com ; fax : +49(0)2223-2780-708

« L'imagination est plus importante que la connaissance. La connaissance a ses limites. »

Albert Einstein

ALBERT EINSTEIN ET LES MATHÉMATIQUES

« Jamais auparavant je ne me suis tracassé à ce point ni n'ai-je acquis autant de respect pour les mathématiques, dont les aspects les plus subtils que j'ai considérés jusqu'alors avec ignorance sont le luxe même ! »

Einstein, dans une lettre à un ami, 1916.

« Jusqu'à présent, notre expérience nous permet de croire que la nature est le produit d'idées mathématiques les plus simplement imaginables. Je suis convaincu que nous pouvons découvrir, grâce à des constructions purement mathématiques, les concepts et les lois qui organisent ces idées. »

Einstein, The Herbert Spencer lecture, *Oxford, 1933*

Selon le vieil adage, la nécessité est mère de l'invention. Mais cela s'applique-t-il aussi à la créativité ? Un pragmatique répondrait « oui » parce qu'il n'y a pas de différence entre invention et créativité, mettant ainsi fin au débat.

Pourtant, cette réponse simple ne semble pas suffire, du moins pas en ce qui concerne les mathématiques. S'il est indéniable que l'invention passe par la créativité, est-il vrai que la NÉCESSITÉ en soit toujours la cause sous-jacente ?

On ne peut nier qu'elle puisse jouer un rôle, du moins parfois, mais si on s'en réfère à l'expérience ; il n'y a pas que cela, loin s'en faut. Et la créativité qui est au cœur des mathématiques en est l'exemple parfait.

RécréaMaths

L'histoire veut qu'Archimède ait crié « Eurêka ! » en trouvant la réponse au problème du volume d'un objet irrégulier, plus précisément du volume de la couronne du roi de Syracuse. Mais dans ce livre, nous voyons aussi qu'outre de nombreuses autres inventions mathématiques, il créa également un incroyable jeu de géométrie, que vous trouverez ici et appelé le « syntémachion ». Quelle en était donc la stricte nécessité ?

L'ingrédient qui manque, selon moi, est la curiosité. L'impulsion a été donnée par une simple question, « et si ? »... celle d'où naît toute curiosité.

Peut-être faut-il aussi une sorte d'interactivité, parce que nous savons tous que les idées nouvelles vont et viennent plus facilement quand elles sont partagées et débattues. Cependant, il existe de très nombreux cas où une formidable créativité se passe d'aide, lorsque la pensée tourne en rond et que surgit soudain une idée nouvelle. Même si l'esprit créatif fonctionne à plein régime dans le fond, la cause perceptible de la création semble venir de nulle part. Ainsi, l'interactivité peut être, ou ne pas être, nécessaire. En revanche, la créativité ne peut se passer de la curiosité, cette force humaine puissante – peut-être même un des éléments les plus importants qui fait de nous ce que nous sommes.

Il me semble que plus que toute autre chose, c'est la curiosité qui motive l'esprit mathématique. Le besoin incessant, pugnace, d'étudier un point d'une manière différente, de tester une formule jusqu'à la réduire à néant si possible, et de chercher sans fin une solution plus efficace, plus élégante et plus belle que tout ce qui a pu exister auparavant.

Ce livre présente de nombreuses qualités, dont sa capacité à expliquer et à inspirer de l'amour pour une science trop souvent rendue absconse. Mais, bien plus encore, je suis convaincu que sa capacité – son inéluctabilité – à stimuler la curiosité pour « la belle science » se révélera sa qualité la plus précieuse.

RÉCRÉAMATHS

SOMMAIRE

005 Einstein à propos des mathématiques
006 Avant-propos
007 Sommaire
008 Harmonographe de Moscovich
009 Carrés magiques **(1)** 10
010 Carrés latins de couleurs **(2)** 8
011 Cache-case **(3)** 7
012 Formes de couleur magiques **(4)** 8
013 Araignée de Jeremiah Farrell **(5)** 7
014 Dé magique
015 Decapuz **(6)** 6
016 Matador de couleurs **(7)** 5
017 Polygones articulés **(8)** 5
018 Polygones et découpage de trois carrés
019 Tables ovales **(9)** 10
020 Le syntémachion d'Archimède **(10)** 9
021 La loi de Pythagore
022 Triangle égyptien et casse-tête à cordes **(11)** 8
023 Théorème de Pythagore **(12)** 7
024 Démonstrations du théorème de Pythagore
025 Plaques royales **(13)** 4
026 Curiosité pythagoricienne
027 Découverte des nombres irrationnels **(14)** 9
028 Rectangles parfaits **(15)** 7
029 Carrés imparfaits **(16)** 5
030 Carrés consécutifs
031 Dissection de triangles obtus **(17)** 8
032 Dissection de triangles équilatéraux **(18)** 8
033 Triangles imparfaits **(19)** 7
034 Disparitions géométriques **(20)** 2
035 Crayons magiques **(21)** 1
036 Triominos sur échiquiers **(22)** 7
037 Hexominos cubiques **(23)** 6
038 Pliages **(24)** 6
039 Marchepied **(25)** 5
040 Carrés consécutifs de polyominos en spirale **(26)** 8
041 Pavages superposés **(27)** 5
042 Pavages réguliers **(28)** 5
043 Pavages semi-réguliers
044 Triangles pinwheel **(29)** 8
045 Opération de Gauss **(30)** 6
046 Nombres triangulaires **(31)** 6
047 La divine Tetraktys **(32)** 10
048 Nombres figurés polygonaux **(33)** 9
049 Entiers consécutifs **(34)** 5
050 Nombres uniques **(35)** 6
051 Pensez à un nombre **(36)** 5
052 Pensez à un nombre – bis **(37)** 4
053 Nombre curieux 1089 **(38)** 7
054 Tour de magie : le nombre télépathique **(39)** 3
055 Boucles d'oreilles **(40)** 2
056 Le paradoxe des cinq **(41)** 5
057 La « digitaddition » de Kaprekar **(42)** 9
058 La constante magique de Kaprekar **(43)** 9
059 Le problème de Collatz **(44)** 9
060 Palindromes **(45)** 4
061 Le général et ses troupes **(46)** 6
062 L'hôtel infini **(47)** 5
063 Automate cellulaire **(48)** 5
064 Trajectoires cellulaires **(49)** 6
065 Trajectoires cellulaires
066 Paradoxe du décalage infini **(50)** 8
067 Virée mystérieuse **(51)** 7
068 Nombres premiers **(52)** 8
069 Le crible d'Ératosthène
070 Schéma des nombres premiers **(53)** 7
071 L'escalier de nombres premiers **(54)** 8
072 Spirale des nombres premiers **(55)** 7
073 Boulier binaire **(56)** 6
074 La tour de Hanoï **(57)** 7
075 Roues de la mémoire binaires **(58)** 8
076 Le paradoxe de Zénon **(59)** 7
077 Vérité, mensonges et entre-deux **(60)** 6
078 Diagrammes de Venn **(61)** 9
079 Diagrammes de Venn
080 Casse-tête et franchissement de rivière **(62)** 8
081 Trois soldats devant une rivière **(63)** 8
082 Traversée nocturne **(64)** 7
083 La lampe du grenier **(65)** 8
084 Problèmes de Langford **(66)** 10
085 Le tour du chapeau **(67)** 6
086 Chapeaux et couleurs **(68)** 7
087 Le paradoxe de la pastèque **(69)** 8
088 Le chevalier et le dragon **(70)** 8
089 Problèmes d'anniversaire **(71)** 6
090 La roue de la fortune **(72)** 6
091 Pile ou face **(73)** 7
092 100 lancers de pièce **(74)** 7
093 Loi de Benford **(75)** 9
094 Scatterhead **(76)** 8
095 Promenade aléatoire **(77)** 9
096 Motifs aléatoires **(78)** 8
097 Triple duel **(79)** 9
098 Le ruban de Möbius **(80)** 3
099 La non-transitivité **(81)** 6
100 Des aiguilles non transitives **(82)** 6
101 Le théorème des quatre couleurs **(83)** 5
102 Le tour du cavalier
103 L'échange de cavaliers **(84)** 7
104 Le collier d'anneaux borroméens en or **(85)** 3
105 L'Alhambra **(86)** 6
106 Les boucles arc-en-ciel **(87)** 5
107 Un polyèdre convexe régulier **(88)** 3
108 Le pliage d'Ivan 1
109 Le pliage d'Ivan 2
110 Flexi twist
111 Flexi twist 2
112 Les pliages **(89)** 3
113 Les pliages 2 **(90)** 5
114 Le jardin artistique impossible **(91)** 7
115 Le triangle impossible
116 La boucle impossible d'Harry **(92)** 7
117 Le pliage « impossible » d'Ivan **(93)** 7
118 Les distorsions – l'anamorphose **(94)** 2
119 Un cube dans un cube **(95)** 8
120 Les spidrons
121 Les spidrons 2
122 Trente cubes de couleurs **(96)** 9
123 Des cubes en contact **(97)** 10
124 La chute libre – la gravité
125 Plan incliné, chute libre et expérience de Galilée
126 Vitesse, vecteur vitesse et accélération
127 La « couronne des sphères » de Stevin
128 Le problème de poids de Bachet **(98)** 8
129 Les doubles cônes antigravité **(99)** 6
130 L'équilibre des chances **(100)** 7
131 Le classement des poids **(101)** 8
132 Le pendule **(102)** 7
133 Le pendule de Foucault **(103)** 8
134 On a marché sur la lune **(104)** 2
135 La lune, Mercure et les étoiles **(105)** 2
136 Les bulles de savon
137 Le problème de Plateau **(106)** 8
138 Le principe d'Archimède **(107)** 8
139 Un mélange de billes et de thé avec du lait
140 Le beau rêve millénaire de voler
141 Comment les avions volent
142 La perception et les illusions d'optique
143 Perception, art et illusion **(108)** 5
144 La tache aveugle
145 Un trou dans le mur
146 Une illusion de contraste **(109)** 2
147 Les points persistants **(110)** 1
148 Des contours subjectifs **(111)** 1
149 Les lignes parallèles **(112)** 3
150 Des persistances en couleurs
151 La perspective
152 Sens dessus dessous **(113)** 3
153 Une illusion d'ombre sur un échiquier
154 De l'art sur le trottoir
155 Un escalier en perspective
156 Le cube de Necker
157 Une coccinelle dans un cube de Necker **(114)** 3
158 Des stéréogrammes à points aléatoires
159 L'œil magique
160 Les motifs en mathématiques
161 L'appariement de motifs **(115)** 5
162 Les cubes Love 1 **(116)** 5
163 Les cubes Love 2
164 Les cubes manquants **(117)** 5
165 Solutions

Les nombres placés à côté du titre des casse-tête permettent de numéroter les casse-tête et leur niveau de difficulté. Le numéro du puzzle est inscrit en gras, le niveau de difficulté figure en italique, du plus petit (facile) au plus grand (difficile). Les nombres correspondent aux cases rouges et blanches des pages des casse-tête.

HARMONOGRAPHE DE MOSCOVICH

« La beauté est le premier test : il n'y a pas de place durable dans le monde pour les mathématiques laides. »
G.H. Hardy (1877–1947)

« Les mathématiques sont plus qu'un outil et un langage au service de la science. Elles ont leur propre fin et, au cours des siècles, elles ont marqué de leur propre empreinte notre vision du monde. »
Stephen Hawking

« Je ne pense pas posséder suffisamment de sagesse encore pour aimer ce qui est laid. »
Stendhal (1783-1842)

« Je veux que vous tombiez amoureux des idées mathématiques, que vous commenciez à être séduits par elles, que vous voyiez combien il est facile d'être fasciné et que vous vouliez passer des années avec elles, à travailler sur des projets mathématiques. »
Gregory Chaitin dans Meta Maths !

« HARMONOGRAMMES DE MOSCOVICH »

Créé par la collaboration de l'***ARTISTE*** et d'une MACHINE, un calculateur analogique, la célèbre machine à dessiner, invention protégée par un brevet mondial, fut présenté pour la première fois à un large public au salon ***Cybernetic Serendipity*** de Londres en 1969. Cet événement constitue une étape majeure dans l'histoire de l'art moderne.

L'HARMONOGRAPHE DE MOSCOVICH
Brevet américain 3 473 229

L'harmonographe, inventé en 1955 à l'aide d'un calculateur analogique, est un instrument mécanique unique qui produit de très beaux dessins, de grande qualité et d'une valeur artistique. Chaque harmonogramme (nom donné aux dessins de la machine) est un original unique, ce que nulle autre technique n'a réussi à égaler à ce jour, pas même l'ordinateur électronique moderne.

Dans les années 1970 et 1980, les harmonogrammes étaient présentés et applaudis dans les principales expositions d'art et spectacles homme-machine dans le monde :

Cybernetic Serendipity, ICA à Londres

International Design Centre de Berlin

Musée d'art moderne de Mexico

Salon Didacta d'Hanovre, Allemagne

Musée d'Israël de Jérusalem

Technorama, la cité des sciences suisse située à Winterthur, a construit un harmonographe de Moscovich et en a fait l'une de ses principales expositions interactives permanentes (ci-contre).

Dans les années 2000, les harmonogrammes d'Hila Moscovich, des créations artistiques de la fille de l'inventeur réalisées à l'aide d'une version améliorée de l'harmonographe original breveté de Moscovich, soulevèrent une nouvelle vague d'intérêts pour les harmonogrammes.

« Nous devons à Ivan Moscovich, ancien directeur du musée des Sciences et Technologies de Tel Aviv, d'avoir eu l'idée de la machine à dessiner (brevet américain n° 3 473 229). Il l'a présentée pour la première fois en 1968 dans une formidable exposition sur l'art et la technologie informatique, Cybernetic Serendipity, où exposait aussi Jean Tinguely. »

Remerciement au Technorama

CARRÉS MAGIQUES

Lo Shu – le plus vieux et le plus remarquable carré magique

On appelle « carré magique » des nombres disposés en grille de sorte que la somme de chacune des rangées, colonnes et parfois diagonales est égale.

Le plus vieux carré magique est le **« Lo Shu »** chinois, qui remonte à 2 000 ans av. J.-C. C'est un carré magique d'ordre 3 et son motif est unique.

La littérature chinoise, dès 2200 av. J.-C., raconte la légende de Lo Shu, ou « diagramme du fleuve Lo ». Il y eut dans la Chine ancienne une formidable inondation. Le peuple chercha à apaiser la colère du dieu de l'un des fleuves en crue, le Lo, par des sacrifices. C'est alors que sortit de l'eau une tortue portant sur sa carapace un motif étrange ; on y voyait des points figurant des chiffres disposés trois par trois dans une grille, de telle sorte que la somme de chaque rangée, de chaque colonne et de chaque diagonale était la même : 15.

La somme des 9 chiffres du carré de Lo Shu donne 45 qui, divisé par 3, donne la ***« constante magique »*** de 15.

En général, pour tout carré magique d'ordre n, cette constante peut se trouver facilement à l'aide de la formule :

$$M = \frac{n\,(n^2 + 1)}{2}$$

Il y a 8 triplets de nombres possibles qui font 15 :

9 + 5 + 1   9 + 4 + 2   8 + 6 + 1   8 + 5 + 2   8 + 4 + 3   7 + 6 + 2   7 + 5 + 3   6 + 5 + 4

Le chiffre du milieu appartient à quatre lignes. Le 5 étant le seul chiffre à apparaître dans quatre triplets, il est placé au centre.

Le 9 n'apparaît que dans deux triplets. Il doit donc se positionner dans une case du milieu, sur les côtés, ce qui nous donne toute la colonne du milieu : 9 + 5 + 1.

3 et 7 n'apparaissent aussi que dans deux triplets. Les quatre chiffres restants ne peuvent s'inscrire que d'une seule façon – prouvant avec élégance qu'il n'y a qu'une solution du Lo Shu, à l'exclusion des rotations et des symétries.

CARRÉ DIABOLIQUE DE DÜRER

Un carré magique d'ordre 4

Le plus célèbre des carrés magiques est le carré diabolique de Dürer. Albrecht Dürer intégra son carré magique dans sa gravure Melancolia (1514). Il est dit diabolique parce qu'il est bien plus « magique » que ne l'exige la définition d'un carré magique.

Combien de dispositions géométriques différentes de quatre chiffres dont le résultat est la constante magique de 34 pouvez-vous trouver ?

00110

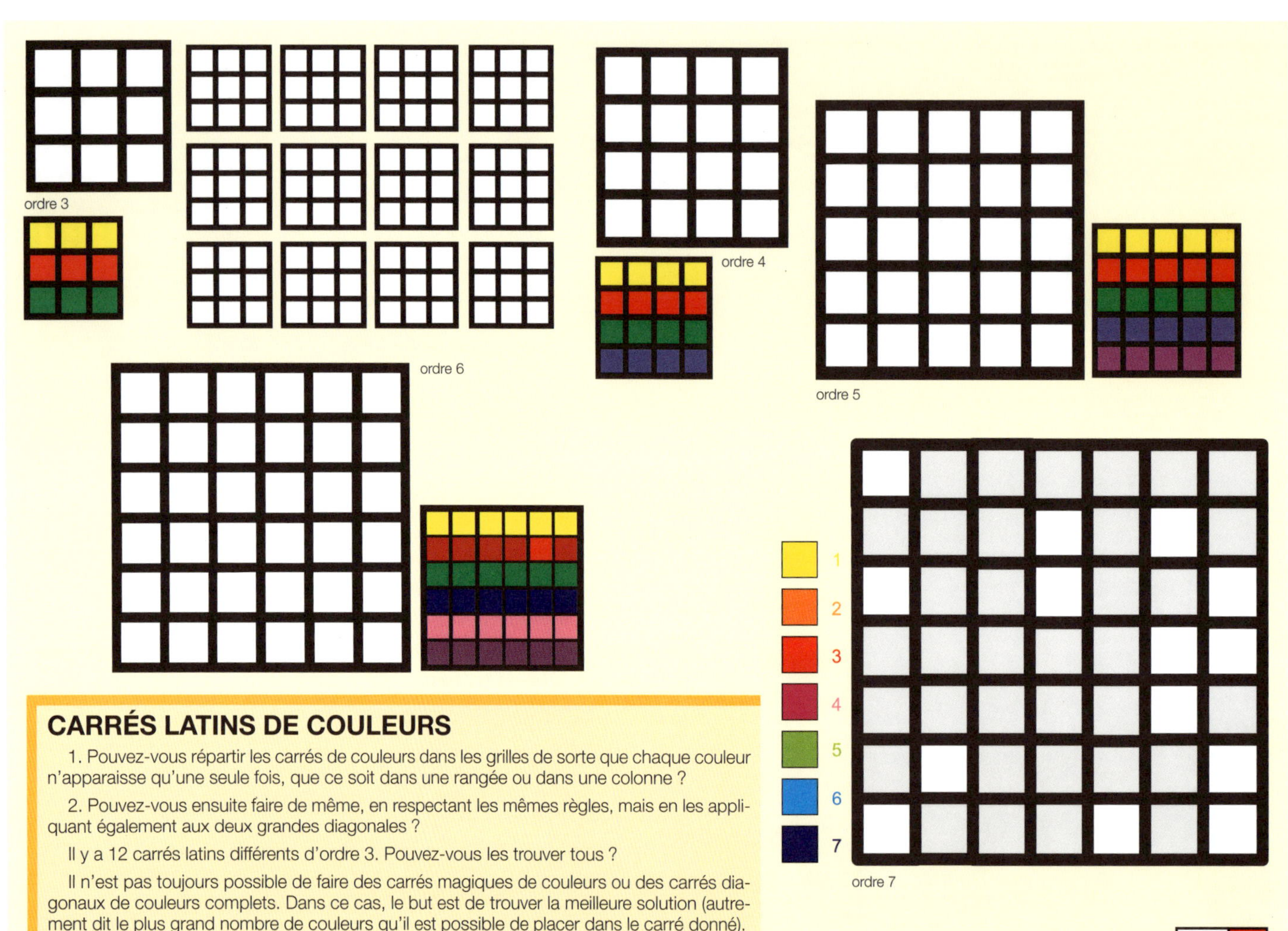

CARRÉS LATINS DE COULEURS

1. Pouvez-vous répartir les carrés de couleurs dans les grilles de sorte que chaque couleur n'apparaisse qu'une seule fois, que ce soit dans une rangée ou dans une colonne ?

2. Pouvez-vous ensuite faire de même, en respectant les mêmes règles, mais en les appliquant également aux deux grandes diagonales ?

Il y a 12 carrés latins différents d'ordre 3. Pouvez-vous les trouver tous ?

Il n'est pas toujours possible de faire des carrés magiques de couleurs ou des carrés diagonaux de couleurs complets. Dans ce cas, le but est de trouver la meilleure solution (autrement dit le plus grand nombre de couleurs qu'il est possible de placer dans le carré donné).

CARRÉS MAGIQUES LATINS ET GRÉCO-LATINS

À la fin de sa vie, Leonhard Euler (1707-1783), l'un des plus célèbres mathématiciens de tous les temps, inventa deux nouvelles variantes de carrés magiques, les carrés latin et gréco-latin. Les carrés latins sont des grilles carrées sur n rangées et colonnes dans lesquelles différents symboles, chiffres, couleurs, etc. sont disposés de telle sorte qu'un symbole ne se présente pas plus d'une fois dans chaque rangée ou colonne, et parfois même dans les deux grandes diagonales. Un carré gréco-latin est un carré magique de deux carrés latins superposés disposés en respectant deux conditions :

1. Chaque rangée et chaque colonne contiennent exactement un seul symbole des deux carrés combinés ;

2. Deux cellules ne peuvent pas contenir le même couple de symboles dans le même ordre.

En 1782, Euler fit des carrés gréco-latins d'ordre n, où n est impair ou multiple de 4. Il essaya également de créer un carré gréco-latin d'ordre 6, sans y parvenir. Il conclut par la conjecture qu'aucun carré gréco-latin d'ordre 6 ou plus ne pouvait exister.

Sa conjecture fut d'abord testée en 1959 quand un ordinateur fut programmé pour chercher des carrés magiques gréco-latins d'ordre 10. Après 100 heures de calculs, la machine n'en trouva aucun, et cela n'était pas surprenant car on estime qu'une recherche complète aurait pris plus de 100 ans. Cependant, l'année suivante, en 1960, E. T. Parker, R. C. Bose et S. S. Shrikhande élaborèrent une nouvelle approche informatique qui, étonnamment, fournit une myriade de carrés magiques gréco-latins d'ordres supérieurs à 6, dont des carrés d'ordre 10. Ce fut un des grands moments de fierté dans le domaine des découvertes mathématiques, et également une réussite en termes de beauté artistique du résultat.

CACHE-CASE

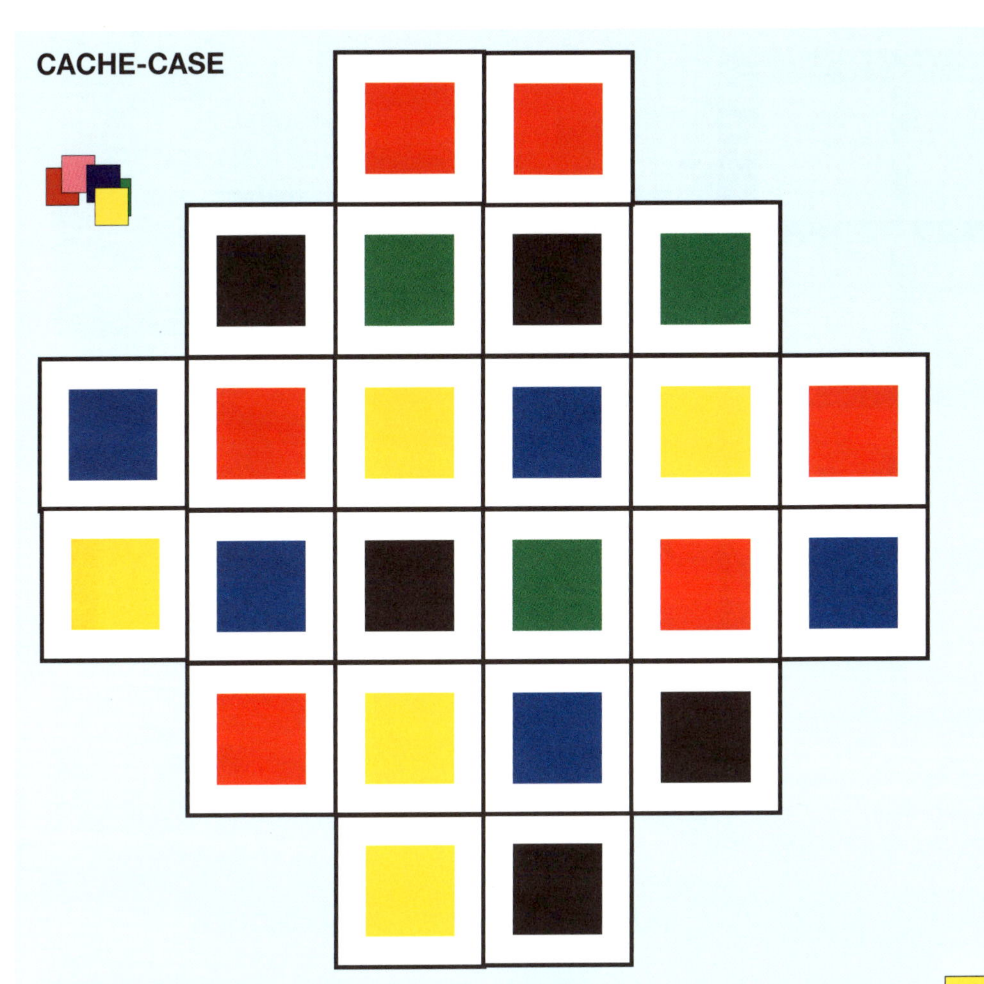

Les 24 pièces du jeu

CACHE-CASE

Cache-case est un jeu de mon invention qui peut compter jusqu'à quatre joueurs. Il fut fabriqué sous forme de coffret et commercialisé sous le nom de Spectrix dans les années 1970 et 1980. Il sera bientôt relancé, toujours sous le nom de Spectrix.

Le but est de placer les 24 carrés de couleur sur le plateau de jeu.

Les règles sont les suivantes :

(1) Vous ne pouvez poser un carré sur une case de la même couleur ou près d'une case de la même couleur. (« Près de » signifie les quatre cases adjacentes orthogonalement – autrement dit à angle droit.)

(2) Après chaque coup, la case du plateau prend la couleur du carré qui la recouvre.

(3) Vous ne pouvez pas poser de carré sur un autre carré.

Ce jeu peut se jouer à un ou plusieurs joueurs. Si vous jouez à deux, vous gagnez quand votre adversaire ne peut plus placer de carré et que vous pouvez continuer à jouer. Si vous jouez seul, le but est de poser tous les carrés sur le plateau en respectant les mêmes conditions susmentionnées.

FORMES DE COULEUR MAGIQUES

Pouvez-vous disposer les 16 formes de couleur sur le plateau de quatre par quatre, de sorte qu'elles créent des configurations de quatre couleurs/quatre formes comme le montrent les six motifs présentés et indiqués ci-dessous :

(1) 4 colonnes verticales ;

(2) 4 rangées horizontales ;

(3) 2 grandes diagonales ;

(4) 4 cases d'angle ;

(5) 4 cases centrales ;

(6) 4 cases de chaque quart.

FORMES DE COULEUR MAGIQUES

Les 16 pièces du jeu se composent de quatre formes différentes – carré, hexagone, octogone et étoile –, chaque forme se déclinant dans les quatre couleurs jaune, rouge, vert et bleu.

004 8

1 2 3

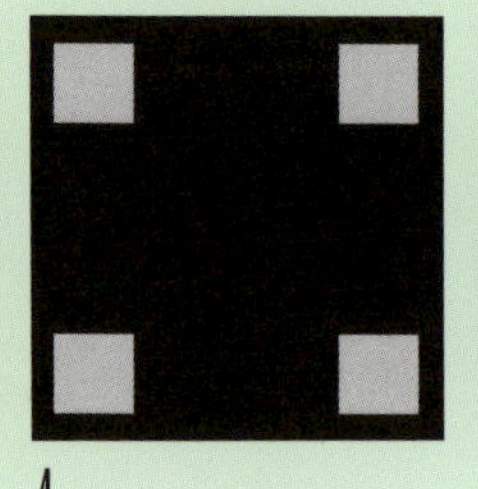

4

5

6

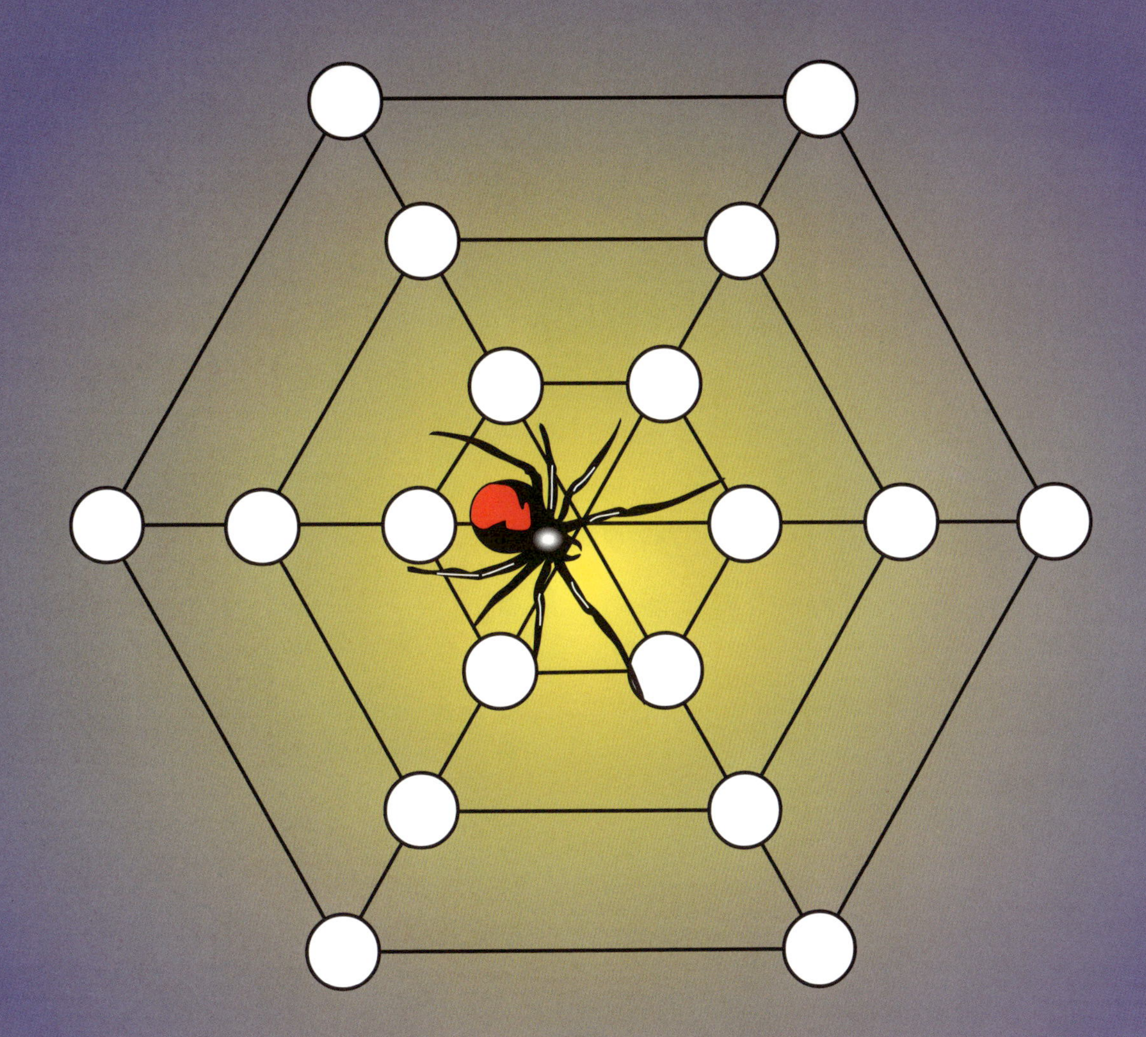

L'ARAIGNÉE DE JEREMIAH FARRELL

Hexagones magiques

Casse-tête 1 Placez des chiffres consécutifs de 1 à 18 sur les tours de la toile de sorte que sur les trois hexagones et sur chaque diagonale, la somme de tous ces chiffres donne 57.

Casse-tête 2 Placez les six lettres du mot SPIDER (araignée, en anglais) sur les cases des trois hexagones et des trois diagonales (le mot ne sera lisible que sur une diagonale).

DÉ MAGIQUE DE JEREMIAH FARRELL

Jeremiah Farrell inventa une sorte de cube magique très spécial. Vingt-sept dés classiques sont disposés pour former un cube de 3 par 3 par 3 de sorte que ses faces ont des rapports magiques.

Voici la trame dépliée du dé magique, montrant toutes ses faces. Il est magique sur chaque face pour les rangées et les colonnes, comme dans les carrés magiques plats classiques. Mais il est bien plus magique dans la troisième dimension. En outre, quand le dé magique est placé sur la table, un de ses côtés vers le haut, comme dans notre exemple, il est également magique sur ses quatre côtés, d'une manière spéciale.

Choisissez une des diagonales, rangées ou colonnes d'un côté. Puis ajoutez les quatre diagonales, rangées ou colonnes correspondantes des quatre faces. Vous parviendrez toujours un total de 42.

Par exemple, si vous choisissez la deuxième rangée d'un côté (dessus) avec 4 + 1 + 3 = **8**, plus 2 + 4 + 5 = **11**, plus 3 + 6 + 4 = **13**, plus 5 + 3 + 2 = **10**. **Le résultat est 42.**

À vous de vérifier si ces propriétés magiques se vérifient quelle que soit la position du dé magique sur la table.

Prenez 27 dés classiques et collez-les ensemble pour faire le dé magique : vous verrez, c'est un projet gratifiant.

Jeremiah Farrell, créateur bien connu de casse-tête et de jeux ingénieux, est professeur honoraire de mathématiques à l'université Butler d'Indianapolis aux États-Unis. Il y enseigne encore des thèmes particuliers comme les jeux combinatoires. C'est également un membre de la « Martin's People's », chargée de l'organisation des rencontres en l'honneur de Martin Gardner qui se tiennent tous les deux ans à Atlanta.

DECAPUZ

Pouvez-vous recopier et découper les neuf décagones et les redisposer dans la même configuration, de sorte que tous les bords qui se touchent soient de la même couleur ? Les formes ne doivent pas changer de place – vous pouvez uniquement les faire tourner.

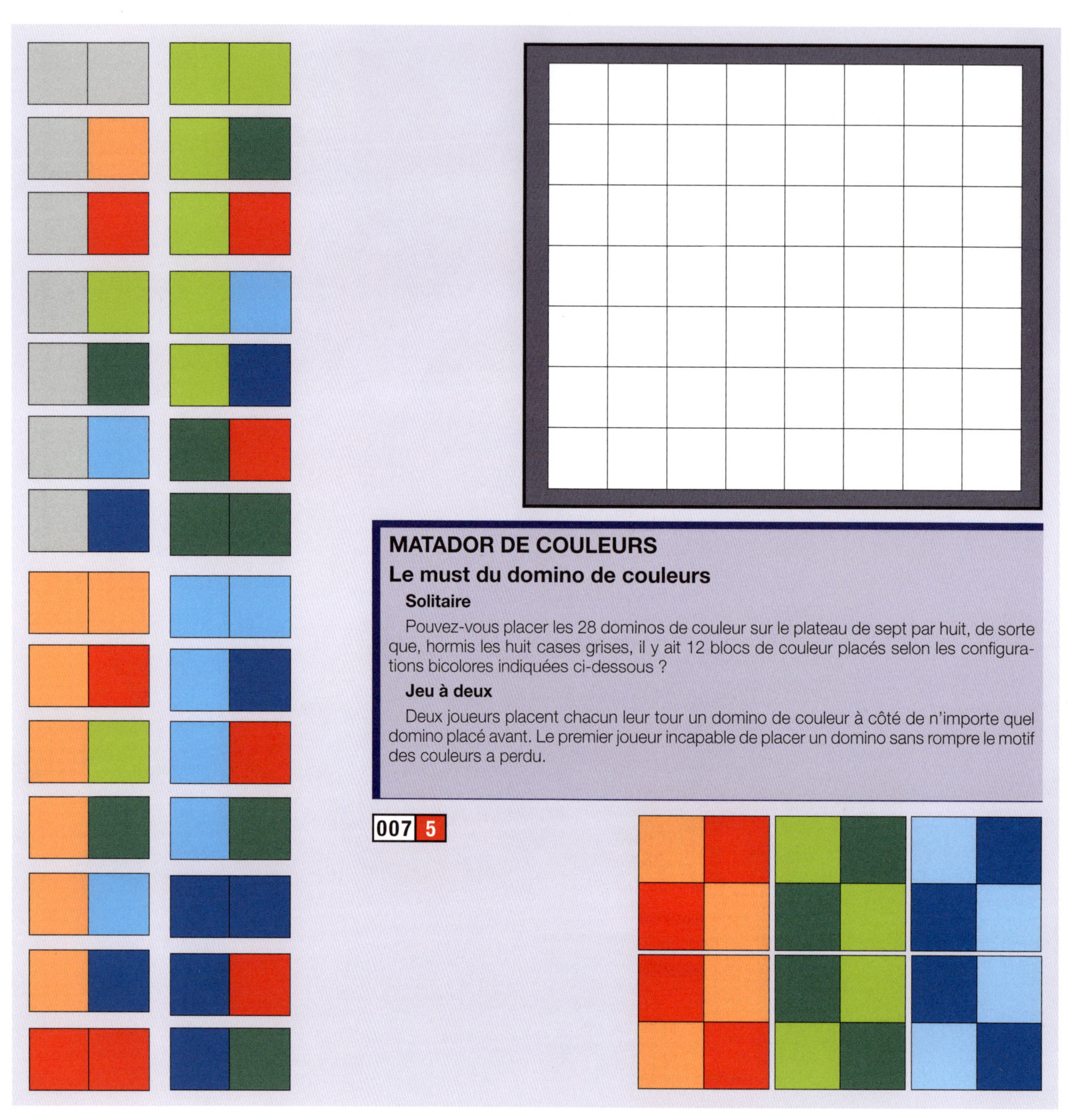

MATADOR DE COULEURS

Le must du domino de couleurs

Solitaire

Pouvez-vous placer les 28 dominos de couleur sur le plateau de sept par huit, de sorte que, hormis les huit cases grises, il y ait 12 blocs de couleur placés selon les configurations bicolores indiquées ci-dessous ?

Jeu à deux

Deux joueurs placent chacun leur tour un domino de couleur à côté de n'importe quel domino placé avant. Le premier joueur incapable de placer un domino sans rompre le motif des couleurs a perdu.

007 5

DISSECTIONS ET TRANSFORMATIONS GÉOMÉTRIQUES

Qu'est-ce qu'une dissection géométrique ? C'est lorsqu'une figure géométrique est découpée en morceaux qui peuvent être réassemblés pour former une figure distincte de la première. Les mathématiciens s'intéressent depuis des siècles au découpage d'une figure géométrique pour en faire une nouvelle de même aire en recollant les morceaux de manière différente. Le mathématicien allemand David Hilbert prouva que c'était toujours réalisable quand le nombre de découpes était suffisant. Le but de Sam Loyd et Henry Dudeney, de grands créateurs de casse-tête, fut de minimiser le nombre de morceaux à partir desquels ces transformations étaient possibles. Cet objectif suscita une course folle pour trouver des solutions nouvelles, plus performantes, et aboutit donc à de nombreuses approches novatrices et passionnantes des puzzles et des motifs.

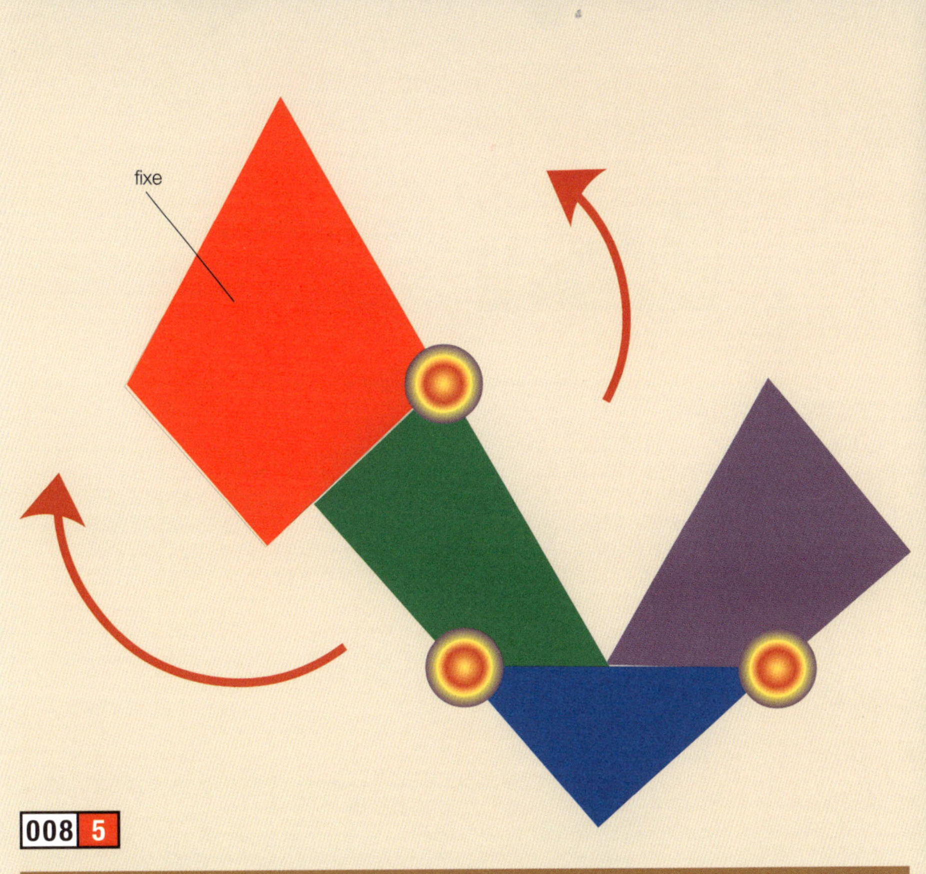

HENRY ERNEST DUDENEY (1857-1930)

Auteur, mathématicien et l'un des plus grands inventeurs et créateurs de casse-tête anglais, Henry Dudeney fut l'homologue britannique de Sam Loyd, avec lequel il échangea d'innombrables idées et collabora à maints casse-tête et articles. Dudeney estimait que la résolution des casse-tête était une activité créative de la plus haute importance pour améliorer la pensée et la prise de décision logique. Sa principale réussite mathématique fut la découverte d'un casse-tête de dissection appelé The Haberdasher's Puzzle, présenté ici.

008 5

POLYGONES ARTICULÉS – TRANSFORMATION DE DUDENEY

Quatre polygones de formes singulières sont articulés ensemble, formant la configuration illustrée. Pouvez-vous dire, d'un seul regard, quel sera le résultat quand on tourne le polygone au niveau des articulations et qu'on le referme dans le sens des aiguilles d'une montre et dans le sens inverse des aiguilles d'une montre ? Le résultat sera-t-il le même dans les deux cas ?

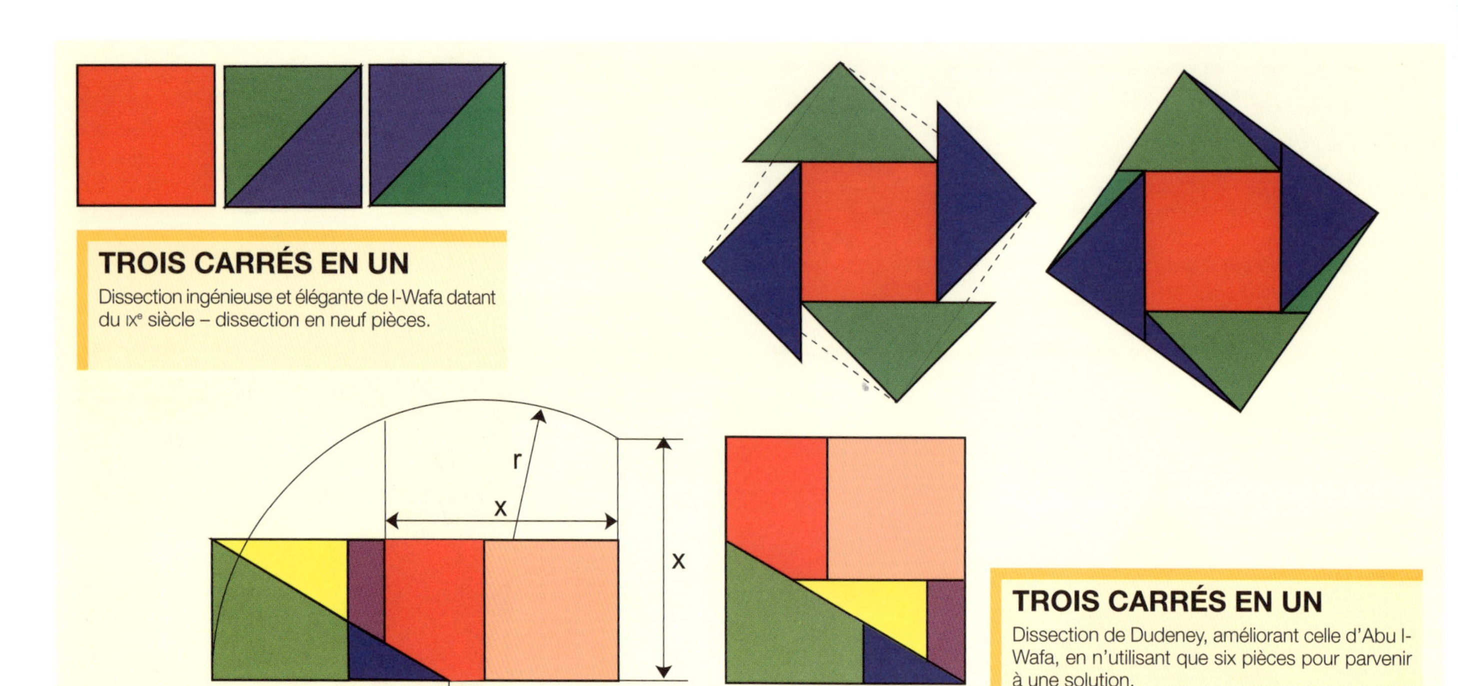

TROIS CARRÉS EN UN

Dissection ingénieuse et élégante de l-Wafa datant du IXe siècle – dissection en neuf pièces.

TROIS CARRÉS EN UN

Dissection de Dudeney, améliorant celle d'Abu l-Wafa, en n'utilisant que six pièces pour parvenir à une solution.

POLYGONES ET DÉCOUPAGE DE TROIS CARRÉS

Les penseurs réfléchirent certainement aux moyens de découper des formes géométriques il y a des milliers d'années, mais le premier traité systématique sur le sujet semble être un livre de l'astronome perse du Xe siècle, Abu l-Wafa (940-998). Il n'en subsiste que quelques fragments, mais on y trouve de magnifiques problèmes de dissection tels que : « Pouvez-vous découper trois carrés identiques de sorte qu'ils peuvent être réassemblés en un seul grand carré ? »

Le casse-tête de l-Wafa fut le précurseur de l'un des plus intéressants types de dissections géométriques qui consiste à découper une figure géométrique en une autre figure donnée avec le nombre minimal (le plus faible possible) de morceaux. Le mathématicien anglais Henry Ernest Dudeney (1857-1930) fut pionnier dans ce domaine. Il résolut le problème de l-Wafa en n'utilisant que six pièces. Depuis Dudeney, les records de dissection ne cessent de tomber.

Il existe de nombreuses façons de découper une aire en morceaux. Certaines sont particulièrement intéressantes.

Assembler de petites formes pour en faire de plus grandes est également amusant – comme composer un motif de carreaux sur le sol. En mathématiques, l'association de formes petites pour en obtenir de plus grandes est le « pavage », qui obéit à des règles propres intéressantes, comme nous le verrons par la suite.

Les relations entre la taille des différentes formes qui s'assemblent constituent aussi des règles utiles pour faire certains calculs et prédire d'autres relations. Le théorème de Pythagore est basé sur une observation de ce type.

Si on peut assembler deux formes avec des bords droits (polygones, réguliers ou irréguliers) à partir des mêmes morceaux en les disposant de manières différentes, alors il est évident que les aires des deux figures sont les mêmes. À l'inverse, on peut également prouver que deux polygones d'aire égale peuvent être divisés en un nombre fini de morceaux qui peuvent alors être réassemblés pour former l'un ou l'autre des polygones originaux.

L'intérêt principal des dissections comme problèmes de mathématiques récréatives consiste à trouver comment découper une figure en une autre avec un nombre minimum de morceaux. Ce n'est que récemment que les mathématiciens ont commencé à prendre les problèmes de dissections au sérieux. La théorie de la dissection en mathématiques donne un point de vue précieux sur les solutions de nombreux problèmes pratiques en géométrie plane et dans l'espace.

Il arrive, dans les problèmes de dissection, qu'on dispose déjà des morceaux ; il faut alors créer autant de motifs intéressants que possible avec eux. L'ancien jeu des tangrams en est un bon exemple.

Mais il est tout aussi possible qu'on donne deux polygones non découpés ; le problème consiste alors à trouver comment les découper pour les transformer de l'un en l'autre. En général, le but est d'utiliser le moins de morceaux possible.

Une troisième variante, apparemment paradoxale, consiste à découper une forme en morceaux, à en retirer un et à recoller les morceaux restants pour retrouver la forme originale. Bien que cela soit impossible, de nombreux casse-tête semblent y parvenir.

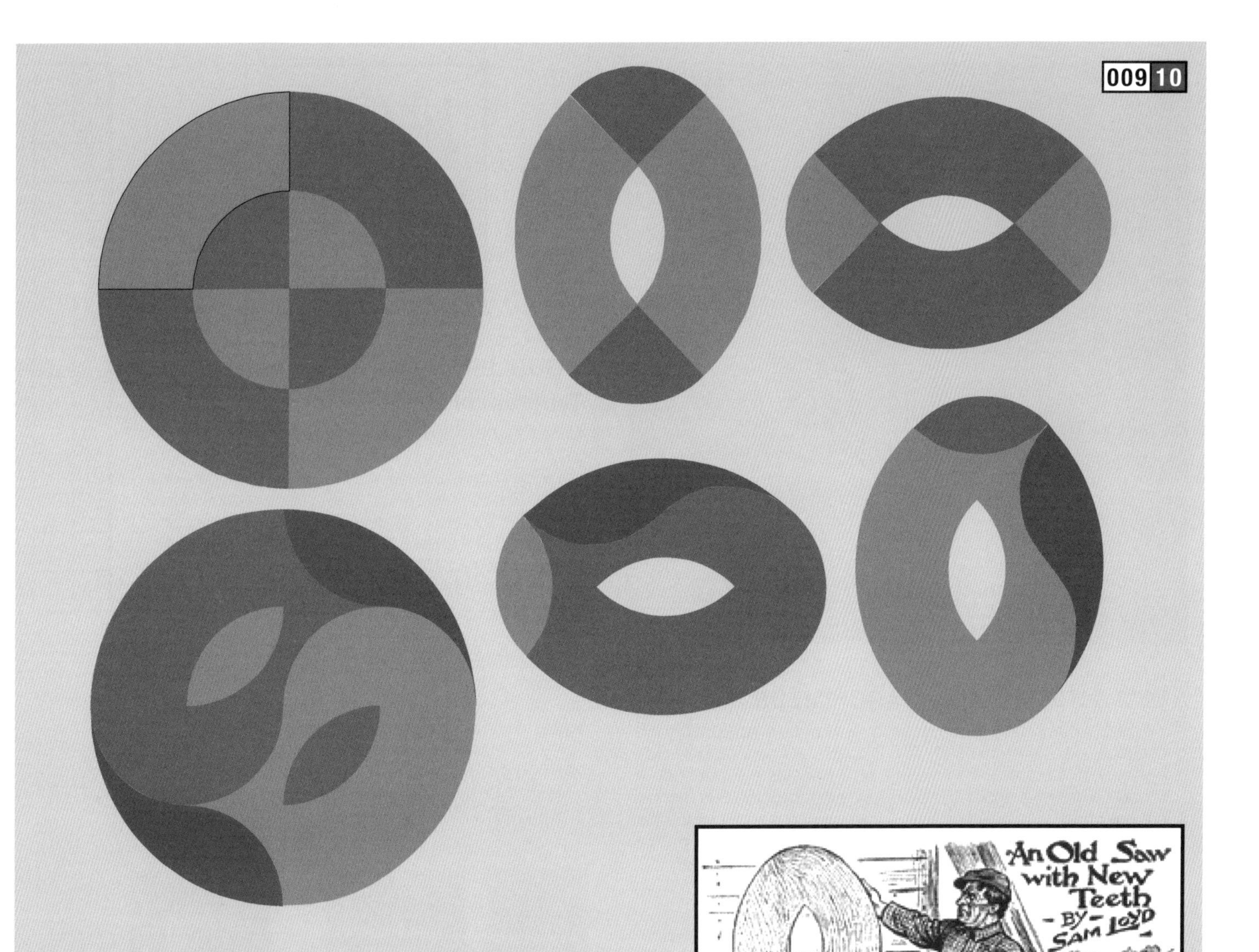

TABLES OVALES

En 1821, dans son livre Rational Amusement for Winter Evenings, John Jackson posa le problème classique suivant : comment découper et transformer une table circulaire en deux tables ovales identiques, chacune ayant un trou allongé au milieu. Sa solution est illustrée en haut, la table étant divisée en huit morceaux. Dans son ouvrage Cyclopedia of 5000 Puzzles, Tricks & Conundrums, Sam Loyd résolut le casse-tête en n'utilisant que six morceaux comme on le voit. Mais il continua à chercher à réduire encore le nombre de morceaux et trouva bientôt une solution brillante qui n'en comptait que quatre. Pouvez-vous la découvrir ?

An Old Saw with New Teeth - By - Sam Loyd

LE SYNTÉMACHION D'ARCHIMÈDE

Ce magnifique problème de dissection, attribué au philosophe de la Grèce antique Archimède (287-212 av. J.-C.), est appelé syntémachion, « boîte d'Archimède » ou « Loculus d'Archimède ». C'est l'un des plus anciens casse-tête au monde. Selon un manuscrit grec du xe siècle, Archimède écrivit un livre sur ce casse-tête. Ce livre fut perdu pendant plus de 2 000 ans, mais des parties furent récemment retrouvées et suscitèrent un grand intérêt.

Le jeu se compose de 14 pièces qui forment un carré. Comme l'antique casse-tête chinois du tangram, le but du jeu est de redisposer les pièces pour composer des formes abstraites et des formes ou motifs figuratifs. Dans le manuscrit grec susmentionné, les aires des pièces du syntémachion étaient définies.

À l'origine, le syntémachion était un problème de dissection géométrique. L'enjeu consistait à diviser un carré en 14 pièces, de sorte que l'aire de chaque pièce était une fraction rationnelle de l'aire du carré. Pouvez-vous trouver les aires des 14 pièces du syntémachion ?

Vous pouvez reproduire et découper les 14 pièces de couleur du syntémachion (ci-dessus) pour faire les figures. En haut à droite, vous trouvez la structure du casse-tête avec ses points sur une grille carrée de 12 par 12. Nous ne savons pas si dans la version d'Archimède, un joueur avait le droit de retourner les pièces.

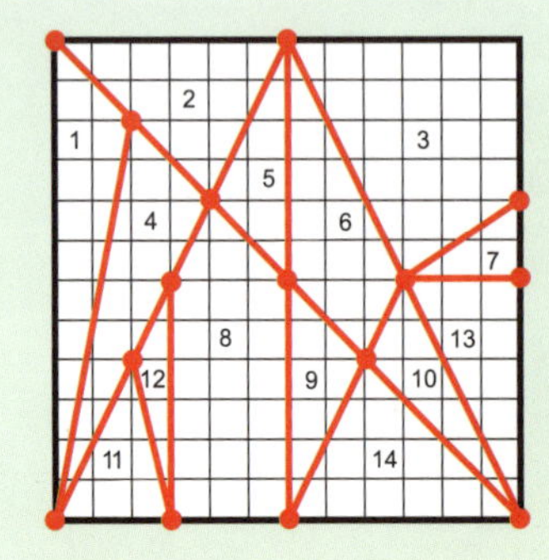

1	
2	
3	
4	
5	
6	
7	
8	
9	
10	
11	
12	
13	
14	

DOUBLER L'AIRE D'UN CARRÉ

Tangram et syntémachion

Un théorème mathématique qui aurait été enseigné par le philosophe grec, Socrate (469-399 av. J.-C.) pourrait avoir inspiré la création du syntémachion par Archimède. Platon (428-348 av. J.-C.) décrivit dans Ménon comment Socrate enseignait à un élève que pour doubler l'aire d'un carré il n'était pas nécessaire de doubler la longueur d'un côté du carré. Dans sa forme la plus simple, ce théorème peut être démontré par les quatre triangles rectangles isocèles montrés ci-dessous.

Il y a également une interrelation intéressante entre ces quatre triangles rectangles isocèles, le syntémachion et le tangram beaucoup plus tardif développé par les Chinois de l'ancien temps. En ajoutant quatre lignes pour diviser les quatre triangles, on obtient le tangram à sept pièces classique montré ci-dessous, alors qu'en ajoutant huit lignes, on arrive au syntémachion à 14 morceaux d'Archimède.

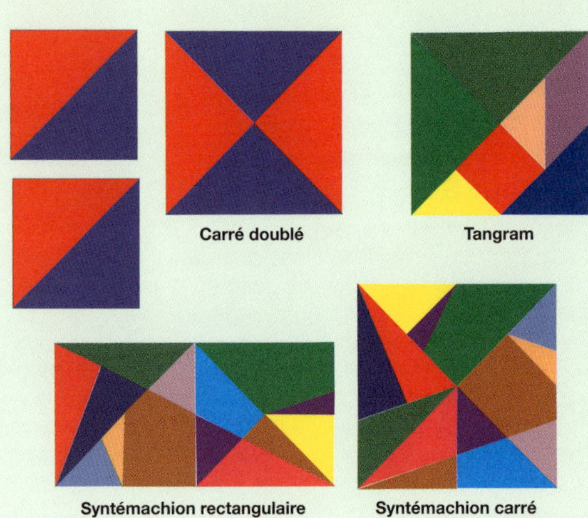

Carré doublé

Tangram

Syntémachion rectangulaire

Syntémachion carré

THÉORÈME DE PYTHAGORE

Après Thalès, le grand nom des mathématiques grecques est Pythagore (vers 572-475 av. J.-C), à qui on attribue la démonstration du magnifique théorème de Pythagore, particulièrement important.

Il est cependant intéressant de savoir que des mathématiciens babyloniens avaient compris le théorème de Pythagore et sa relation avec les triangles rectangles. La preuve vient d'une tablette d'argile babylonienne, connue sous le nom de Plimpton 322, qui daterait d'entre 1900 et 1600 av. J.-C., plus de mille ans avant la naissance de Pythagore.

Une autre contribution cruciale de Pythagore et de ses disciples fut la découverte des nombres irrationnels.

Le théorème de Pythagore est considéré comme le plus vieux théorème géométrique de l'histoire de l'humanité. Ses représentations sont probablement les premiers symboles abstraits visualisant la transition de l'IDÉE à la SOLUTION (et pas l'inverse), et cela incarne le début d'une véritable science des mathématiques, basée sur une pensée mathématique abstraite. Cette approche abstraite émane des anciennes observations babyloniennes et égyptiennes que tous les triangles rectangles révèlent une beauté dans leurs relation et motif géométriques, et ensuite de leur capacité à généraliser et à démontrer ce fait.

Le théorème géométrique attribué à Pythagore est l'un des rares théorèmes que presque tout le monde connaît, de près ou de loin. Il concerne les relations entre les deux côtés courts d'un triangle rectangle et le côté le plus long (hypoténuse).

Du fait de la notoriété et de l'importance du théorème de Pythagore en mathématiques, des centaines de manières différentes de le démontrer ont été inventées et publiées au cours des siècles. Léonard de Vinci a composé une démonstration originale et de nombreux autres mathématiciens le font encore.

Le théorème est énoncé de la façon suivante : « Le carré de l'hypoténuse est égal à la somme des carrés des deux autres côtés. »

Il peut être représenté symboliquement ainsi :

$\mathbf{a}^2 + \mathbf{b}^2 = \mathbf{c}^2$.,

où **a** et **b** représentent les longueurs des deux côtés les plus courts, et **c** la longueur de l'hypoténuse.

Un ***triangle rectangle*** obéit à la ***loi de Pythagore***

Mais qu'est-ce que cela signifie réellement ?

En terme numérique, cela signifie qu'on peut construire des triangles rectangles en utilisant trois longueurs a, b, c satisfaisant à la condition pythagoricienne :

$a^2 + b^2 = c^2$.

Par exemple :

$3^2 + 4^2 = 9 + 16 = 25 = 5^2$

En conséquence, un triangle avec des côtés 3, 4 et 5 est nécessairement un triangle rectangle. Il existe de très nombreux triplets pythagoriciens à nombre entier de ce type. Géométriquement, le théorème de Pythagore affirme également une égalité des aires. Le carré dont le côté est l'hypoténuse c a exactement la même aire que la somme de deux carrés placés le long des deux autres côtés.

PYTHAGORE (569-475 AV. J.-C.)

Pythagore est né sur l'île grecque de Samos. Considéré comme le premier vrai mathématicien, il fonda un groupe, ou culte, connu sous le nom de « fraternité pythagoricienne ». Les adeptes étaient fanatiquement dévoués à l'étude des mathématiques. Leur devise était « les nombres gouvernent l'Univers ». Il ne reste rien des travaux écrits de Pythagore et on ne connaît sa vie qu'à travers d'autres auteurs, dont certains utilisèrent des sources originales.

Les croyances de Pythagore et de ses adeptes étaient que :

1. À son niveau le plus profond, la réalité est mathématique par nature ;
2. La philosophie peut être utilisée pour la purification de l'esprit ;
3. L'âme peut s'élever pour s'unir avec le divin ;
4. Certains symboles ont une signification mystique ;
5. Tous les frères de l'ordre doivent strictement respecter fidélité et secret.

Alors qu'on sait peu de chose de Pythagore lui-même, il est certain que son école fit des contributions majeures aux mathématiques. Notamment, les principes généraux des mathématiques, les concepts de nombre et de figures géométriques et l'idée abstraite des démonstrations mathématiques.

TABLETTE BABYLONIENNE (TABLETTE DE YALE)

Datée d'entre 1900 et 1600 av. J.-C., cette tablette prouve que les Babyloniens savaient comment calculer la racine carrée d'un nombre (par exemple $\sqrt{2}$) avec une précision remarquable. Encore plus incroyable, cela suggère un moyen simple de calculer la diagonale d'un carré, en multipliant le côté du carré par la racine carrée de 2 ($\sqrt{2}$).

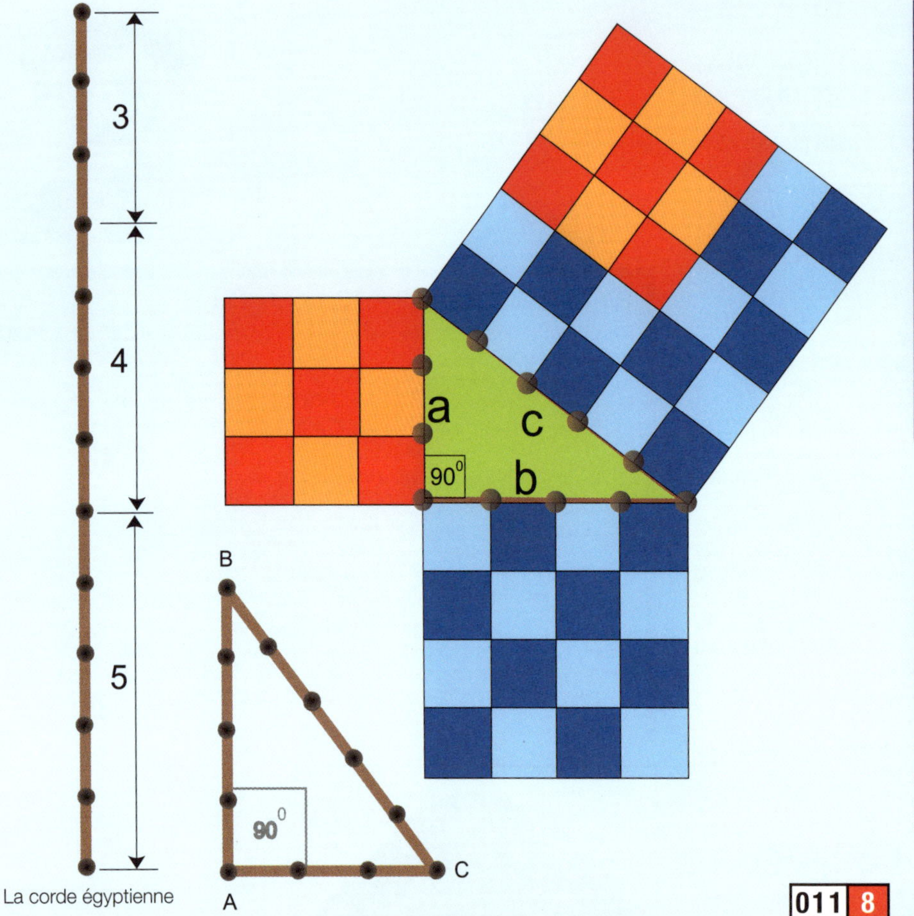

La corde égyptienne

011 8

LE TRIANGLE ÉGYPTIEN

En se servant de cordes divisées par des nœuds en 12 segments égaux, les géomètres de l'ancienne Égypte construisaient, dit-on, des angles droits quasi parfaits. Le triangle qu'ils formaient avec la corde a des côtés dans le rapport 3:4:5. On appelle souvent ce triangle le « triangle égyptien », et des mathématiciens l'utilisent pour démontrer le théorème de Pythagore – « Le carré de l'hypoténuse est égal à la somme des carrés des deux autres côtés ». Une démonstration visuelle du théorème de Pythagore pour le triangle égyptien est donnée à gauche.

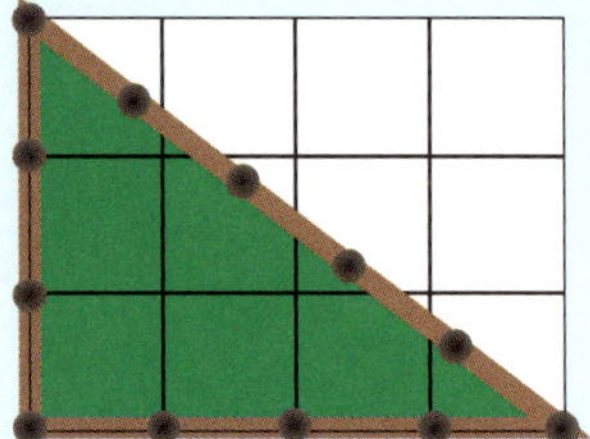
Corde égyptienne tendue pour former le triangle égyptien d'une aire de 6 unités

TRIANGLE ÉGYPTIEN ET CASSE-TÊTE À CORDE

En 2000 av. J.-C., les anciens Égyptiens disposaient déjà d'un système primitif et de certaines notions géométriques sur les triangles, les pyramides, etc.

On dispose de documents historiques non attestés sur la méthode ingénieuse qu'utilisaient les anciens Égyptiens pour créer des angles droits. Les géomètres égyptiens utilisaient une corde d'une longueur de 12 unités, divisée en 12 sections égales par des nœuds, pour créer un triangle rectangle d'une aire de 6 unités : ils plaçaient la corde le long d'une ligne entre A et B et tendaient le reste de corde jusqu'au point C. Ils obtenaient ainsi un angle droit.

Vous pouvez utiliser une corde similaire pour faire d'autres formes.

(1) Pouvez-vous utiliser la corde pour former un polygone avec un côté droit d'une aire de 4 unités ? On vous montre une solution ; pouvez-vous en trouver d'autres ?

(2) Lorsque la corde égyptienne est tendue entre des points, quelle est la plus grande aire qu'elle peut encercler ?

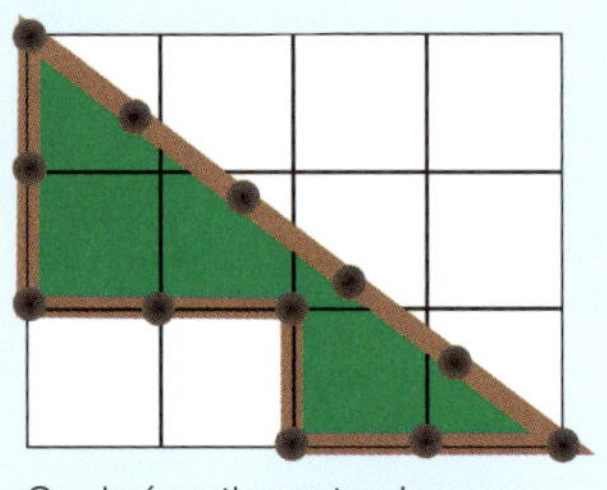
Corde égyptienne tendue pour former un polygone d'une aire de 4 unités

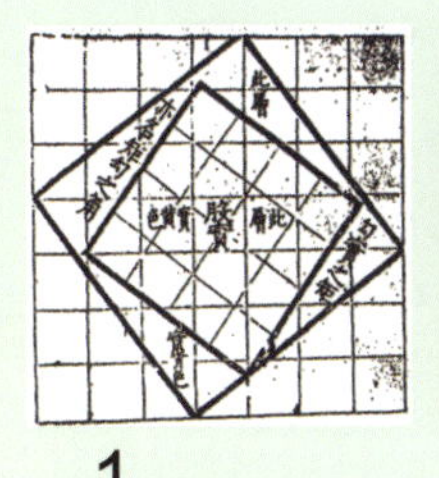

1

3

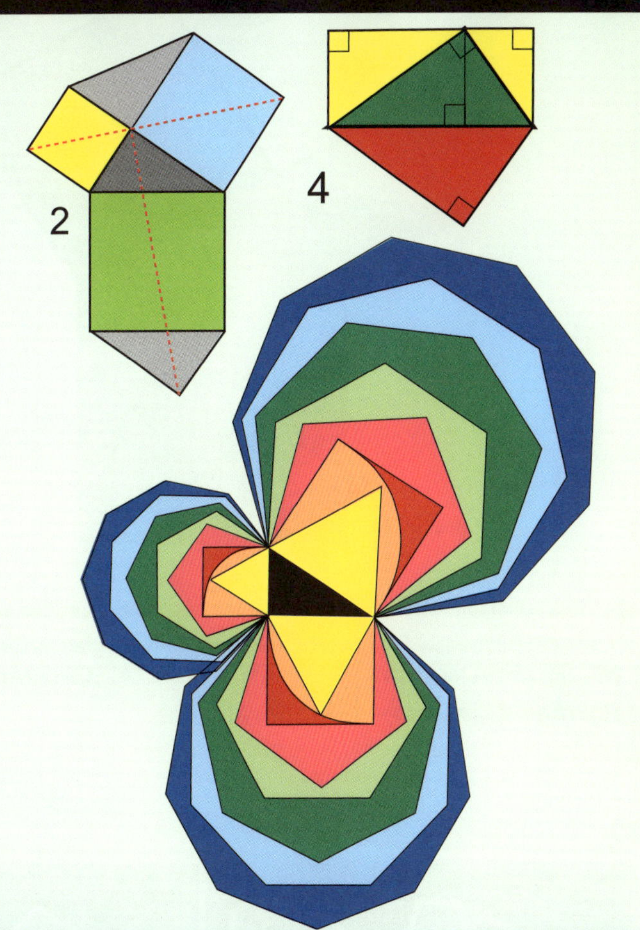

THÉORÈME DE PYTHAGORE

Les plus belles démonstrations

Le livre d'Eli Maor, Pythagorean Theorem: A 4,000-year History, est le livre suprême sur le théorème de Pythagore. On y lit :

« À quoi le théorème de Pythagore doit-il son attrait universel ? C'est sans conteste grâce au grand nombre de démonstrations qui ont été proposées au cours des siècles. Elisha Scott Loomis (1852-1940), professeur de mathématiques excentrique d'Ohio, a passé sa vie à réunir toutes les démonstrations connues – 371 d'entre elles – et à les consigner dans The Pythagorean Proposition (1927). Loomis prétendait qu'au Moyen Âge, un étudiant passant sa maîtrise de mathématiques devait proposer une démonstration nouvelle et originale de ce théorème. Certaines de ces démonstrations se fondent sur la similitude des triangles, d'autres sur la dissection ou sur des formules algébriques et quelques-unes utilisent des vecteurs. Certaines démonstrations sont même basées sur des dispositifs physiques ; j'ai ainsi vu, dans un musée de Tel Aviv, en Israël, une démonstration dans laquelle un liquide coloré coulait librement entre les carrés construits sur l'hypoténuse et sur les deux côtés d'un triangle rectangle en plexiglas qui tournait, démontrant que le volume de liquide du premier carré était égal au volume combiné des deux autres. Mais il existe une autre raison à l'attrait universel du théorème de Pythagore, vu que c'est le théorème le plus souvent utilisé en mathématiques. »

Voici quelques-unes des célèbres démonstrations visuelles de ce théorème.

(1) Cet énoncé du théorème fut découvert sur une tablette babylonienne datant de plus ou moins 1900 av. J.-C., plusieurs siècles avant l'époque de Pythagore (vers 572-475 av. J.-C.). On attribue à Pythagore la primauté de la démonstration du théorème – probablement une démonstration par dissection, semblable à la magnifique démonstration de Chou Pei Suan Ching (Arithmétique classique du gnomon et des voies circulaires du ciel), un vieux manuscrit chinois datant de plus ou moins 200 av. J.-C.

(2) Cette démonstration est le fruit du grand penseur universel italien, Léonard de Vinci (1452-1519).

(3) En 1945, le mathématicien new-yorkais Hermann Baravalle publia une démonstration dynamique en cinq étapes.

(4) Voici la plus simple de toutes les démonstrations, élaborée par le physicien américain Stanley Jashemski à l'âge de 19 ans. Eli Maor la réinventa sous le nom du « folding bag » (sac repliable).

Pouvez-vous comprendre et expliquer ces démonstrations ?

THÉORÈME DE PYTHAGORE

Formes généralisées

Nous savons que les aires de deux carrés sur les côtés d'un triangle rectangle sont égales à l'aire du carré de l'hypoténuse. Mais on sait moins que la relation de Pythagore est également valable pour un nombre infini d'autres figures (tant qu'elles sont géométriquement similaires). En voici certaines ci-dessus.

MODÈLES DE DÉMONSTRATION DU THÉORÈME DE PYTHAGORE

Formes classiques et généralisées

Cette série de modèles propose des démonstrations tridimensionnelles physiques de la validité des relations de Pythagore, en utilisant des flux de liquide coloré passant d'un compartiment aux deux autres.

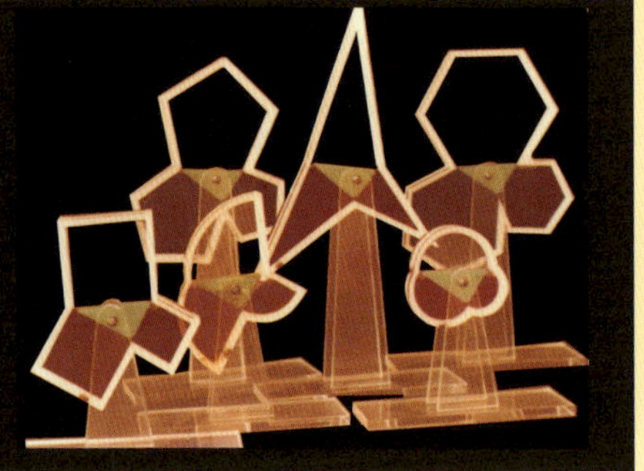

MODÈLES DE DÉMONSTRATION DYNAMIQUE

Quand science et art font un

À la fin des années 1950, j'ai inventé et breveté un ensemble de modèles de démonstration des principes physiques et mathématiques élémentaires en science et, plus particulièrement, en mécanique des fluides.

En général, les démonstrations de physique en classe demandent beaucoup de travail et de préparation car le matériel et les installations nécessaires sont volumineux, et ne permettent souvent qu'une seule démonstration à la fois. Le concept de base de mes « modèles de démonstration dynamique », de fines boîtes transparentes hermétiquement fermées, remplies de liquides et d'autres pièces mobiles, démontrant et prouvant visuellement des phénomènes, fut d'éviter ces écueils et de rationaliser les démonstrations en classe. Les modèles pouvaient être réutilisés et les démonstrations pouvaient être renouvelées autant que nécessaire.

La société israélienne Orda Industries fabriqua les modèles jusqu'à la fin des années 1970. Au départ conçus comme aides éducatives, ils devinrent rapidement appréciés comme outils scientifiques, casse-tête et même objets d'art cinétique. Certains d'entre eux, volontairement grands, devinrent des objets d'art très appréciés et suscitèrent un grand intérêt lors des expositions d'art cinétique et dans les musées des sciences du monde entier – dont Cybernetic Serendipity à Londres (1968) et Didacta à Bâle (1970). D'ailleurs, on peut encore en trouver certains – comme la série de modèles de démonstration du théorème de Pythagore et la sculpture HexCell, qui démontre certains phénomènes des structures minimales du savon – dans des musées des sciences.

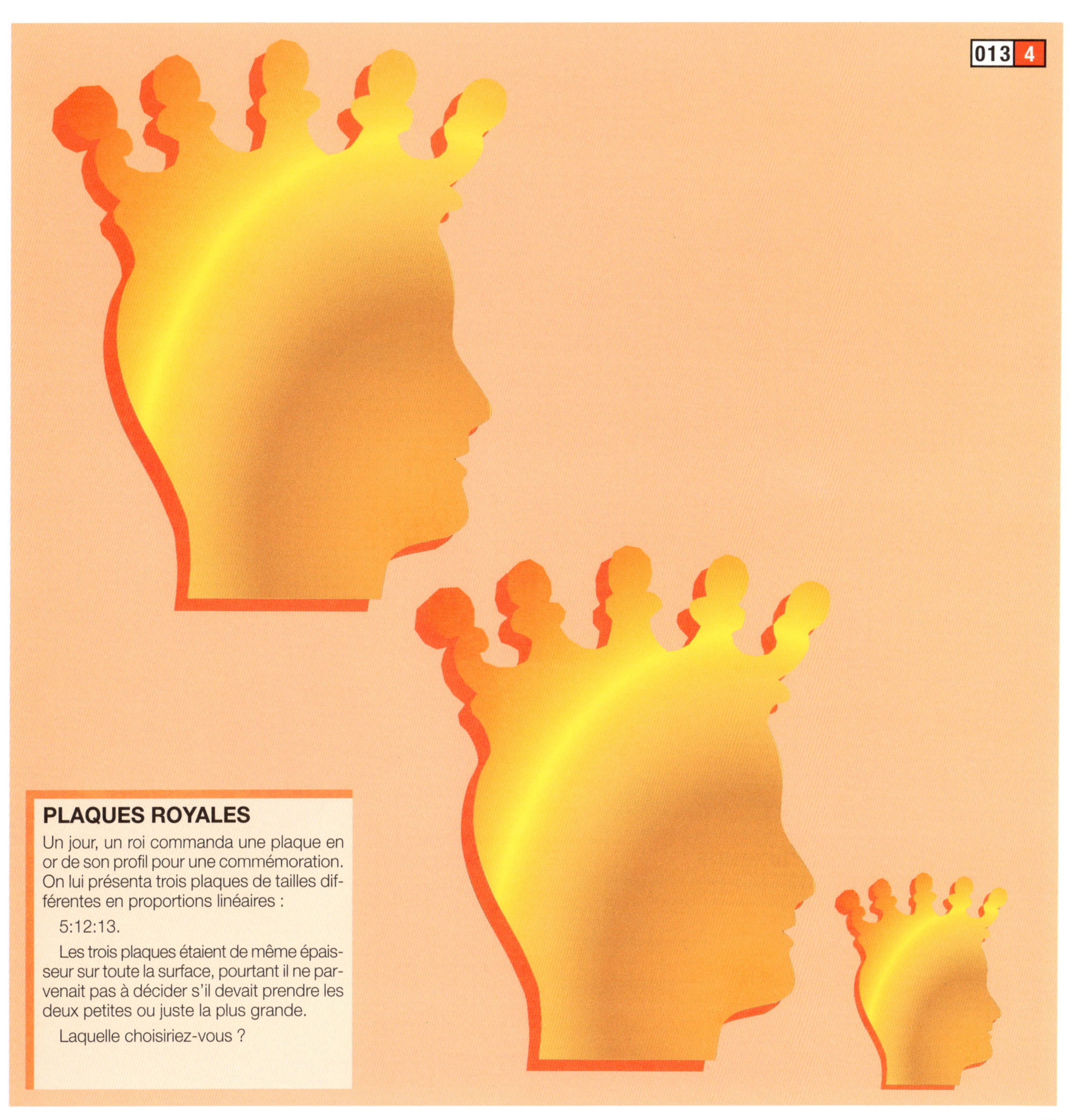

013 4

PLAQUES ROYALES

Un jour, un roi commanda une plaque en or de son profil pour une commémoration. On lui présenta trois plaques de tailles différentes en proportions linéaires :

5:12:13.

Les trois plaques étaient de même épaisseur sur toute la surface, pourtant il ne parvenait pas à décider s'il devait prendre les deux petites ou juste la plus grande.

Laquelle choisiriez-vous ?

CURIOSITÉ PYTHAGORICIENNE

Elisha Loomis fit figurer dans son célèbre livre, The Pythagorean Proposition, une composition qu'il appelait la « curiosité pythagoricienne ». J'ai basé ce motif sur la « curiosité » de Loomis, en y ajoutant un élément d'infini.

Outre le théorème de Pythagore classique, Loomis découvrit dans le dessin plusieurs autres relations géométriques de longueurs et d'aires telles que :

- Les triangles jaunes et les triangles pythagoriciens ont des aires égales ;
- Les trapèzes violets ont des aires égales ;
- Les deux carrés rouges ont une aire équivalente à cinq carrés bleus…

(Loomis fit remonter la curiosité à un John Waterhouse, un ingénieur new-yorkais de la fin du XIXe siècle).

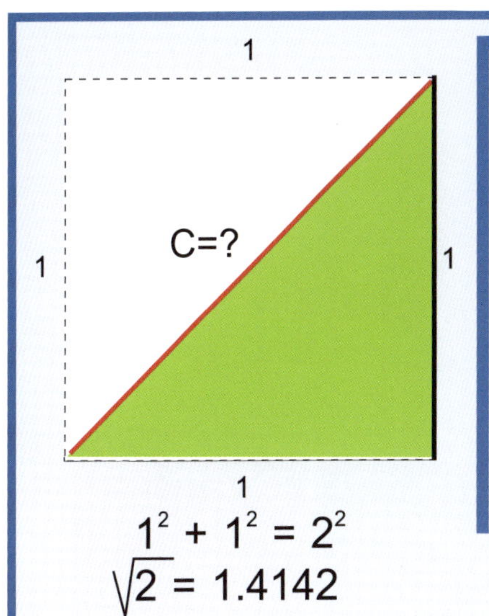

DÉCOUVERTE DES NOMBRES IRRATIONNELS

On appelle « nombres rationnels » les nombres entiers et les fractions (nombres qu'on peut écrire sous forme de rapport entre deux nombres entiers). Les nombres ne pouvant pas être écrits sous forme de fractions sont dits « nombres irrationnels ».

Les Grecs anciens partaient de l'hypothèse que toute longueur ou aire qu'ils calculaient serait rationnelle – c'est-à-dire qu'elle pourrait s'exprimer par un nombre rationnel. Les pythagoriciens (adeptes du mathématicien Pythagore au VIe siècle av. J.-C.) étaient fascinés par les triangles rectangles : ils mesurèrent la diagonale d'un carré de côté un et s'aperçurent qu'ils ne pouvaient exprimer cette longueur sous forme de nombre rationnel. Le mathématicien de la Grèce antique Hippase de Métaponte (vers 500 av. J.-C.), un pythagoricien dévoué, utilisa le théorème de Pythagore pour prouver que la diagonale d'un carré de côtés rationnels n'avait pas une longueur rationnelle. On lui attribue généralement la découverte des nombres irrationnels.

L'hypoténuse d'un triangle rectangle avec des côtés d'une unité est 1,4142… C'est un nombre irrationnel appelé la « constante de Pythagore ». Il ne peut être écrit sous forme de fraction et c'est un nombre décimal récurrent sans schéma de répétition.

La constante de Pythagore est utile pour déterminer la diagonale d'un carré, quelle que soit sa taille. Pour calculer la longueur de cette diagonale, il faut multiplier la longueur du côté d'un carré par la constante de Pythagore.

CHAÎNE DE NOMBRES

NOMBRES NATURELS
ZÉRO
NOMBRES ENTIERS — ENTIERS positifs-négatifs
FRACTIONS
RATIONNELS
IRRATIONNELS
NOMBRES RÉELS

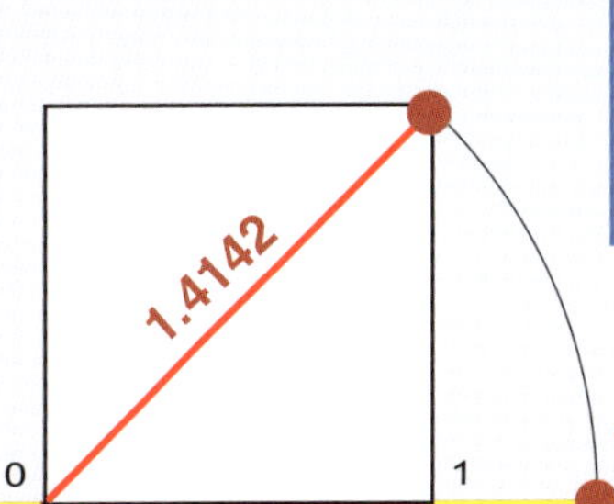

014 9

Pouvez-vous trouver un nombre irrationnel sur la chaîne de nombres, par exemple la racine carrée de 2 ?

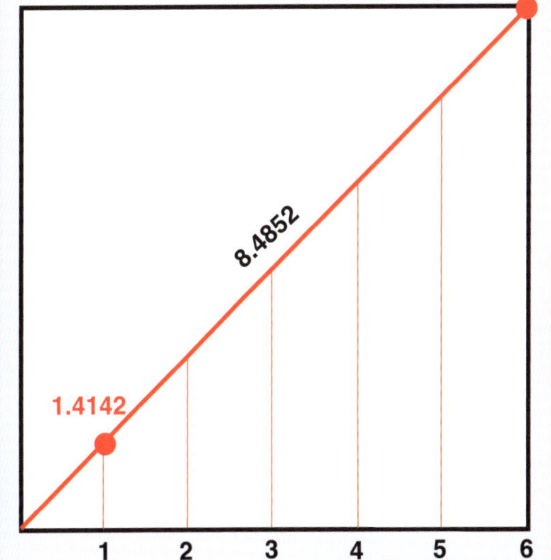

DIAGONALE D'UN CARRÉ

Pouvez-vous déterminer la longueur de la diagonale d'un carré ayant des côtés de six unités de long ?

Vous pouvez le faire en utilisant le théorème de Pythagore.

$C^2 = A^2 + B^2 = 6^2 + 6^2 = 72$

$C = \sqrt{72} = 8.4852\ldots$

Mais auriez-vous trouvé la même réponse de manière plus simple et plus rapide ?

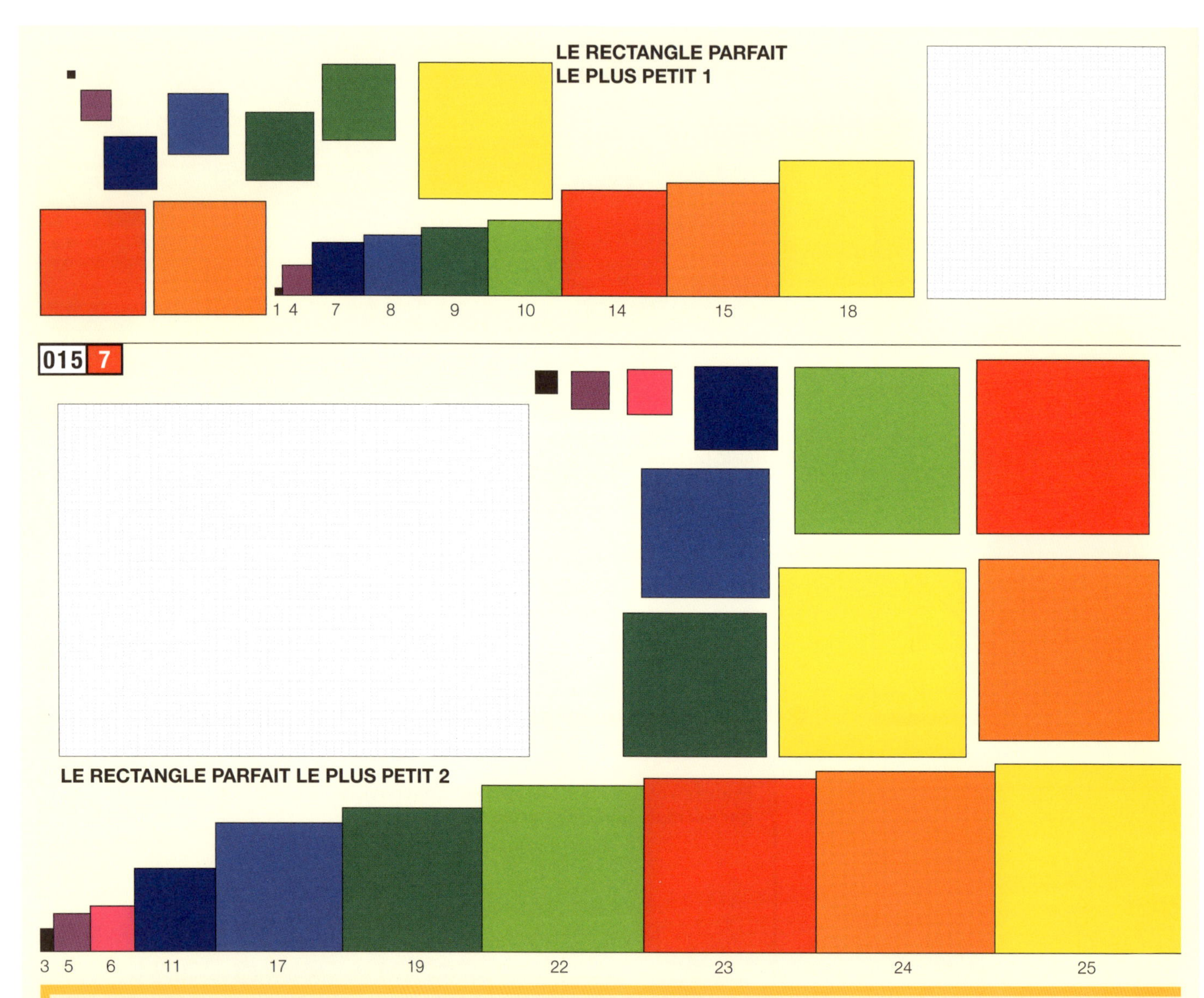

RECTANGLES PARFAITS

Peut-on subdiviser un rectangle en carrés distincts plus petits ? En 1903, le mathématicien allemand Max Dehn démontra le théorème disant que si on divise un rectangle en carrés, alors les tailles des carrés et du rectangle même sont commensurables – quand on divise l'un par l'autre, cela donne un nombre rationnel.

En 1909, Zbigniew Moron découvrit un rectangle qu'il était possible de découper en neuf carrés différents et, en 1940, Tutte, Brooks, Smith et Stone démontrèrent qu'il s'agissait là du « plus petit », autrement dit, aucun rectangle plus petit ne pouvait être divisé en neuf carrés différents, et absolument aucun rectangle ne pouvait être divisé en huit carrés différents ou moins.

Le plus petit rectangle parfait est composé de carrés de côtés **1**, **4**, **7**, **8**, **9**, **10**, **14**, **15** et **18** unités (en haut). Moron découvrit également le deuxième plus petit rectangle parfait, qui peut être pavé de 10 carrés de côtés **3**, **5**, **6**, **11**, **17**, **19**, **22**, **23**, **24** et **25** (en bas).

On vous donne les carrés constitutifs des deux rectangles. Pouvez-vous les réunir pour former les deux rectangles et en découvrir ainsi les proportions ?

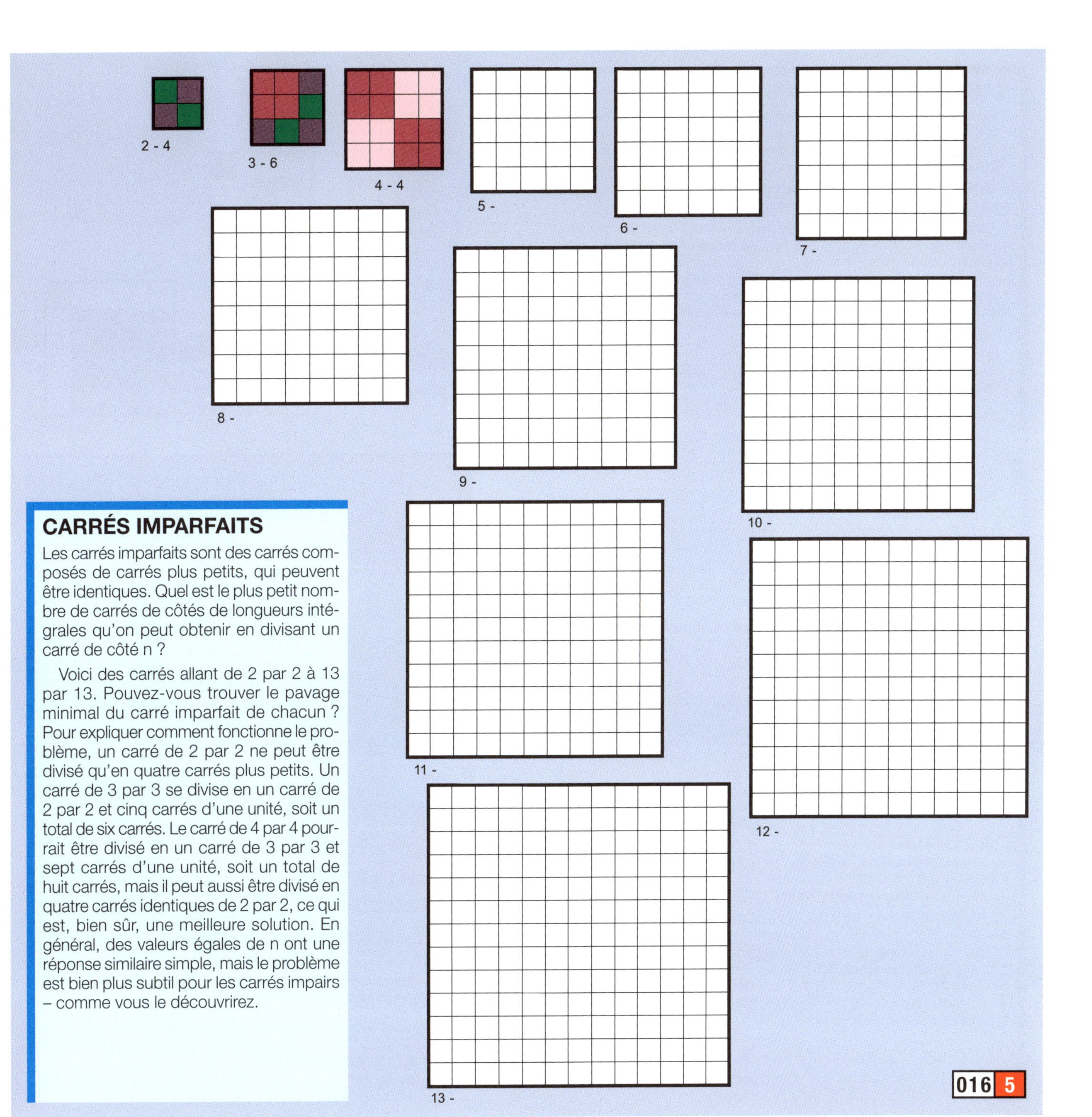

CARRÉS IMPARFAITS

Les carrés imparfaits sont des carrés composés de carrés plus petits, qui peuvent être identiques. Quel est le plus petit nombre de carrés de côtés de longueurs intégrales qu'on peut obtenir en divisant un carré de côté n ?

Voici des carrés allant de 2 par 2 à 13 par 13. Pouvez-vous trouver le pavage minimal du carré imparfait de chacun ? Pour expliquer comment fonctionne le problème, un carré de 2 par 2 ne peut être divisé qu'en quatre carrés plus petits. Un carré de 3 par 3 se divise en un carré de 2 par 2 et cinq carrés d'une unité, soit un total de six carrés. Le carré de 4 par 4 pourrait être divisé en un carré de 3 par 3 et sept carrés d'une unité, soit un total de huit carrés, mais il peut aussi être divisé en quatre carrés identiques de 2 par 2, ce qui est, bien sûr, une meilleure solution. En général, des valeurs égales de n ont une réponse similaire simple, mais le problème est bien plus subtil pour les carrés impairs – comme vous le découvrirez.

CARRÉS CONSÉCUTIFS

Nous avons déjà traité des problèmes de pavage d'un plan avec des carrés non identiques. Le casse-tête suivant, une merveille des mathématiques récréatives, est très spécial. Il concerne des carrés intégraux consécutifs débutant par un côté de 1 jusqu'à une limite donnée.

Existe-t-il un grand carré qu'une telle séquence de carrés plus petits peut paver totalement et sans empiétement ?

Faisons-en l'expérience : les carrés de côtés 1 et 2 ne peuvent former un carré : le mieux que nous puissions faire est de les placer dans un carré de côté 3 en laissant de l'espace vide. De même, des carrés de côtés 1, 2 ou 3 ne peuvent pas remplir un carré sans laisser d'espace vide ; tout comme 1, 2, 3 ou 4. La première condition pour résoudre ce problème est d'ajouter les aires des carrés consécutifs jusqu'à ce que le résultat soit un nombre carré.

Mais

$\mathbf{1^2 + 2^2 = 5}$;
$\mathbf{1^2 + 2^2 + 3^2 = 14}$;
$\mathbf{1^2 + 2^2 + 3^2 + 4^2 = 30}$.

Aucune n'est un carré parfait.

Si nous continuons la série suffisamment longtemps, nous finirons par trouver que

$\mathbf{1^2 + 2^2 + 3^2 + 4^2 + \ldots\ 24^2 = 4\,900 = 70^2}$

En fait, chose étonnante, c'est là la première, et la seule, façon d'additionner des carrés consécutifs pour obtenir un carré comme résultat. (La démonstration est un exercice difficile en théorie des nombres, et resta d'ailleurs problématique pendant très longtemps.)

Le fait que les aires des 24 premiers carrés consécutifs équivalent à l'aire d'un carré de 70 par 70 donne lieu au magnifique casse-tête géométrique suivant :

Peut-on placer 24 carrés consécutifs en commençant par un carré de côté unitaire dans un carré de 70 par 70 ?

L'égalité des aires est une condition nécessaire – mais qui pourrait ne pas être suffisante. En fait, on n'a pas encore trouvé de pavage complet. Sans pour autant démontrer que le problème était impossible à résoudre.

On pourrait donc reformuler le problème : combien peut-on placer de carrés, parmi les 24 premiers, dans le carré de 70 par 70 ? La meilleure réponse connue à ce jour est « tout sauf un », et dans tout exemple connu c'est le carré de 7 par 7 qui est omis, comme le montre l'exemple ci-contre. Pouvez-vous faire mieux ? Il existe 24 solutions distinctes de ce type, mais on ne sait toujours pas si on peut trouver un meilleur pavage, à l'exception des carrés d'aire inférieure à 7 x 7 = 49.

Pour s'attaquer à ce beau problème, découpez 24 carrés consécutifs dans un carton rigide avec des côtés de 1 à 24 centimètres. Dessinez ensuite un carré de 70 x 70 centimètres et divisez-le en carrés unitaires. Essayez de placer autant de carrés en carton que vous le pouvez, sans empiétement.

Le carré de 70 x 70 est le seul nombre carré qui apparaît toujours dans la somme des nombres carrés consécutifs. Vous pouvez continuer à rajouter des carrés mais le total ne sera plus jamais un nombre carré, fait fascinant, qui va à l'encontre de l'intuition, prouvé en 1918 par le mathématicien anglais G. N. Watson (1886-1965). En conséquence, s'il existe une solution, ce doit être le carré de 70 par 70, ce qui, jusqu'à présent, semble peu vraisemblable.

7

CARRÉS CONSÉCUTIFS

L'illustration montre la meilleure solution connue au problème : les premiers carrés consécutifs 1, 2, 3, ……, 24, placés sur le plateau de 70 par 70, le carré 7 par 7 étant le seul à être exclus.

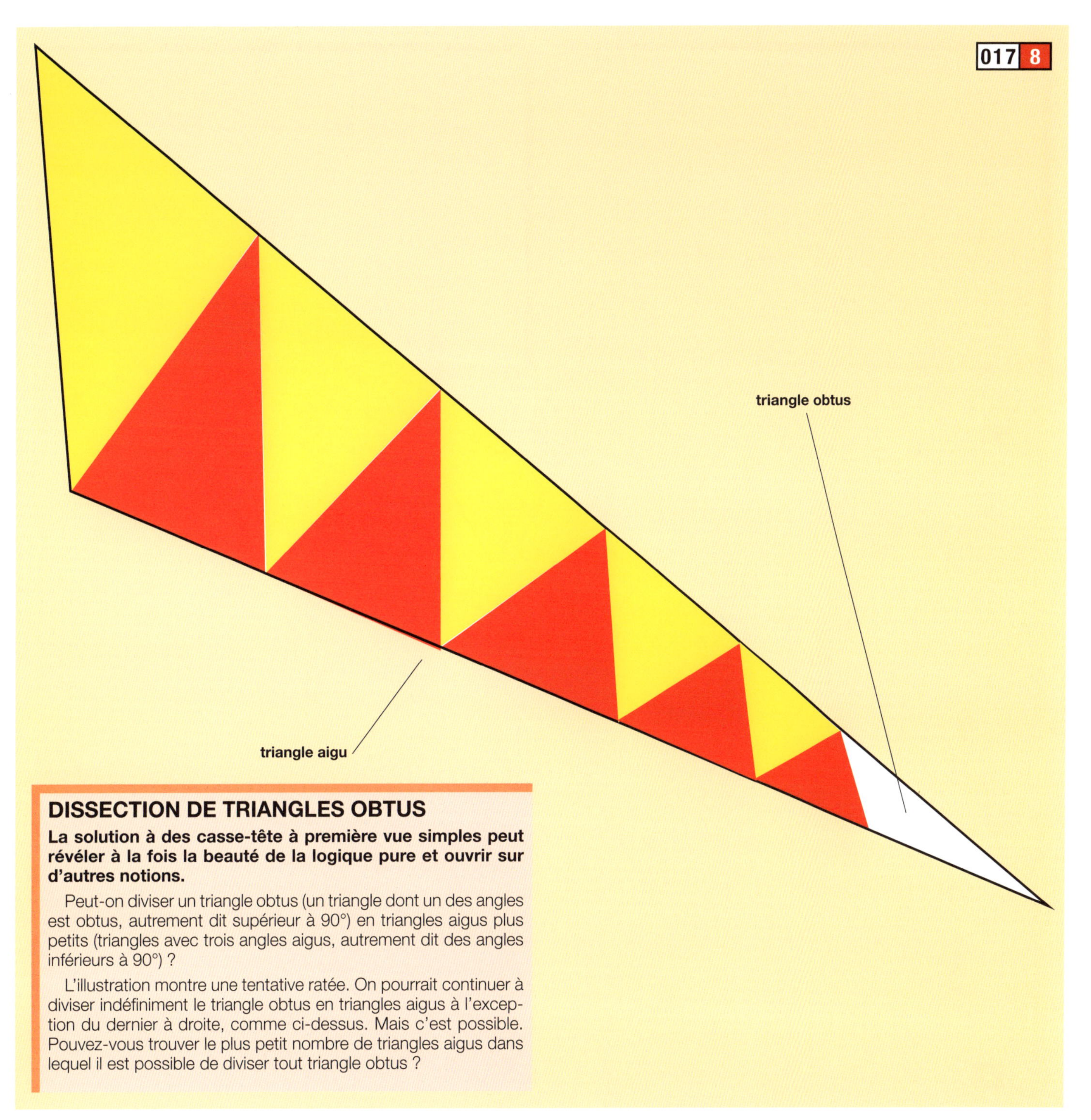

DISSECTION DE TRIANGLES OBTUS

La solution à des casse-tête à première vue simples peut révéler à la fois la beauté de la logique pure et ouvrir sur d'autres notions.

Peut-on diviser un triangle obtus (un triangle dont un des angles est obtus, autrement dit supérieur à 90°) en triangles aigus plus petits (triangles avec trois angles aigus, autrement dit des angles inférieurs à 90°) ?

L'illustration montre une tentative ratée. On pourrait continuer à diviser indéfiniment le triangle obtus en triangles aigus à l'exception du dernier à droite, comme ci-dessus. Mais c'est possible. Pouvez-vous trouver le plus petit nombre de triangles aigus dans lequel il est possible de diviser tout triangle obtus ?

DISSECTION DE TRIANGLES ÉQUILATÉRAUX

Triangles imparfaits

Pouvez-vous diviser les triangles équilatéraux le long des lignes en le plus petit nombre de triangles équilatéraux ? Aucun d'entre eux ne sera « parfait », autrement dit il n'y aura que des triangles de tailles différentes.

Triangles parfaits

W. T. Tutte et ses collègues prouvèrent qu'un triangle équilatéral ne pouvait être « parfait » et ne pouvait être divisé en triangles équilatéraux qui soient tous de tailles différentes (en ignorant les orientations). Deux triangles au moins seront de taille identique et orientés de la même façon. Cependant, des triangles équilatéraux peuvent se placer dans deux directions, vers le haut ou vers le bas. Si on estime qu'ils sont différents, puisque non congruents, même si leur taille est identique, alors on peut trouver une sorte de triangle « parfait ». Tutte découvrit un tel triangle « parfait » – dont le plus petit est un triangle équilatéral avec des côtés de 39 unités – avec des triangles tous différents si on considère leur orientation comme différente. Sa grille d'ensemble est indiquée à la page suivante.

The Dissection of Rectangles into Squares by R.L. Brooks, C.A.B. Smith, A.H. Stone, and W.T. Tutte in Duke Mathematical Journal, vol. 7

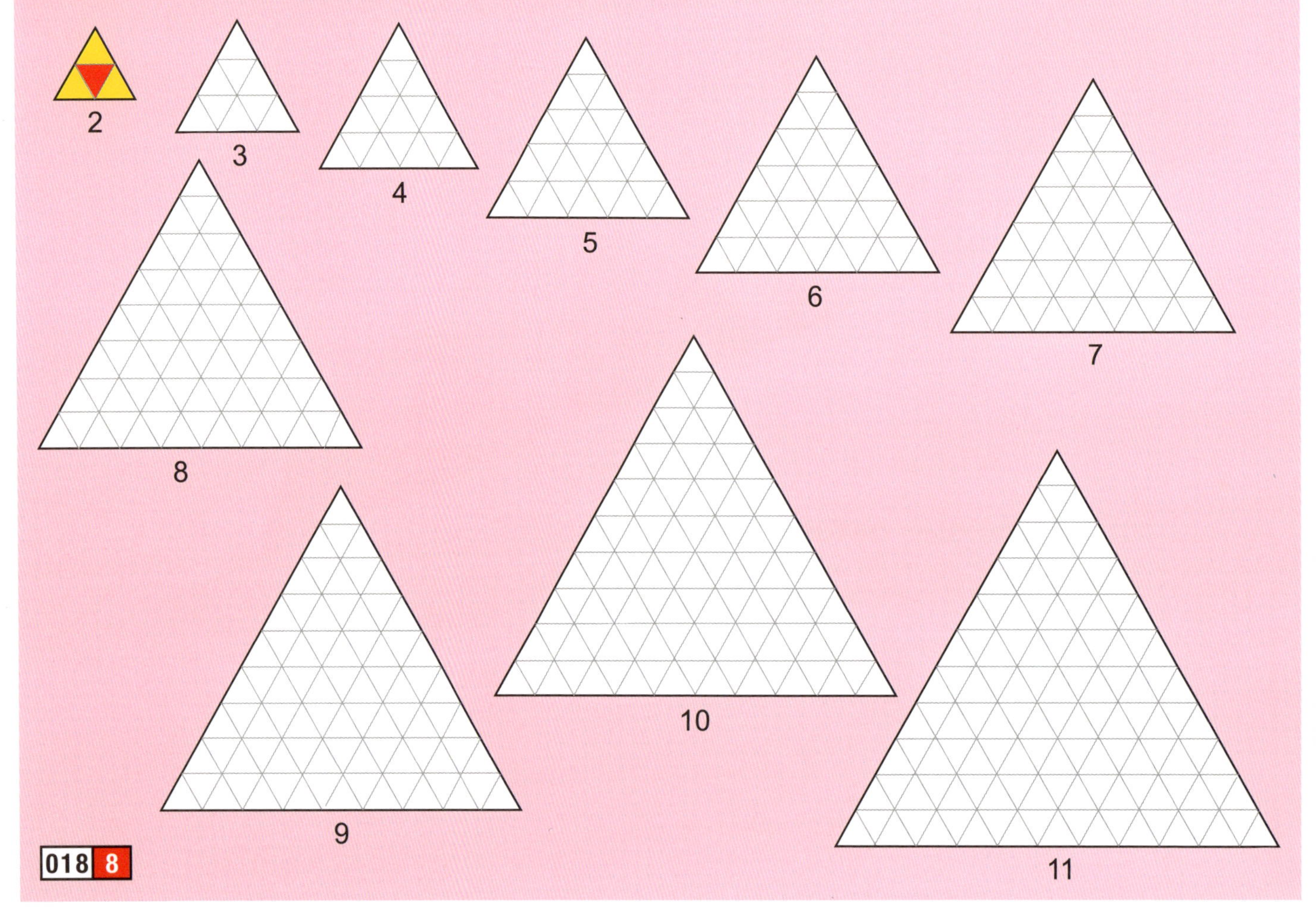

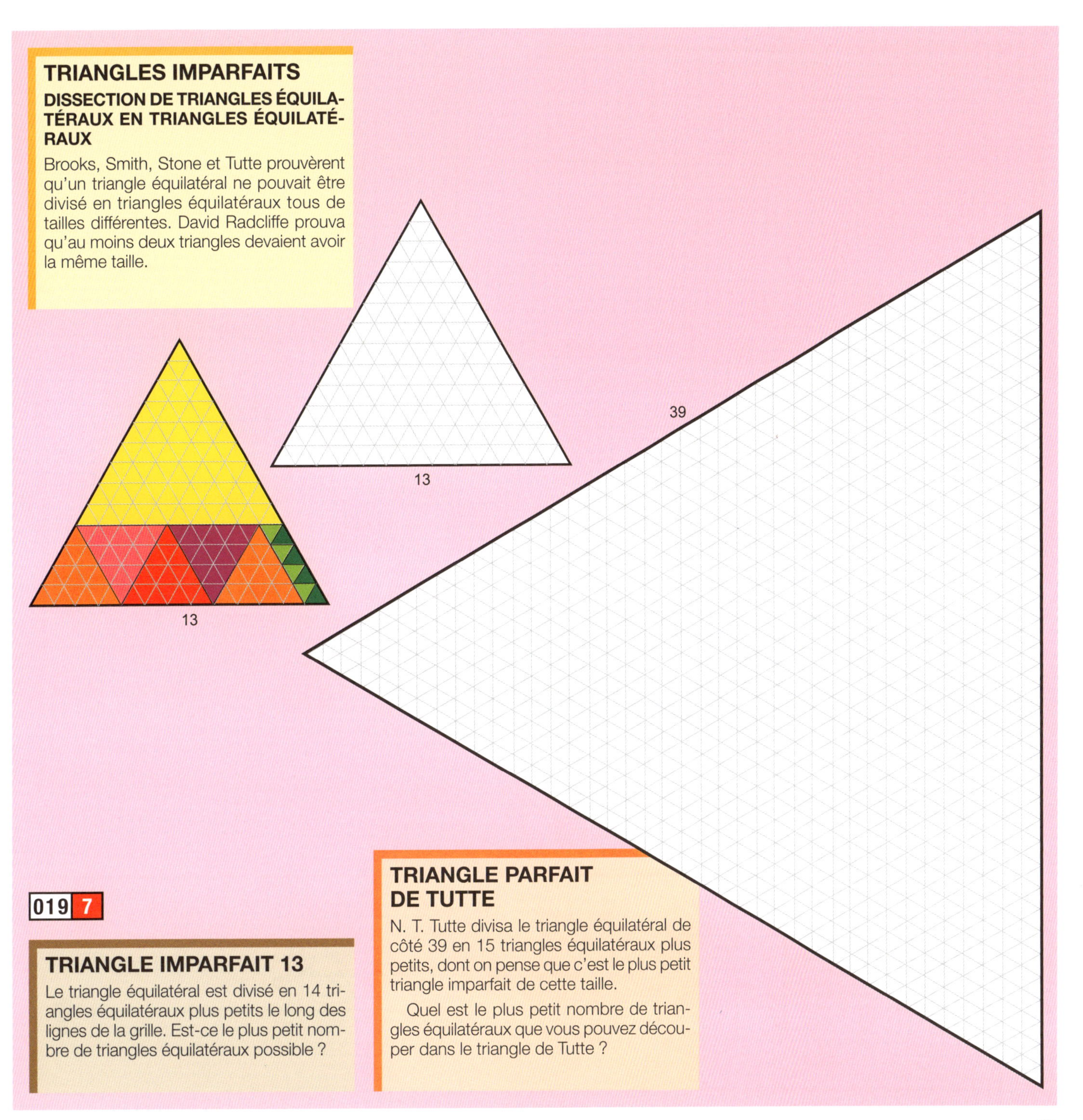

TRIANGLES IMPARFAITS

DISSECTION DE TRIANGLES ÉQUILATÉRAUX EN TRIANGLES ÉQUILATÉRAUX

Brooks, Smith, Stone et Tutte prouvèrent qu'un triangle équilatéral ne pouvait être divisé en triangles équilatéraux tous de tailles différentes. David Radcliffe prouva qu'au moins deux triangles devaient avoir la même taille.

TRIANGLE IMPARFAIT 13

Le triangle équilatéral est divisé en 14 triangles équilatéraux plus petits le long des lignes de la grille. Est-ce le plus petit nombre de triangles équilatéraux possible ?

TRIANGLE PARFAIT DE TUTTE

N. T. Tutte divisa le triangle équilatéral de côté 39 en 15 triangles équilatéraux plus petits, dont on pense que c'est le plus petit triangle imparfait de cette taille.

Quel est le plus petit nombre de triangles équilatéraux que vous pouvez découper dans le triangle de Tutte ?

DISPARITION GÉOMÉTRIQUE

De nombreux effets d'optique et illusions perceptives ne parviennent pas à retenir longtemps notre attention parce que le truc est évident. Mais les images connues sous le nom de « disparitions géométriques » sont si subtiles qu'elles continuent à nous intriguer, même après qu'on en a expliqué le fonctionnement.

L'Américain Sam Loyd (1841-1911) est à l'origine de la plus célèbre disparition de son genre, le Get Off the Earth (Quittez la Terre). Le génie des casse-tête canadien, Mel Stover (et bien d'autres) perfectionnèrent cet art, créant de subtiles variantes.

Les paradoxes géométriques font intervenir la séparation et le réagencement de pièces d'une longueur ou aire totale. Après le réagencement, une partie de la figure semble avoir disparu on ne sait comment. L'explication se situe dans le « principe de la distribution cachée » de Martin Gardner, qui dépend de la tolérance des yeux pour la vision réagencée. Souvent, les yeux ne parviennent pas à remarquer une minuscule augmentation dans les espaces entre les pièces ou dans la longueur des pièces réagencées, et croient donc qu'elles ont la même longueur ou aire. Hormis pour créer des casse-tête passionnants, la méthode de la distribution cachée fut une fois utilisée à mauvais escient pour fabriquer 15 billets de 100 $ avec seulement 14 billets, en coupant chacun en deux et en collant une partie avec la suivante. Mais, surtout, n'essayez pas !

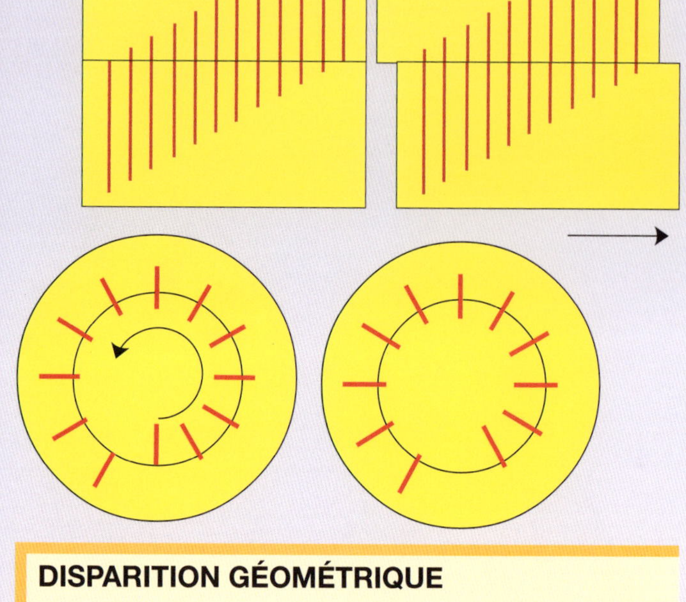

DISPARITION GÉOMÉTRIQUE

Le secret

En haut : 12 lignes verticales deviennent 11 lignes quand la moitié inférieure est déplacée vers la droite.

En bas : 12 lignes radiales deviennent 11 lignes quand les roues intérieures tournent d'un cran vers la gauche.

De toute évidence, dans les deux cas, rien n'a vraiment disparu. Les motifs sont simplement redisposés, et des parties semblent disparaître. Les deux exemples démontrent les effets de la distribution cachée qui sous-tend de nombreux numéros de disparition magique et paradoxes. Ils démontrent de façon convaincante le principe le plus élémentaire en géométrie : que le tout est égal à la somme de ses parties, quelle que soit la manière dont les parties sont réagencées.

DISPARITION MAGIQUE D'UN VISAGE

Recopiez l'illustration et découpez-la le long de la ligne noire. Faites glisser la bande du dessous d'un visage vers la droite. Tous les chapeaux sont visibles, mais un des visages disparaît.

020 2

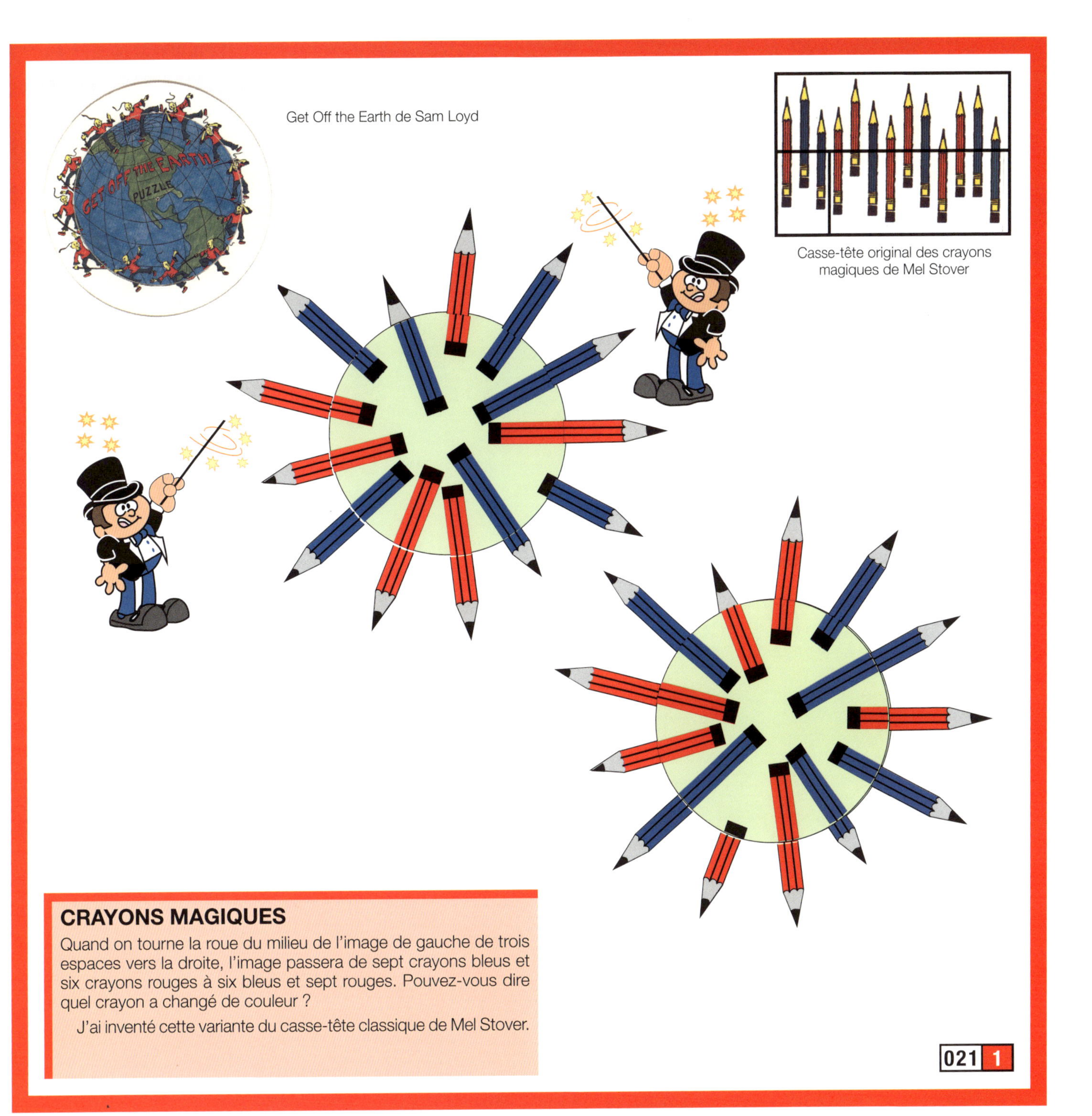

Get Off the Earth de Sam Loyd

Casse-tête original des crayons magiques de Mel Stover

CRAYONS MAGIQUES

Quand on tourne la roue du milieu de l'image de gauche de trois espaces vers la droite, l'image passera de sept crayons bleus et six crayons rouges à six bleus et sept rouges. Pouvez-vous dire quel crayon a changé de couleur ?

J'ai inventé cette variante du casse-tête classique de Mel Stover.

021 1

TRIOMINOS SUR ÉCHIQUIERS

Le triomino en L occupe trois cases d'un échiquier de taille indifférente. Nous nous attellerons au problème de couvrir de triominos en L un échiquier de dimensions :

2^n x 2^n pour tout n > 1

Retirez une seule case de cet échiquier et couvrez le reste de l'échiquier avec le nombre adéquat de triominos en L. Y parvenez-vous pour chacun des échiquiers aux dimensions indiquées ci-dessus, indépendamment de la case retirée ?

Pour **n = 1**, nous avons un échiquier de 2 par 2 et pour **n = 2**, nous avons un échiquier de 4 par 4, comme illustré ci-dessus. Pour **n = 3**, nous avons un échiquier standard de 8 par 8. Pouvez-vous le recouvrir de triominos, indépendamment de l'emplacement de la case retirée ?

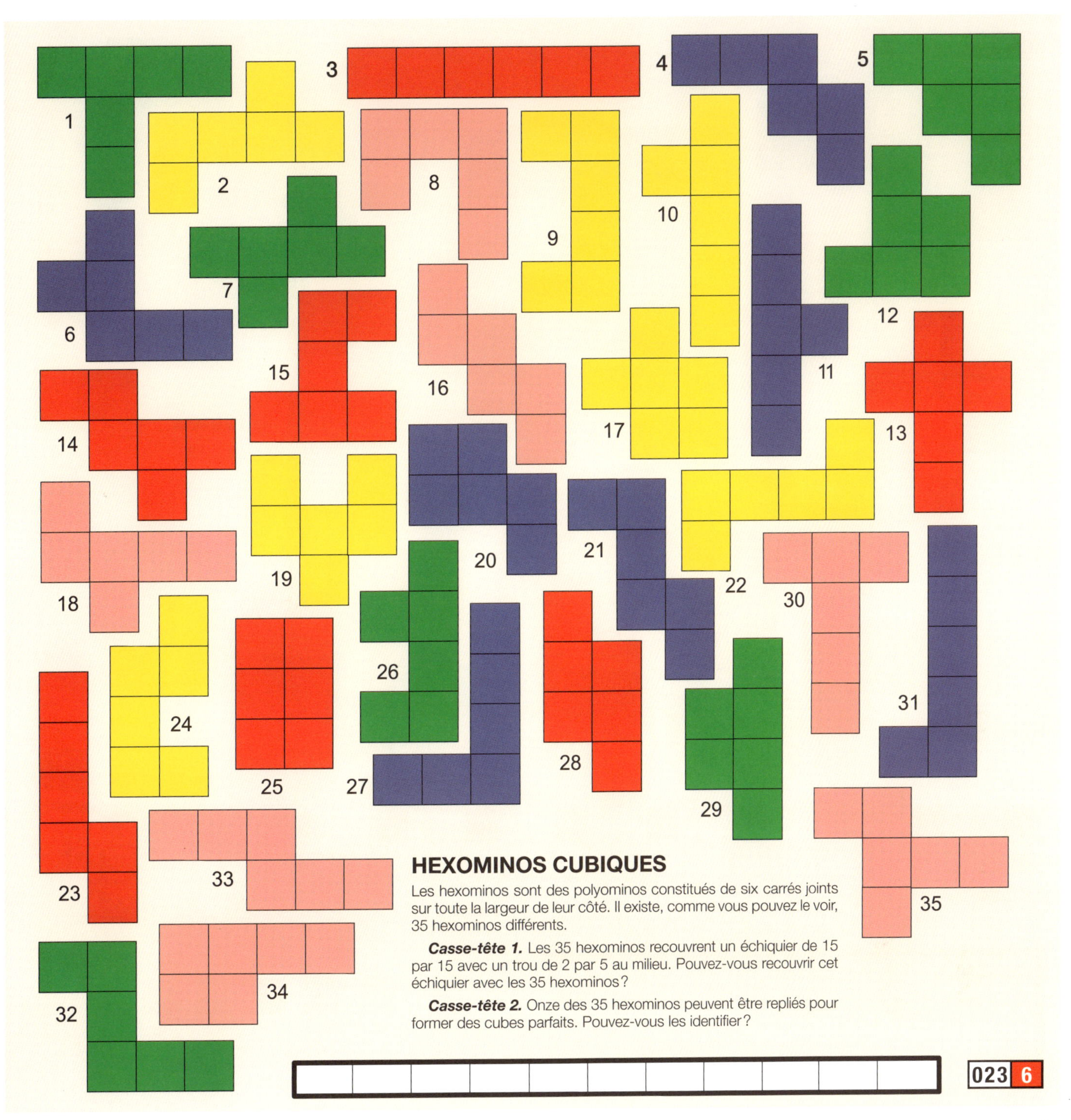

HEXOMINOS CUBIQUES

Les hexominos sont des polyominos constitués de six carrés joints sur toute la largeur de leur côté. Il existe, comme vous pouvez le voir, 35 hexominos différents.

Casse-tête 1. Les 35 hexominos recouvrent un échiquier de 15 par 15 avec un trou de 2 par 5 au milieu. Pouvez-vous recouvrir cet échiquier avec les 35 hexominos?

Casse-tête 2. Onze des 35 hexominos peuvent être repliés pour former des cubes parfaits. Pouvez-vous les identifier?

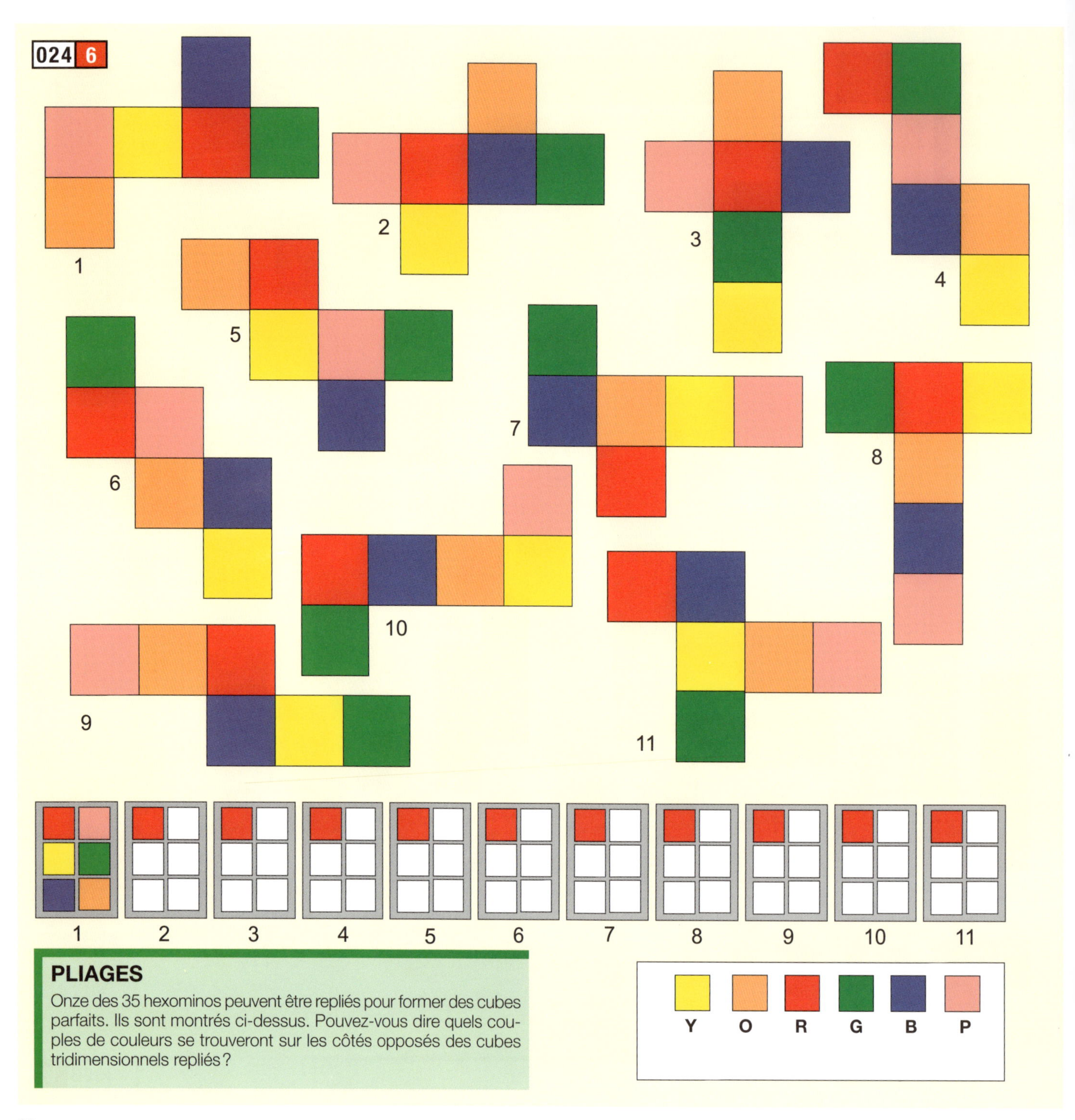

PLIAGES

Onze des 35 hexominos peuvent être repliés pour former des cubes parfaits. Ils sont montrés ci-dessus. Pouvez-vous dire quels couples de couleurs se trouveront sur les côtés opposés des cubes tridimensionnels repliés ?

MARCHEPIED

Le casse-tête

En assemblant un monomino, un domino et un triomino droit, combien de configurations différentes pouvez-vous créer ? Vous devez respecter les règles et restrictions suivantes :

1) L'orientation des pièces doit rester verticale.
2) La plus courte des deux pièces adjacentes ne doit dépasser le bord de la plus longue.
3) Les inversions miroirs sont considérées comme différentes.
4) Les pièces doivent s'aligner le long d'une grille imaginaire avec des cases de la taille du monomino.
5) Les trois pièces doivent toujours se toucher.

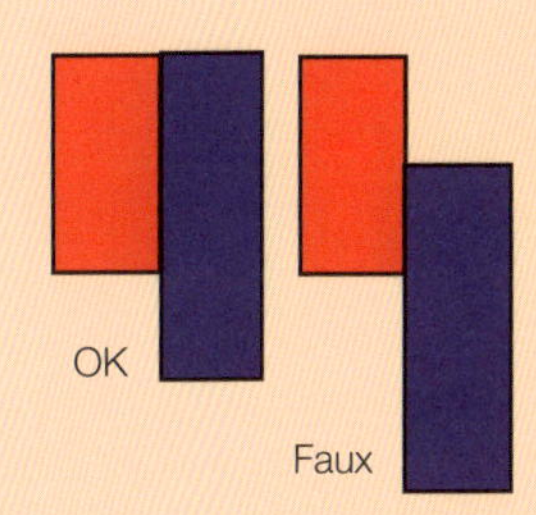

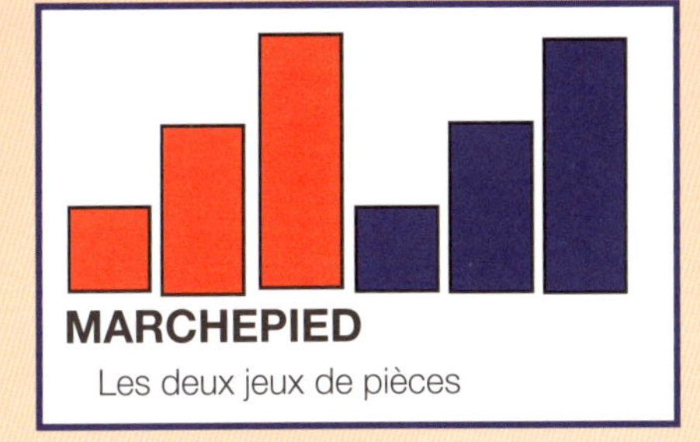
MARCHEPIED
Les deux jeux de pièces

MARCHEPIED
Positions gagnantes

Le jeu

Il s'agit d'un jeu de stratégie qui se joue à deux, chaque joueur disposant d'un monomino, d'un domino et d'un triomino. Chacun leur tour, les joueurs placent sur un échiquier de 4 par 4 les différentes formes dans l'ordre, d'abord le monomino, ensuite le domino puis le triomino. Une fois toutes les pièces placées, les autres tours suivent le même ordre. Le gagnant est le premier joueur qui réussit à créer une configuration en escalier de sa couleur, qui peut avoir n'importe quelle orientation sur l'échiquier. Un joueur doit déplacer un élément à chaque fois que c'est son tour. Il ne peut ni passer ni replacer une pièce dans la même position. Il ne peut pas non plus agir de telle sorte que cela empêche l'autre joueur de jouer.

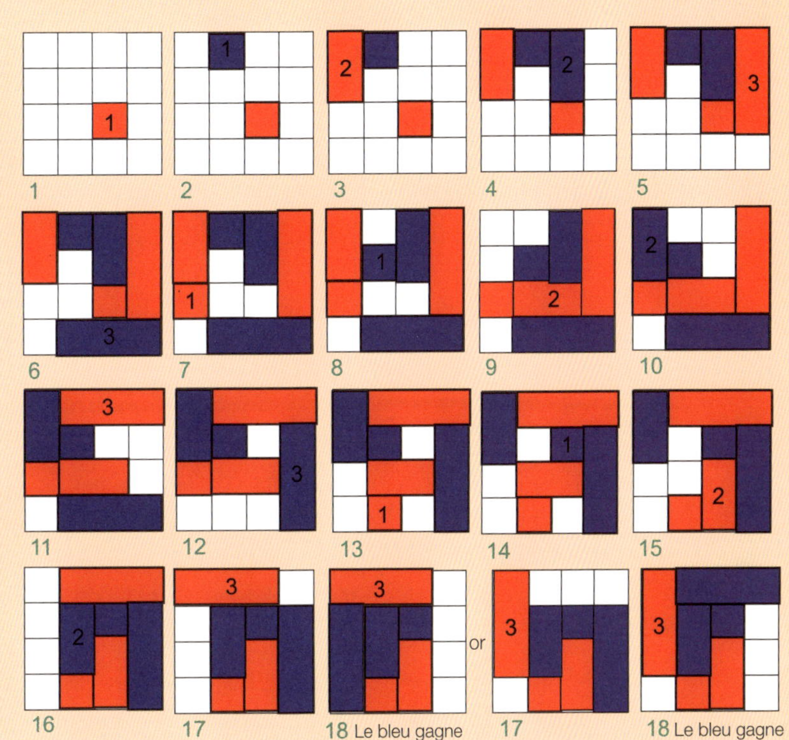

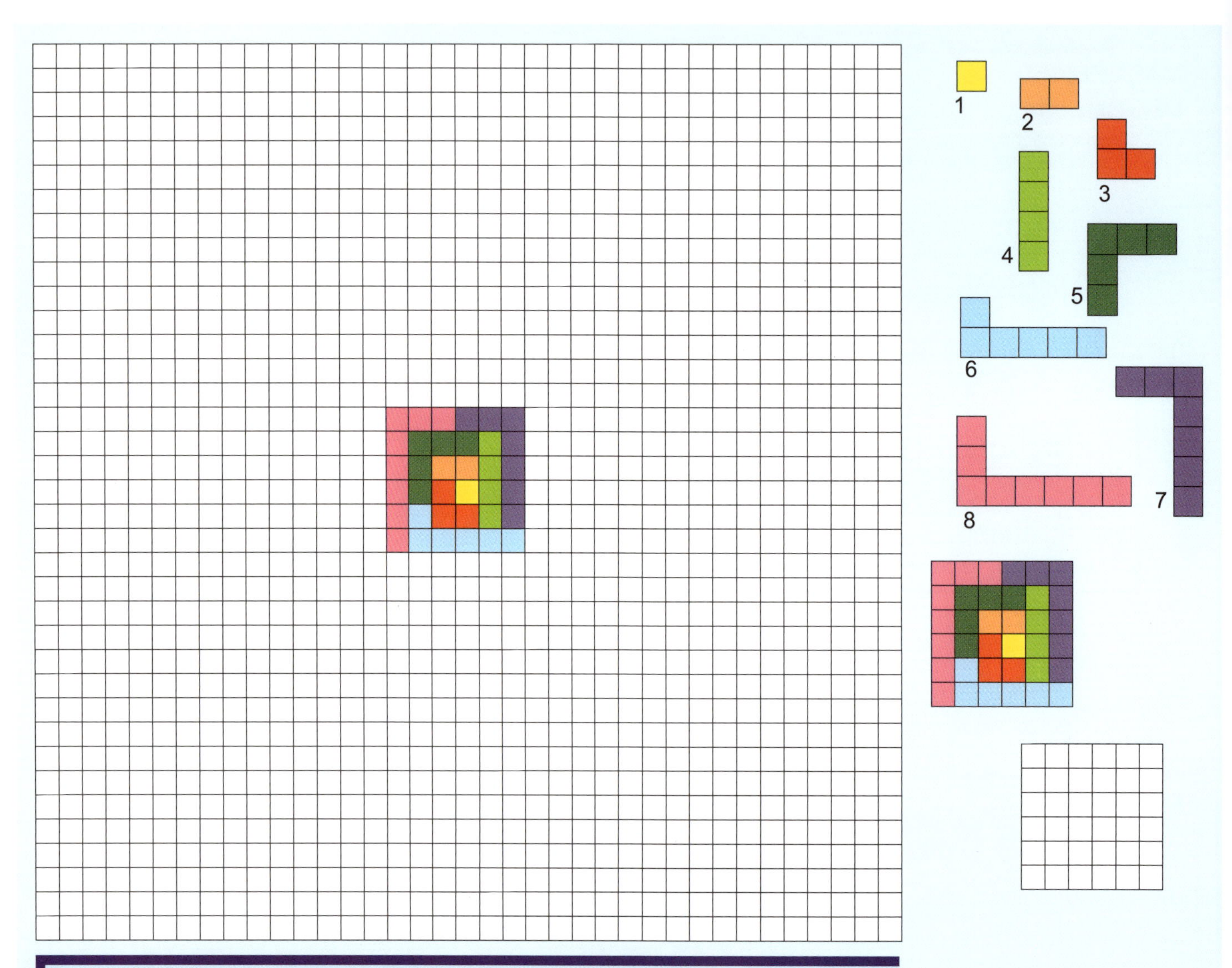

CARRÉS CONSÉCUTIFS DE POLYOMINOS EN SPIRALE

Quand on choisit certains polyominos consécutifs, et qu'on commence par placer un monomino au centre puis un domino et ensuite d'autres polyominos (un de chaque groupe), on peut voir se former des configurations en spirales qui vont dans le sens inverse des aiguilles d'une montre. Ici, on voit les huit premiers polyominos consécutifs formant une spirale de polyominos qui pave un carré solide de six par six.

On peut poser d'autres questions et problèmes intéressants en rapport avec ce principe de construction :

1. Pouvez-vous disposer les pièces d'un carré de 6 par 6 pour former d'autres motifs distincts ?

2. En continuant la formation de la spirale avec les polyominos consécutifs, à quel stade le prochain rectangle sera-t-il formé, et quelles seront ses proportions ?

3. À quel stade le prochain carré sera-t-il formé et quelle sera sa taille ?

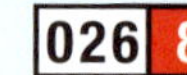

PAVAGES SUPERPOSÉS

Chacun de ces pavages complexes en couleurs, où figurent de nombreux triangles, pentagones, hexagones, heptagones et octogones irréguliers, fut créé à partir d'un élément unique. Pouvez-vous deviner lequel dans chaque cas ?

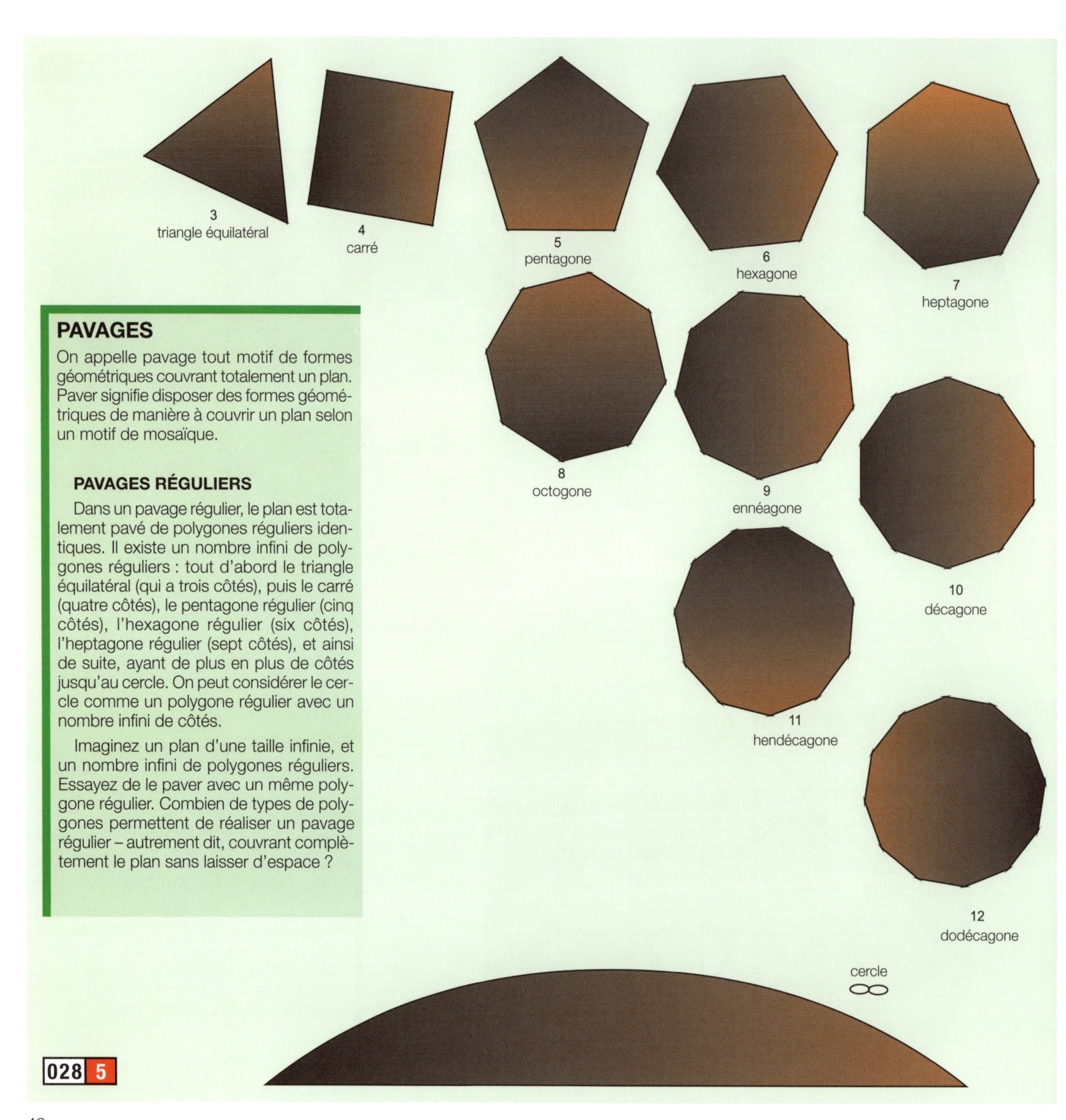

PAVAGES

On appelle pavage tout motif de formes géométriques couvrant totalement un plan. Paver signifie disposer des formes géométriques de manière à couvrir un plan selon un motif de mosaïque.

PAVAGES RÉGULIERS

Dans un pavage régulier, le plan est totalement pavé de polygones réguliers identiques. Il existe un nombre infini de polygones réguliers : tout d'abord le triangle équilatéral (qui a trois côtés), puis le carré (quatre côtés), le pentagone régulier (cinq côtés), l'hexagone régulier (six côtés), l'heptagone régulier (sept côtés), et ainsi de suite, ayant de plus en plus de côtés jusqu'au cercle. On peut considérer le cercle comme un polygone régulier avec un nombre infini de côtés.

Imaginez un plan d'une taille infinie, et un nombre infini de polygones réguliers. Essayez de le paver avec un même polygone régulier. Combien de types de polygones permettent de réaliser un pavage régulier – autrement dit, couvrant complètement le plan sans laisser d'espace ?

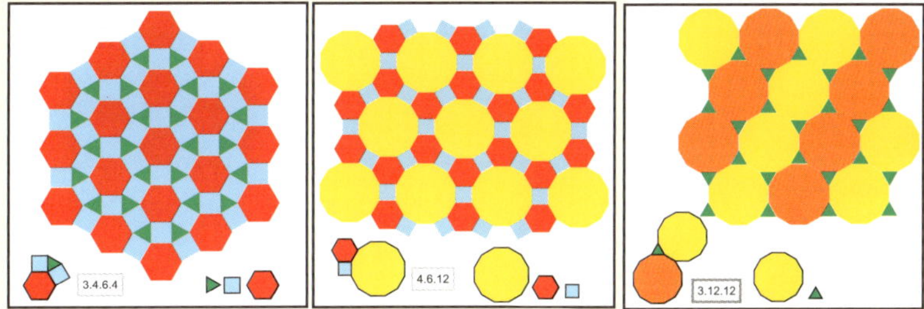

PAVAGES SEMI-RÉGULIERS

Les pavages semi-réguliers sont ceux dans lesquels au moins deux types de polygones réguliers sont assemblés pour couvrir un plan de telle sorte que les mêmes polygones, dans le même ordre cyclique, entourent chaque sommet (point anguleux) – ou, en langage mathématique, que chaque sommet soit congruent à chacun des autres sommets.

Il existe huit pavages semi-réguliers, représentés ci-contre. Ils ne sont composés que de cinq polygones réguliers différents : triangles, carrés, hexagones, octogones et dodécagones. On peut obtenir un nombre infini de pavages de polygones réguliers avec plus de trois types de sommet.

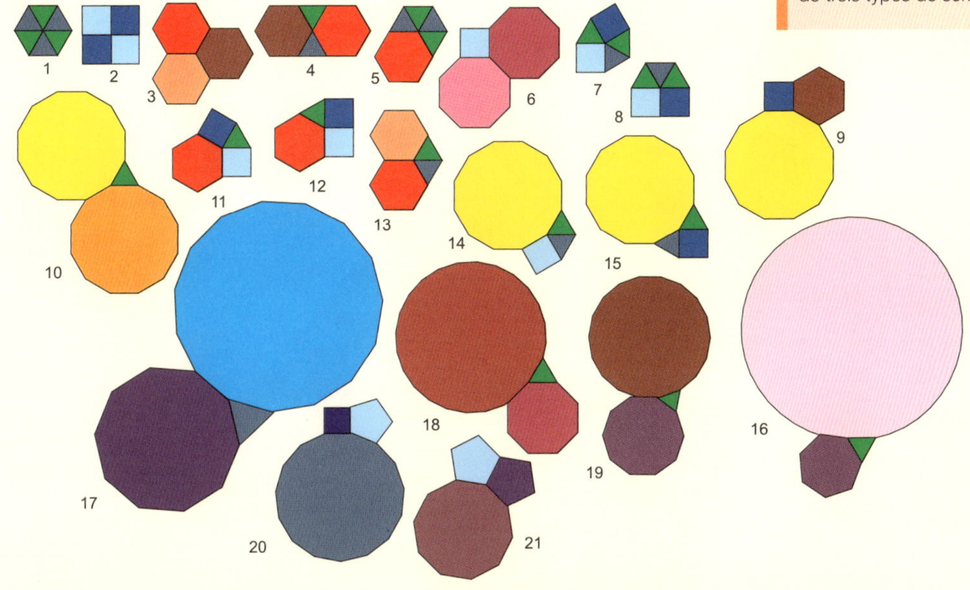

TYPES DE SOMMETS

Les polygones suivants peuvent créer 21 types de sommets, exprimés par les symboles de Schläfli :

1- 3.3.3.3.3.3
2- 4.4.4.4
3- 6.6.6
4- 3.6.3.6
5- 3.3.3.3.6
6- 4.8.8
7- 3.4.3.3.4
8- 3.3.3.4.4
9- 4.6.12
10- 3.12.12
11- 3.4.6.4
12- 3.4.4.6
13- 3.3.6.6
14- 3.3.4.12
15- 3.4.3.12
16- 3.7.42
17- 3.9.18
18- 3.8.24
19- 3.10.15
20- 4.5.20
21- 5.5.10

AUTRES PAVAGES

Si on ne tient pas compte de l'obligation d'uniformité qui veut que chaque sommet soit identique à tous les autres, on peut créer un autre groupe d'au moins 14 polyèdres demi-réguliers en combinant par tâtonnements deux ou trois dispositions de types de sommet de polygones différents.

Il existe un nombre infini de pavages de polygones réguliers avec plus de trois types de sommets différents.

MOTIFS « PINWHEEL » ET TRIANGLES

Dans un plan, un motif a une symétrie d'échelle ou est à échelle modifiable si les tuiles qui le constituent peuvent être groupées en « super-tuiles » couvrant le plan et si elles coïncident avec le motif original lorsqu'on en réduit la taille : les motifs carrés et les motifs de triangles équilatéraux par exemple.

Une stricte symétrie du motif dans un plan est un mouvement du plan qui conserve le motif sans changement ni distorsion. Ce pourrait être un mouvement d'une partie du motif par translation, rotation, demi-tour, ou toute combinaison de ces opérations.

Supposons un motif ayant une symétrie d'échelle. Doit-il aussi avoir des symétries strictes ? La réponse est non.

Dans les années 1960, Robert Berger, un mathématicien américain, construisit des motifs composés de milliers de tuiles, sans symétrie stricte et pourtant avec une symétrie d'échelle. Dans les années 1970, Roger Penrose, un mathématicien britannique, découvrit des motifs sans symétrie stricte mais avec deux tuiles uniquement, que Penrose appela « cerfs-volants » et « fléchettes ». Les deux tuiles pouvaient apparaître dans une des dix orientations possibles dans un motif pour former ce qu'on appela le « pavage de Penrose ».

En 1994, John Conway, de l'université de Princeton, et Charles Radin, de l'université du Texas, découvrirent un autre pavage : le motif dit « pinwheel » (ou en moulin à vent) qui n'utilise qu'une seule tuile triangulaire. Cette tuile peut apparaître dans un nombre infini d'orientations en un motif « pinwheel ».

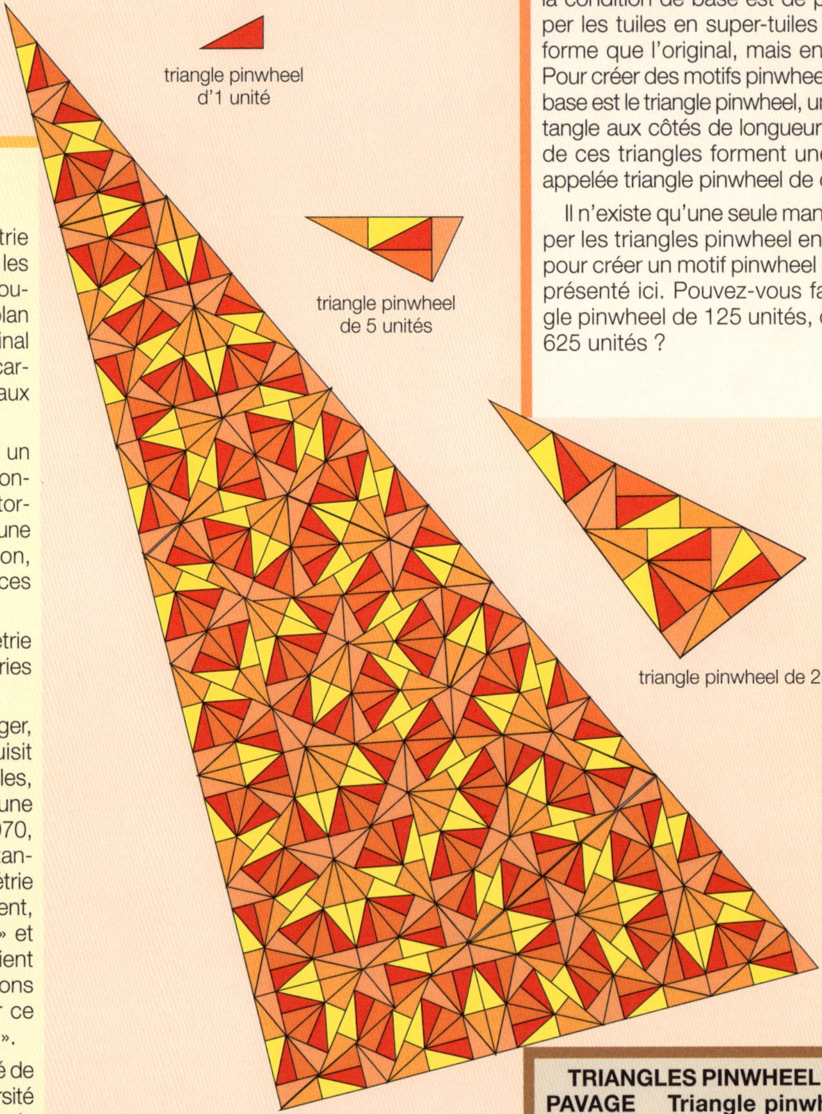

triangle pinwheel d'1 unité

triangle pinwheel de 5 unités

triangle pinwheel de 25 unités

TRIANGLES PINWHEEL ET SUPER-PAVAGE

Pour qu'un motif ait une symétrie d'échelle, la condition de base est de pouvoir grouper les tuiles en super-tuiles de la même forme que l'original, mais en plus grand. Pour créer des motifs pinwheel, la forme de base est le triangle pinwheel, un triangle rectangle aux côtés de longueur 1 et 2. Cinq de ces triangles forment une super-tuile appelée triangle pinwheel de cinq unités.

Il n'existe qu'une seule manière de grouper les triangles pinwheel en super-tuiles pour créer un motif pinwheel dans le plan, présenté ici. Pouvez-vous faire un triangle pinwheel de 125 unités, ou même de 625 unités ?

029 8

TRIANGLES PINWHEEL ET SUPER-PAVAGE Triangle pinwheel de 625 unités

Pouvez-vous dessiner les limites des cinq triangles pinwheel de 125 unités ?

030 6

> « La mathématique est la reine des sciences, et la théorie des nombres est la reine des mathématiques. »
>
> *Carl Friedrich Gauss*

OPÉRATION DE GAUSS

L'histoire du jeune Gauss de dix ans trouvant la somme des 100 premiers entiers naturels devint un classique raconté d'innombrables fois.

Combien de temps vous faudra-t-il pour additionner tous les nombres de 1 à 100 ?

1 + 2 + 3 + 4 + 5 + 6 + 7 + 8 + 9 + 10 + 11 + 12 + 13 + 14 + 15 + 16 + 17 + 18 + 19 + 20 + 21 + 22 + 23 + 24 + 25 + 26 + 27 + 28 + 29 + 30 + 31 + 32 + 33 + 34 + 35 + 36 + 37 + 38 + 39 + 40 + 41 + 42 + 43 + 44 + 45 + 46 + 47 + 48 + 49 + 50 + 51 + 52 + 53 + 54 + 55 + 56 + 57 + 58 + 59 + 60 + 61 + 62 + 63 + 64 + 65 + 66 + 67 + 68 + 69 + 70 + 71 + 72 + 73 + 74 + 75 + 76 + 77 + 78 + 79 + 80 + 81 + 82 + 83 + 84 + 85 + 86 + 87 + 88 + 89 + 90 + 91 + 92 + 93 + 94 + 95 + 96 + 97 + 98 + 99 + 100 = ?

Quand le célèbre mathématicien allemand, Carl Friedrich Gauss (1777-1855), avait dix ans, son professeur demanda à la classe d'additionner les 100 premiers nombres consécutifs. Le professeur pensait qu'il aurait un peu de tranquillité et qu'il pourrait oublier sa classe un instant. Quelle ne fut pas sa surprise quand, en quelques secondes à peine, le jeune Gauss lui donna la réponse. Celui-ci, ayant repéré le schéma derrière la suite de nombres, put fournir la réponse en un rien de temps, sans même utiliser de papier et de crayon. Et vous, y parvenez-vous ?

NOMBRES FIGURÉS

Les nombres comme motifs

Quand les nombres sont représentés par des points et disposés de sorte à former des figures et motifs géométriques, on peut découvrir des relations importantes. Présentés ainsi, ils sont appelés « nombres polygonaux » ou « nombres figurés ».

L'arithmétique grecque antique s'intéressa surtout à l'étude des nombres figurés, et leur utilisation mena à l'étude des séries de nombres. Les pythagoriciens attribuaient des propriétés magiques aux nombres figurés.

Les nombres figurés donnent une appréhension intuitive de certains aspects de la théorie élémentaire des nombres et de la théorie des jeux. La visualisation géométrique des nombres figurés est si simple et si belle dans de nombreux cas qu'il suffit parfois d'un regard pour embrasser et comprendre la démonstration d'un théorème. Les « nombres triangulaires » permettent de visualiser la démonstration de la somme des n premiers nombres naturels ; les « nombres carrés », la somme des entiers impairs consécutifs – etc.

Le 100e nombre triangulaire

Combien de points y a-t-il ? Combien de temps vous faudra-t-il pour les compter ? Le jeune Gauss l'a fait en quelques secondes. (voir page précédente)

031 6

NOMBRES TRIANGULAIRES

Les nombres triangulaires se trouvent en empilant un groupe d'objets en triangle – deux objets placés après un, trois après deux, etc. Par exemple, le quatrième nombre triangulaire est 10 : 1 + 2 + 3 + 4 = 10, comme montré.

Les nombres triangulaires ont ceci de particulier qu'ils représentent la somme de n'importe quel nombre d'entiers consécutifs. Il ne vous sera pas bien difficile de calculer le onzième nombre triangulaire (55), tel que visualisé ci-dessous, mais combien de temps vous faudra-t-il pour trouver le centième nombre triangulaire, également visualisé en bas de la page ?

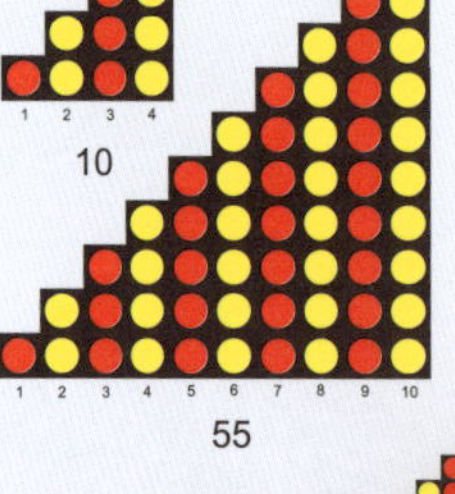

10

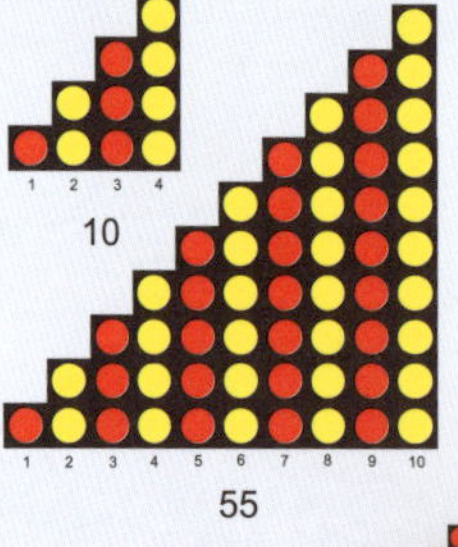

55

LA DIVINE TETRAKTYS

Le quatrième nombre triangulaire, la tetraktys, est composé de 10 points, la somme des quatre premiers entiers consécutifs, disposés en pyramide. Il fut inventé par Pythagore comme symbole de la création de l'univers connu, et utilisé comme fondement sacré du serment des pythagoriciens. Les points représentent les nombres de 1 à 10, les rangées représentant les dimensions et l'organisation de l'espace.

Première rangée : un point – **dimension zéro.**

Deuxième rangée : une ligne de deux points – **une dimension**.

Troisième rangée : un plan défini par un triangle de trois points – **deux dimensions**.

Quatrième rangée : un tétraèdre défini par 4 points – **trois dimensions**

La dernière rangée symbolise également les quatre éléments : terre, air, feu et eau.

La tetraktys est un merveilleux symbole, qui représente l'évolution de la simplicité vers la complexité, et de l'abstrait vers le concret. L'arbre de vie de la Kabbale, plus tardif, découle de la tetraktys.

PYTHAGORE PAR RAPHAËL

Voici Pythagore peint en train de démontrer sa théorie des nombres à ses disciples. Les nombres triangulaires – les « meilleurs » nombres selon lui – et plus précisément le « meilleur » d'entre eux, la « divine Tetraktys » (1 + 2 + 3 + 4), sont présentés sur la tablette en bas.

L'École d'Athènes de Raphaël

032 10

LE POUVOIR COMBINATOIRE DE LA TETRAKTYS

Savez-vous combien il existe de façons différentes de placer les dix nombres dans la tetraktys, sans compter les symétries et les rotations ?

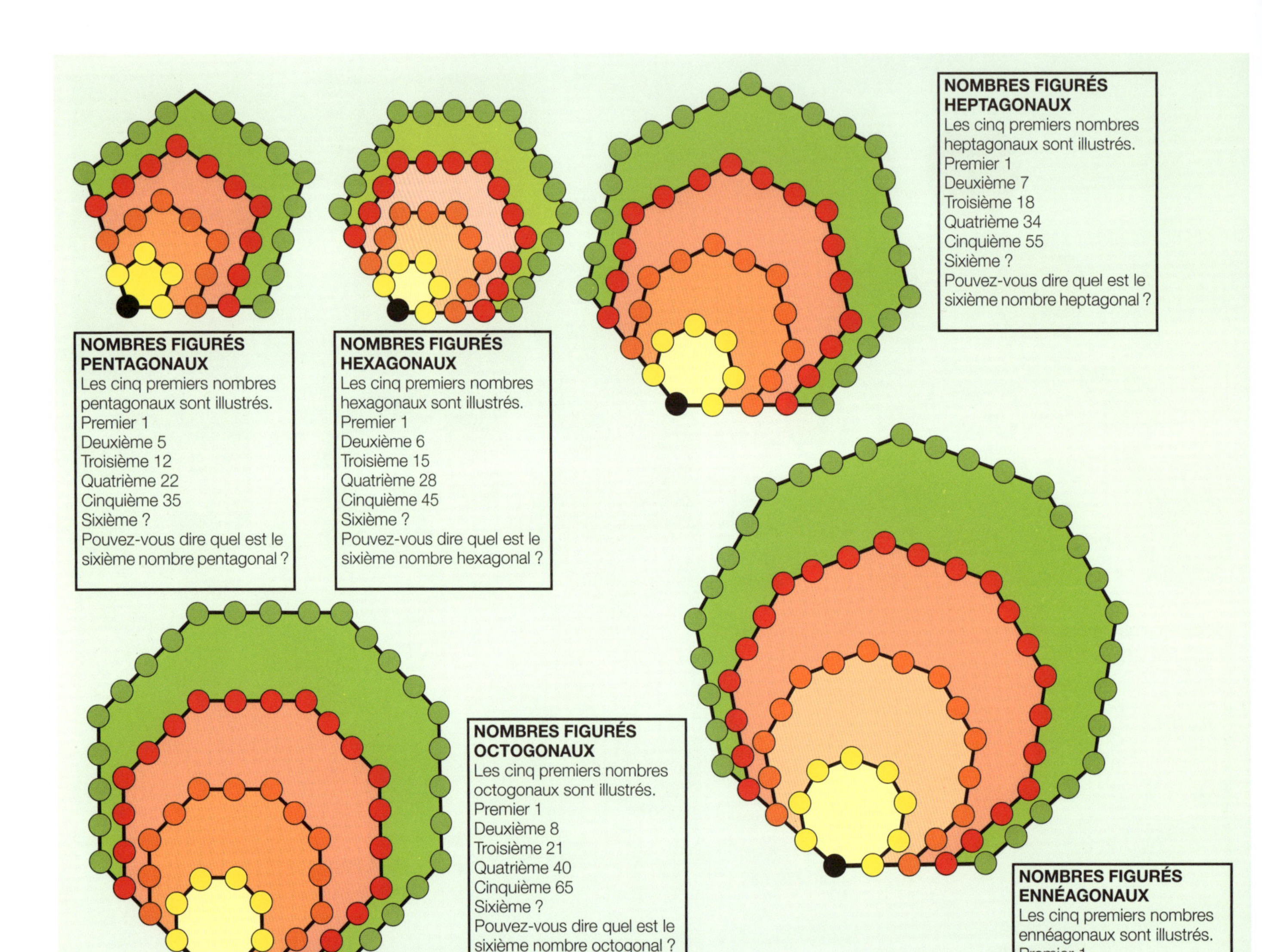

NOMBRES FIGURÉS PENTAGONAUX
Les cinq premiers nombres pentagonaux sont illustrés.
Premier 1
Deuxième 5
Troisième 12
Quatrième 22
Cinquième 35
Sixième ?
Pouvez-vous dire quel est le sixième nombre pentagonal ?

NOMBRES FIGURÉS HEXAGONAUX
Les cinq premiers nombres hexagonaux sont illustrés.
Premier 1
Deuxième 6
Troisième 15
Quatrième 28
Cinquième 45
Sixième ?
Pouvez-vous dire quel est le sixième nombre hexagonal ?

NOMBRES FIGURÉS HEPTAGONAUX
Les cinq premiers nombres heptagonaux sont illustrés.
Premier 1
Deuxième 7
Troisième 18
Quatrième 34
Cinquième 55
Sixième ?
Pouvez-vous dire quel est le sixième nombre heptagonal ?

NOMBRES FIGURÉS OCTOGONAUX
Les cinq premiers nombres octogonaux sont illustrés.
Premier 1
Deuxième 8
Troisième 21
Quatrième 40
Cinquième 65
Sixième ?
Pouvez-vous dire quel est le sixième nombre octogonal ?

NOMBRES FIGURÉS ENNÉAGONAUX
Les cinq premiers nombres ennéagonaux sont illustrés.
Premier 1
Deuxième 9
Troisième 24
Quatrième 46
Cinquième 75
Sixième ?
Pouvez-vous dire quel est le sixième nombre ennéagonal ?

NOMBRES FIGURÉS POLYGONAUX

Les nombres figurés peuvent être triangulaires ou carrés, comme nous l'avons vu, mais cela peut aussi s'étendre aux formes polygonales. Un nombre polygonal est un nombre composé de points disposés selon un motif polygonal régulier, un pentagone ou un hexagone par exemple.

On peut penser que pour explorer les relations entre les nombres, les premiers mathématiciens élaborèrent des nombres figurés polygonaux avec des cailloux ou d'autres objets simples. L'invention du boulier évolua depuis ses origines et devint un outil très puissant au tout début des mathématiques.

Ici, nous démontrons quelques séries de nombres figurés polygonaux. Pour calculer le total, incluez les points des précédents polygones dans la série ; il ne suffit pas de compter les points de la forme plus grande suivante. Ainsi, le troisième nombre pentagonal est 12 car c'est le nombre total de points orange, jaunes et noirs. C'est là un domaine passionnant à explorer en profondeur, car on y fait des découvertes nombreuses et surprenantes et on y voit des relations complexes entre ces nombres.

033 9

1 =	26 =
2 = Impossible	27 =
3 = 1 + 2	28 =
4 =	29 =
5 =	30 =
6 =	31 =
7 =	32 =
8 =	33 =
9 =	34 =
10 =	35 =
11 =	36 =
12 =	37 =
13 =	38 =
14 =	39 =
15 =	40 =
16 =	41 =
17 =	....
18 =	
19 =	
20 =	
21 =	
22 =	
23 =	
24 =	
25 =	

ENTIERS CONSÉCUTIFS

Les 41 premiers entiers consécutifs sont énumérés. Quels sont ceux qu'on ne peut pas exprimer comme une somme d'entiers consécutifs ? Existe-t-il une règle générale pour les trouver facilement ?

NOMBRES UNIQUES

Si on soustrait un nombre de n chiffres consécutifs par ordre croissant au nombre obtenu en inversant les chiffres du nombre initial, le résultat est le « nombre unique » ou U_n.

Par exemple, si on soustrait le nombre à deux chiffres 23 de son inverse, 32, le résultat est :

| 2 | 3 |

| 3 | 2 | – | 2 | 3 | = | 9 |

9 est le **nombre unique U_n**

Combien de temps vous faudra-t-il pour trouver les nombres uniques de la liste suivante de nombres consécutifs à trois, quatre, cinq, six et sept chiffres ? Cela m'a pris moins d'une minute. Comment ai-je fait ?

Trois chiffres	Nombre unique
123	
234	
345	
456	
567	
678	
789	

Quatre chiffres	Nombre unique
1234	
2345	
3456	
4567	
5678	
6789	

Cinq chiffres	Nombre unique
12345	
23456	
34567	
45678	
56789	

Six chiffres	Nombre unique
123456	
234567	
345678	
456789	

Sept chiffres	Nombre unique
1234567	
2345678	
3456789	

035 6

PENSEZ À UN NOMBRE.
AJOUTEZ 10.
MULTIPLIEZ LE RÉSULTAT PAR 2.
SOUSTRAYEZ 6.
DIVISEZ PAR 2 ET ENLEVEZ LE NOMBRE AUQUEL VOUS AVIEZ PENSÉ À L'ORIGINE.

VOUS OBTIENDREZ TOUJOURS 7.

POURQUOI ?

PENSEZ À UN NOMBRE.

Ou, l'importance de la démonstration mathématique

En mathématiques récréatives, ce problème existe avec maintes variantes. Mais pourquoi et comment cela marche ?

Bien entendu, vous pouvez vérifier les résultats en utilisant plusieurs nombres spécifiques, et vous verrez que cela fonctionne à chaque fois. Mais ce n'est pas pour autant que ceux-ci vous expliqueront comment cela marche et qu'ils vous démontreront que ce sera toujours le cas, quel que soit le nombre auquel vous avez pensé. Alors qu'est-ce qui le fera ? Une démonstration mathématique – uniquement si nous avons la bonne IDÉE de la manière d'aborder le problème.

037 4

PENSEZ À UN NOMBRE – BIS

Pensez à un nombre de 1 à 10.
Multipliez ce nombre par 9.
Si le nombre est un nombre à deux chiffres, ajoutez ces deux chiffres.
Maintenant, soustrayez 5.
Voyez à quelle lettre de l'alphabet correspond le nombre que vous avez trouvé :
1-2-3-4-5-6-7-8-9-10-11-12-13-14-15-16-17-18-19-20-21-22-23-24-25-26
a-b-c-d-e-f-g-h-i-j-k-l-m-n-o-p-q-r-s-t-u-v-w-x-y-z
Pensez à un pays qui commence par cette lettre.
Rappelez-vous de la dernière lettre du nom du pays.
Pensez au nom d'un animal qui commence par cette lettre.
Rappelez-vous la dernière lettre du nom de cet animal.
Pensez à un nom de fruit qui commence par cette lettre.
Vérifiez votre résultat et le mien dans les solutions.

UN NOMBRE ÉTRANGE : 1 089

Choisissez n'importe quel nombre à trois chiffres dans lequel les trois chiffres sont différents et suivez les instructions.

Nous avons choisi 825  8 2 5 **Votre choix :** 

(1) Inversez les chiffres 528  5 2 8 **Votre choix :** 

(2) Soustrayez les deux nombres

8 2 5 – 5 2 8 = 2 9 7

Votre choix : 

(3) Prenez la différence, inversez-en les chiffres et ajoutez les deux nombres :

2 9 7 + 7 9 2 = 1 0 8 9

Votre choix :  = 1 0 8 9

Remarquez que quand vous inversez les chiffres à ce stade, vous devez inclure un zéro devant. (Par exemple, si votre nombre initial était 102, vous arriveriez à 99 à la fin de l'étape 2. Vous devriez alors l'écrire 099 puis l'inverser en 990.)

Incroyable, mais le nombre que vous avez choisi a abouti au résultat que nous avions prévu.

Essayez un autre nombre. Vous n'en finirez pas d'être étonné : peu importe le nombre choisi, le résultat est toujours **1 089**.

039 3

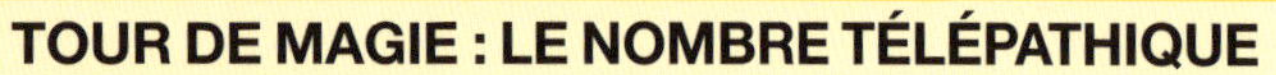

TOUR DE MAGIE : LE NOMBRE TÉLÉPATHIQUE

Regardez le schéma de nombres (à droite). Il commence par 9 et comprend les 90 premiers nombres à deux chiffres. Chaque nombre est associé à l'une de sept couleurs. Grâce à mes pouvoirs télépathiques, je vais influencer votre choix de sorte que vous choisirez toujours un nombre bleu.

Prenez n'importe quel nombre à deux chiffres, additionnez les deux chiffres, puis soustrayez cette somme du nombre que vous avez choisi. Peu importe les nombres que vous aviez choisis au départ, le résultat sera toujours un numéro bleu.

Si vous croyez à la télépathie, vous serez impressionné. Sinon, pouvez-vous découvrir le secret de mes « pouvoirs télépathiques » ?

040 2

BOUCLES D'OREILLES

900 femmes étaient présentes au bal.

2 % d'entre elles portaient une boucle d'oreille.

50 % des autres portaient deux boucles d'oreilles alors que la seconde moitié n'en portait pas.

Combien de boucles d'oreilles y avait-il au bal ?

5555555555555555555555555555

1	11	21	31	41	51	61	71	81	91
2	12	22	32	42	52	62	72	82	92
3	13	23	33	43	53	63	73	83	93
4	14	24	34	44	54	64	74	84	94
5	15	25	35	45	55	65	75	85	95
6	16	26	36	46	56	66	76	86	96
7	17	27	37	47	57	67	77	87	97
8	18	28	38	48	58	68	78	88	98
9	19	29	39	49	59	69	79	89	99
10	20	30	40	50	60	70	80	90	100

10 - 10%

100 - 19%

1000 - ?

10^{64} - ?

1	11	21	31	41	51	61	71	81	91
2	12	22	32	42	52	62	72	82	92
3	13	23	33	43	53	63	73	83	93
4	14	24	34	44	54	64	74	84	94
5	15	25	35	45	55	65	75	85	95
6	16	26	36	46	56	66	76	86	96
7	17	27	37	47	57	67	77	87	97
8	18	28	38	48	58	68	78	88	98
9	19	29	39	49	59	69	79	89	99
10	20	30	40	50	60	70	80	90	100

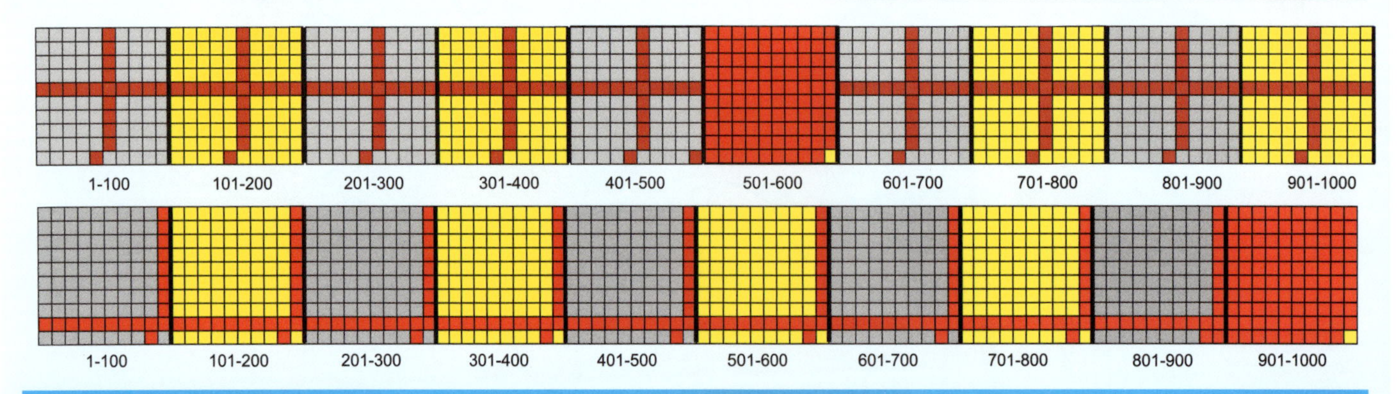

LE PARADOXE DES CINQ

041 5

Combien de fois le chiffre 5 apparaît-il dans 1 000 nombres ? Vous serez surpris par le résultat.
Dans les 10 premiers nombres, le chiffre 5 n'apparaît que dans un seul (10 %).
Comme nous le voyons, dans les 100 premiers nombres (10^2), 19 nombres contiennent un 5, soit environ un cinquième ou 19 %.
Comment cette proportion va-t-elle évoluer pour les 1 000 premiers nombres (10^3) montrés ci-dessus ?
Pouvez-vous deviner quel sera le pourcentage de nombres contenant un cinq dans le cas d'un très, très grand nombre ?

10^{64} par exemple ?

9999999999999999999999999999

LA « DIGITADDITION » DE KAPREKAR

Le mathématicien indien, D. R. Kaprekar (1905-1986), fut au départ raillé par ses contemporains qui jugeaient triviaux ses jeux avec des nombres. Il fit pourtant d'incroyables découvertes, qui furent révélées par Martin Gardner dans le magazine Scientific American et qui lui valurent une reconnaissance mondiale. Il fut renommé pour sa contribution aux mathématiques récréatives et à la théorie des nombres.

Une des découvertes de Kaprekar fut ce qu'il appela la « digitaddition ».

Choisissez un entier positif et ajoutez-le à la somme de ses chiffres.

Prenez 23. Voici la démonstration de la « digitaddition » de ce nombre.

23 + 5 = 28

23 est appelé un générateur. Le nouveau nombre 28 est appelé nombre généré.

L'opération peut être répétée indéfiniment, formant des séries de digitaddition, comme illustré :

23, 28, 38, 49, 62, 70, 77, 91, 101, 103, 107, 115

On n'a trouvé aucune formule pour la somme partielle de la série, le premier et le dernier terme étant connus, mais laissez-moi vous faire un tour de magie impressionnant.

Imaginez que nous sommes ensemble. Vous choisissez un nouveau générateur et créez une série partielle de digitadditions, aussi longue que vous le souhaitez. Donnez-moi le premier et le dernier nombre de votre série. Je vous indiquerai en une seconde la somme de tous les chiffres de votre série de digitaddition. Impressionnant, non ?

043 9

« Un ivrogne souhaite continuer à boire du vin pour rester dans un état de plaisir. Il en est de même pour moi concernant les nombres. »

D. R. Kaprekar

LA CONSTANTE MAGIQUE DE KAPREKAR

On doit également à D. R. Kaprekar la « constante magique ».

Choisissez n'importe quel nombre à quatre chiffres différents, par exemple 2 435.

Redisposez les chiffres par ordre décroissant (dans notre exemple 5 432), et soustrayez à ce nombre celui que vous obtenez quand les chiffres sont placés par ordre croissant : 5 432 - 2 345.

Recommencez avec le nombre que vous obtenez comme résultat et continuez ainsi jusqu'à ce que vous obteniez le même résultat deux fois de suite.

Essayez de faire pareil avec les trois autres nombres à quatre chiffres proposés ici, et avec n'importe quel autre nombre à quatre chiffres de votre choix.

Je prédis les résultats. Allez voir dans les solutions si j'ai raison !

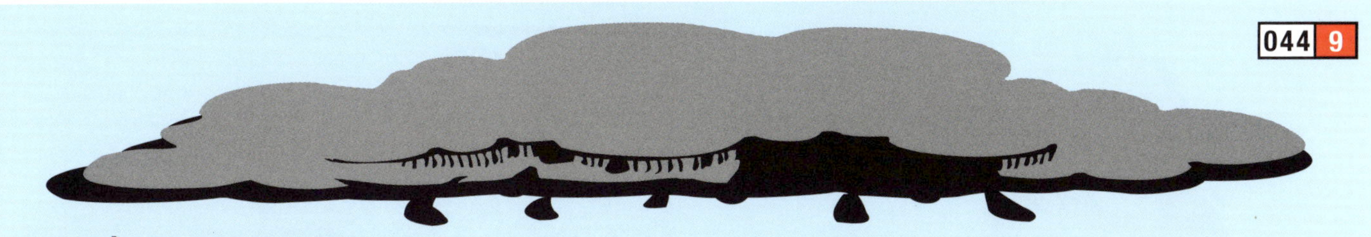

PROBLÈME DE COLLATZ

En 1932, Lothar Collatz, un étudiant en mathématiques allemand de 20 ans, découvrit un étrange résultat alors qu'il faisait un calcul mathématique en apparence simple, que voici :

Prenez un entier positif x.

S'il est pair, divisez-le par deux : x/2.

S'il est impair, multipliez-le par 3, ajoutez 1, puis divisez-le par deux : (3x + 1)/2.

Prenez le résultat, appliquez les mêmes règles et continuez jusqu'à ce que vous obteniez le chiffre 1, ce qui produit alors un cycle infini de 4,2,1…

Collatz s'étonna que cela se produise à chaque tentative, et il se demanda si ce serait toujours le cas. La question que pose le problème auquel il donna son nom est : toutes les séquences atteindront-elles toujours 1, et ce pour tous les entiers ?

Le tableau ci-dessous montre que c'est vrai pour les dix premiers entiers, à l'exception de 7. Comme nous le voyons, dans chaque cas la séquence finit par atteindre 1, après quoi on trouve le cycle infini de 4,2,1…

La séquence produite par le problème de Collatz est appelée suite de Syracuse, du nom de l'université de Collatz.

Le mathématicien anglais John H. Conway établit l'indécidabilité du problème de Collatz, personne ne pouvant prouver formellement qu'il était vrai ou faux. Le mathématicien hongrois Paul Erdös dit à ce propos : « Les mathématiques ne sont pas encore prêtes pour de tels problèmes. »

Les superordinateurs modernes testèrent tous les nombres jusqu'à 27 millions de milliards (27 000 000 000 000 000). Il ne s'en trouva aucun dont la suite de Syracuse ne finissait pas au bout du compte par 1. La plus longue suite de Syracuse trouvée à ce jour est un nombre à 15 chiffres dont la séquence est composée de 1820 nombres.

1	4	2	1	4	2	1	4	2	1	4	2	1							
2	1																		
3	10	5	16	8	4	2	1												
4	2	1																	
5	16	8	4	2	1														
6	3	10	5	16	8	4	2	1											
7																			
8	4	2	1																
9	28	14	7	22	11	34	17	52	26	13	40	20	10	5	16	8	4	2	1
10	5	16	8	4	2	1													

Essayez de trouver la suite de Syracuse du nombre 7.

7

045 **4**

PALINDROMES

Un « palindrome » (des mots grecs signifiant « en sens inverse » et « course ») est un mot, une phrase, un nombre, ou tout autre élément qui se lit de la même manière dans les deux directions.

Les palindromes remontent au moins à 79 av. J.-C. quand un carré palindromique fut trouvé sur un mur d'Herculanum, enseveli sous les cendres de l'éruption du Vésuve qui avait eu lieu cette année-là, avec la phrase « SATOR AREPO TENET OPERA ROTAS ».

La traduction est problématique. Voici deux traductions possibles :

(1) « Le semeur Arepo conduit les roues avec soin ».

(2) « Le laboureur guidant la charrue travaille en tournant ».

S	A	T	O	R
A	R	E	P	O
T	E	N	E	T
O	P	E	R	A
R	O	T	A	S

CARRÉ PALINDROMIQUE (79 AV. J.-C.)

PALINDROMES NUMÉRIQUES

Prenez n'importe quel nombre positif, inversez les chiffres et ajoutez-les au nombre original. Répétez cette opération avec la somme obtenue jusqu'à ce que vous aboutissiez à un nombre palindrome, comme nous l'avons fait ci-dessous avec 234, 1 924 et 5 280 :

234	1 924	5 280
+ 432	+ 4 291	+ 825
666	**6 215**	**6 105**
	+ 5 126	+ 5 016
	11 341	11 121
	+ 14 311	+ 12 111
	25 652	**23 232**

Chaque nombre aboutira-t-il à un nombre palindrome avec cette procédure ?

Essayez 89 et voyez !

89.... ?

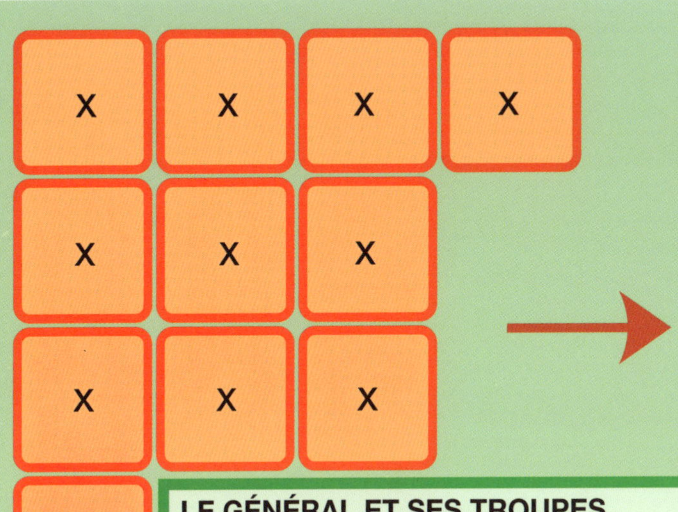

LE GÉNÉRAL ET SES TROUPES

LE GÉNÉRAL ET SES TROUPES 1

Il y a un nombre x identique de soldats dans chacun des 11 groupes (cases rouges). Ajoutez leur chef, le général, et redisposez le total pour former un seul déploiement carré parfait de soldats.

Quel est le nombre minimum de soldats de chaque groupe et le nombre de soldats dans le déploiement carré (dont le général) ?

LE GÉNÉRAL ET SES TROUPES 2

Une fois encore, le général veut redisposer ses hommes en huit rangées, huit hommes dans chaque rangée, afin de pouvoir se placer à un point équidistant de chaque rangée. Comment redisposer les huit rangées de soldats selon les ordres du général ?

047 5

> « Deux choses sont infinies : l'univers et la bêtise humaine, mais en ce qui concerne l'univers, je n'en ai pas encore acquis la certitude absolue. »
>
> *Albert Einstein*

L'INFINI

En mathématiques, le concept d'infini, bien que souvent paradoxal et contradictoire, a une signification profonde.

Les paradoxes conçus par les anciens mathématiciens grecs tels que Zénon d'Élée (vers 450 av. J.-C.) montrèrent qu'on ne pouvait ignorer l'infini. Un des plus célèbres paradoxes de Zénon est une course entre Achille et une tortue, où Achille accorde une avance à la tortue : sur une ligne imaginaire entre Achille et la tortue, se trouve un nombre infini de points qu'Achille n'a pas encore atteints mais par lesquels la tortue est déjà passée, de sorte qu'en théorie Achille ne peut jamais la rattraper.

Pendant plus de 2 000 ans après les anciens Grecs, les mathématiciens ne surent pas trop quoi faire du concept d'infini. Le premier à suggérer qu'on pouvait en quelque sorte appliquer la raison à l'infini sans être totalement contradictoire fut le cardinal allemand Nicholas de Cues (1401-1464). Il enseigna que dans l'infini, le cercle coïncide avec la ligne. Il dit également que tout ce qu'on peut connaître de l'infini est qu'on ne peut pas connaître l'infini ; il faut le comprendre par la coïncidence des opposés.

Dans les années 1870, le mathématicien allemand Georg Cantor (1845-1918) créa les mathématiques transfinies, une nouvelle branche des mathématiques qui résolvait en apparence tous les mystères et énigmes posés par l'infini. Cantor utilisa la théorie des ensembles et l'idée de cardinalité pour prouver l'existence de l'infini ainsi que de différents ordres d'infini.

En mathématiques, tout assemblage d'éléments est appelé ensemble. Deux ensembles ont la même cardinalité s'il y a correspondance bijective entre leurs nombres. Ces deux principes très simples aboutissent à des conclusions pour le moins paradoxales.

Le premier, et le plus étrange, est qu'il y a différentes tailles d'infini – idée tout à fait contre-intuitive. Prenez l'ensemble des nombres pairs. De toute évidence, il y a moitié moins de nombres pairs que d'entiers. Pourtant, les deux ensembles ont la même cardinalité, parce qu'il y a correspondance bijective entre leurs nombres (chaque nombre 2n pair correspond à l'entier n). Les ensembles sont de tailles différentes mais tous deux sont infinis.

L'ensemble de nombres rationnels (nombres exprimés sous forme a/b, où a et b sont des entiers) semble contenir bien plus de nombres que l'ensemble d'entiers puisqu'il y a un nombre infini de rationnels entre chaque entier : 1, 2, 3, 4, 5…, pourtant, les deux ensembles ont la même cardinalité.

Des siècles plus tôt, le mathématicien italien Galilée (1564-1642) attira l'attention sur le concept paradoxal de la correspondance bijective entre les entiers naturels et leurs carrés :

1 2 3 4 5 6 7 8…
1 4 9 16 25 36 49 64…

bien que, intuitivement, il semble y avoir moins de carrés que d'entiers naturels.

HÔTEL INFINI

L'hôtel infini a un nombre infini de chambres. Peu importe son taux de remplissage, il reste toujours de la place pour un autre client. Il suffit que le gérant déplace la personne de la chambre 1 dans la chambre 2, celle de la chambre 2 dans la chambre 3, et ainsi de suite. À la fin de ce processus un peu long, la chambre 1 est libre pour le nouvel arrivant. Mais comment le gérant fait-il pour loger un nombre infini de clients arrivant en même temps ?

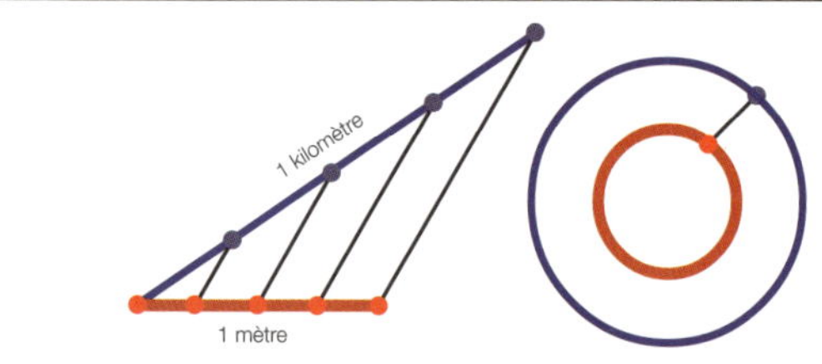

LE PARADOXE DE LA CORRESPONDANCE BIJECTIVE

Il y a le même nombre de points sur une ligne de 1 millimètre, de 1 mètre ou de 1 kilomètre de longueur ! Les points autour des deux cercles peuvent être appariés dans une correspondance bijective : ils doivent donc avoir aussi le même nombre de points.

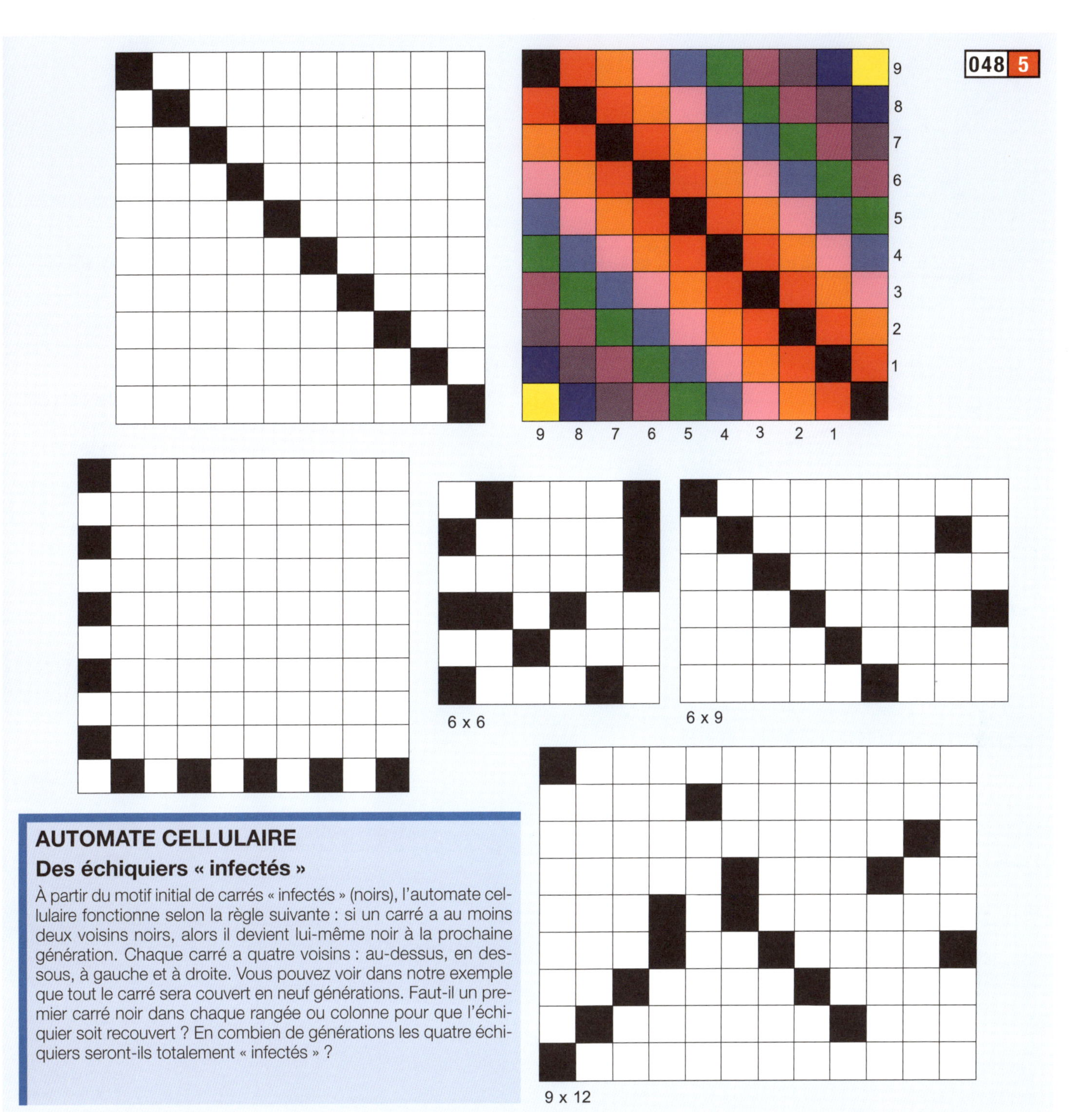

AUTOMATE CELLULAIRE

Des échiquiers « infectés »

À partir du motif initial de carrés « infectés » (noirs), l'automate cellulaire fonctionne selon la règle suivante : si un carré a au moins deux voisins noirs, alors il devient lui-même noir à la prochaine génération. Chaque carré a quatre voisins : au-dessus, en dessous, à gauche et à droite. Vous pouvez voir dans notre exemple que tout le carré sera couvert en neuf générations. Faut-il un premier carré noir dans chaque rangée ou colonne pour que l'échiquier soit recouvert ? En combien de générations les quatre échiquiers seront-ils totalement « infectés » ?

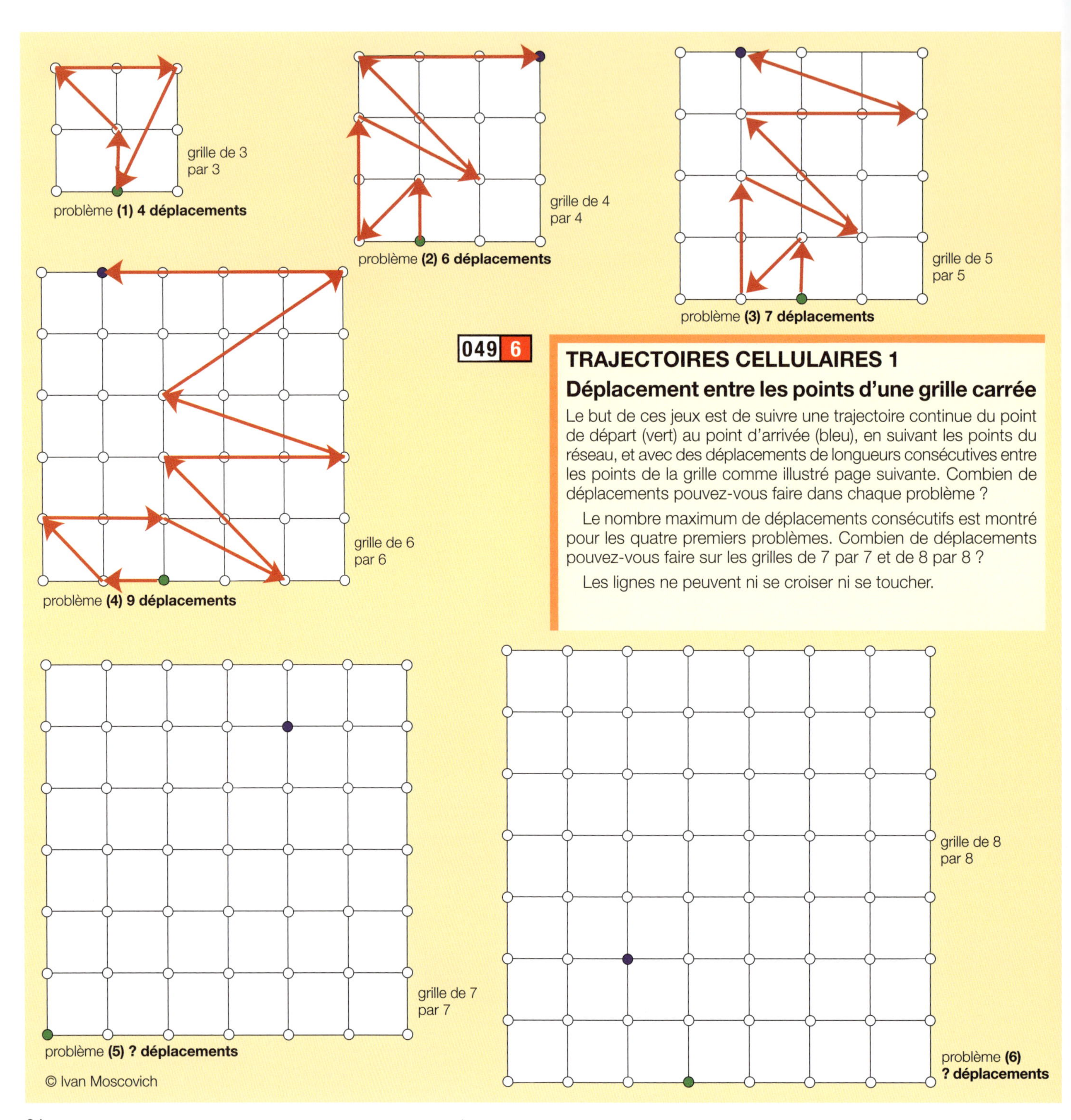

049 6

TRAJECTOIRES CELLULAIRES 1

Déplacement entre les points d'une grille carrée

Le but de ces jeux est de suivre une trajectoire continue du point de départ (vert) au point d'arrivée (bleu), en suivant les points du réseau, et avec des déplacements de longueurs consécutives entre les points de la grille comme illustré page suivante. Combien de déplacements pouvez-vous faire dans chaque problème ?

Le nombre maximum de déplacements consécutifs est montré pour les quatre premiers problèmes. Combien de déplacements pouvez-vous faire sur les grilles de 7 par 7 et de 8 par 8 ?

Les lignes ne peuvent ni se croiser ni se toucher.

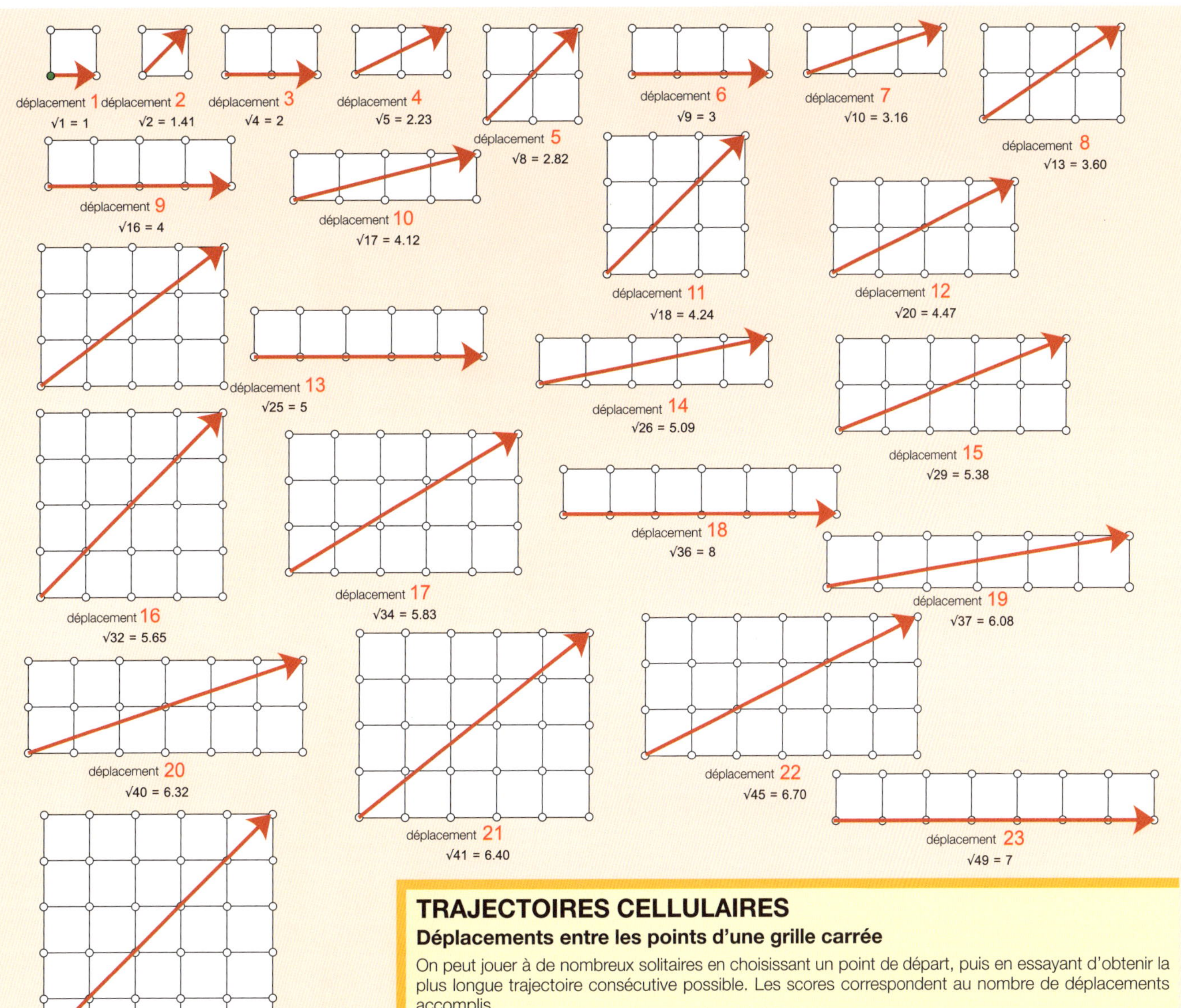

TRAJECTOIRES CELLULAIRES

Déplacements entre les points d'une grille carrée

On peut jouer à de nombreux solitaires en choisissant un point de départ, puis en essayant d'obtenir la plus longue trajectoire consécutive possible. Les scores correspondent au nombre de déplacements accomplis.

Dans ce jeu, les 24 premiers déplacements montrent une séquence de distances de plus en plus grandes en longueur unitaire entre 2 points de la grille.

Vous voyez ici les déplacements consécutifs reliant 2 points à distance unitaire 1, du 1er au 24e déplacement, où la séquence reprend au 1er déplacement.

Les casse-tête avec papier et crayon basés sur cette séquence se jouent sur un plateau quadrillé de 15 carrés unitaires par 15.

Dans un jeu à 2, les joueurs choisissent un point de départ et rivalisent, ou suivent les objectifs sur des casse-tête chiffrés.

Les lignes ne peuvent ni se croiser ni se toucher.

Notez qu'aux déplacements 13 et 24, les joueurs ont le choix entre deux déplacements possibles de même longueur.

050 8
PARADOXE DU DÉCALAGE INFINI
Notre structure de dix boîtes empilées est parfaitement équilibrée. Quel serait, selon vous le plus gros décalage (extension du tas) qu'on pourrait obtenir en utilisant une quantité infinie de cartes à jouer, de dominos ou de boîtes identiques ?

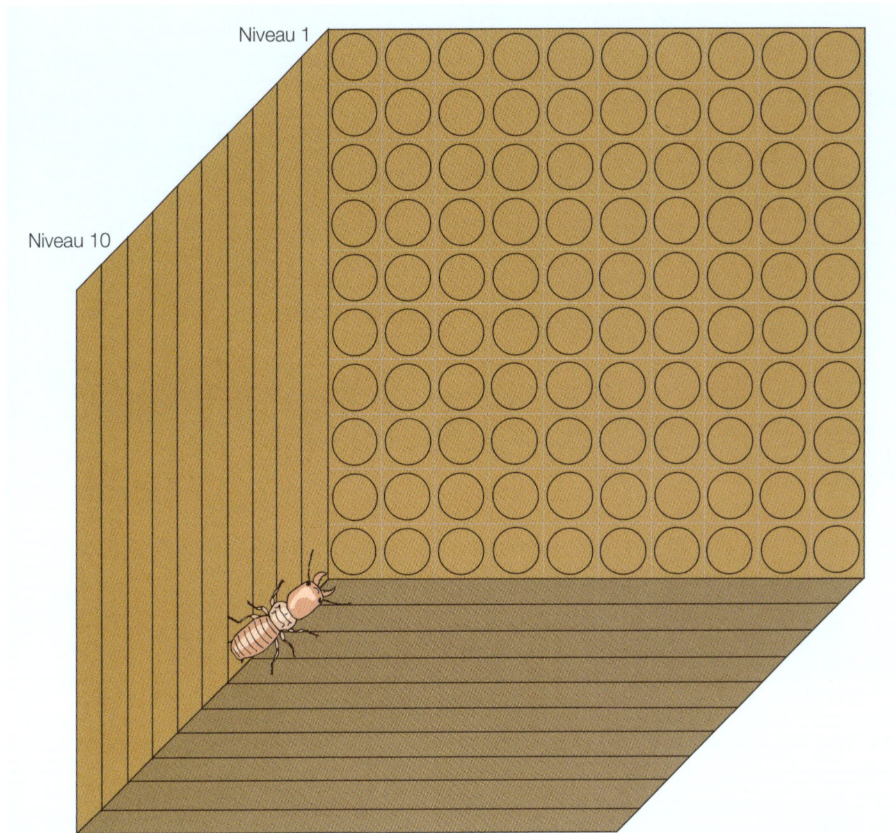

VIRÉE MYSTÉRIEUSE

Promenade cellulaire en 3D dans un cube de 10 par 10 par 10

Le cube de côtés de 10 unités comporte 10 niveaux. Il est attaqué par un xylophage qui débute sa virée dans la cellule d'en bas à gauche du niveau supérieur. Ses déplacements suivent la séquence consécutive de 1 à 9 cellules, toujours à angle droit par rapport au déplacement précédent en ligne droite, haut-bas, gauche-droite. Aucun croisement des déplacements n'est autorisé.

Quand le nombre maximum de déplacements consécutifs est atteint dans un niveau, les déplacements reprennent à 1. Quand aucun autre déplacement n'est possible, le xylophage descend au niveau inférieur et reprend au dernier déplacement du niveau précédent, et ainsi de suite, jusqu'à ce que le dernier niveau soit atteint.

Combien de cellules le xylophage aura-t-il mangé à la fin du dernier niveau ? On vous montre le circuit du premier niveau.

051 7

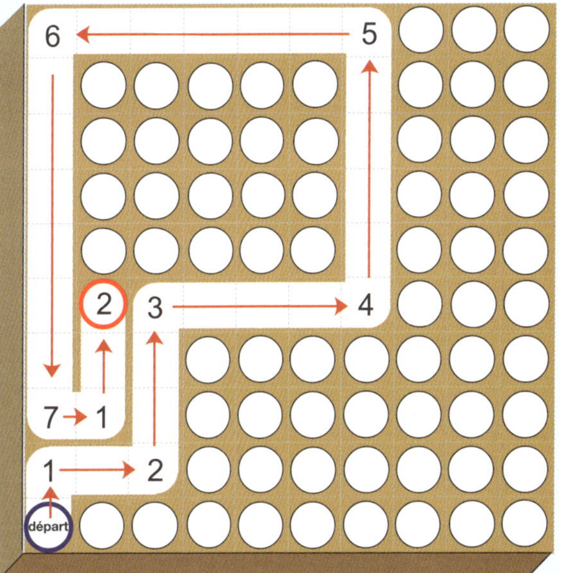

NOMBRES PREMIERS

LA MUSIQUE DES NOMBRES PREMIERS

Les nombres premiers sont des entiers qui ne se divisent que par 1 et par eux-mêmes. Ce sont les éléments de base des entiers. Ils jouent un rôle essentiel en mathématiques car tous les autres nombres peuvent être construits à partir d'eux.

Chaque nombre est soit un nombre premier soit un nombre composé qui peut s'écrire de manière unique comme le produit d'entiers plus petits. Il semble vrai que chaque nombre pair supérieur à 2 peut être écrit comme la somme de deux entiers – mais cela reste une théorie, dite conjecture de Goldbach, vu qu'elle n'a pas encore été mathématiquement démontrée pour tous les cas. Nous savons avec certitude, cependant, que chaque nombre impair supérieur à 9 peut être écrit comme la somme de trois nombres premiers – comme le prouva le mathématicien russe Ivan Vinogradoff (1891-1983). La conjecture de Goldbach fut proposée en 1742 par le mathématicien prussien Christian Goldbach (1690-1764).

Déterminer si un nombre est un nombre premier ou composé est une sorte de jeu pour les mathématiciens du monde entier. Pourtant, malgré leur simplicité apparente, les nombres premiers restent les objets les plus mystérieux étudiés par les mathématiciens.

Dans la quête d'ordre et de schémas, les nombres premiers représentent le défi extrême. Certains mathématiciens pensent que le secret de la création, de tout, se cache derrière eux.

Il n'existe aucune formule pour les nombres premiers. La seule méthode connue pour préparer une liste de nombres premiers jusqu'à une limite donnée est d'écrire tous les entiers et d'éliminer de manière systématique tous les entiers composés pour ne laisser que les nombres premiers. On appelle cette méthode le « crible d'Ératosthène », d'après le mathématicien, géographe et astronome grec de ce nom (276-194 av. J.-C.).

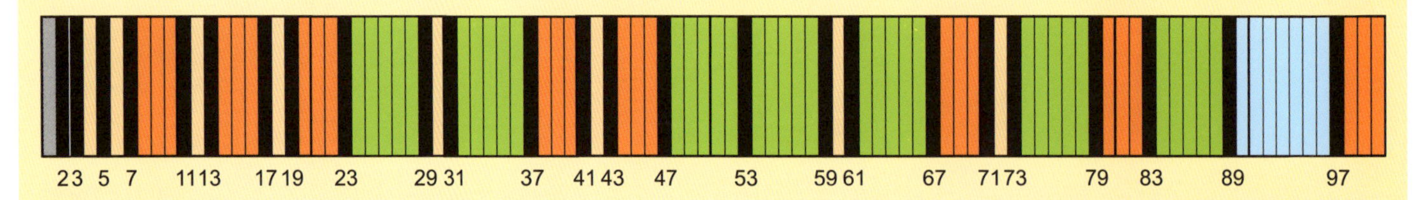

NOMBRES PREMIERS JUSQU'À 100

Observez une liste de nombres premiers allant jusqu'à 100. Leur répartition semble aléatoire. Il n'y a aucun schéma déterminant le prochain nombre premier. Il y a 25 nombres premiers parmi les 100 premiers nombres. Quelle est leur répartition dans les 100 nombres suivants ?

La difficulté majeure est que les nombres premiers sont éparpillés parmi la série d'entiers selon un schéma qui défie toute tentative de description précise. Au XIXe siècle, le mathématicien allemand Bernhard Riemann (1826-1866) entreprit de s'attaquer au problème des nombres premiers sous un angle totalement nouveau. Il suggéra que sous-tendant le caractère aléatoire extérieur des nombres premiers, se cachait une harmonie interne subtile. Sa prédiction audacieuse de l'existence de cette harmonie, appelée hypothèse de Riemann, attend toujours d'être démontrée et expliquée.

052 8

Les nombreuses caractéristiques étonnantes, et à ce jour encore énigmatiques, des nombres premiers fascinent les mathématiciens depuis l'époque du mathématicien grec antique Euclide qui vécut de 323 à 283 av. J.-C. En voici certaines :

(1) Existe-t-il un nombre premier plus grand que tous les autres, ou continuent-ils indéfiniment ?

(2) Peut-on exprimer chaque nombre supérieur à 1 comme un produit de nombres premiers d'une seule et unique façon ?

(3) Plus on avance, plus les nombres premiers se raréfient. Jusqu'où peut aller l'intervalle entre deux nombres sans trouver de nombre premier ? Pouvez-vous trouver un intervalle de 1 000 nombres (ou tout autre nombre de votre choix) sans un seul « premier » ?

(4) Y a-t-il toujours au moins un nombre premier entre un nombre et son double ?

(5) Les nombres premiers jumeaux k et k + 2 continuent-ils indéfiniment comme les nombres premiers mêmes ?

(6) Une des toutes dernières découvertes passionnantes concernant les nombres premiers fut fortuite. Quand on écrit les entiers en spirale dans le sens inverse des aiguilles d'une montre, en partant du centre, les nombres premiers ont une tendance troublante à apparaître en lignes droites.

« Il faudra attendre encore un million d'années, au moins, avant de comprendre les nombres premiers. »

Mathématicien hongrois Paul Erdös (1913-1996)

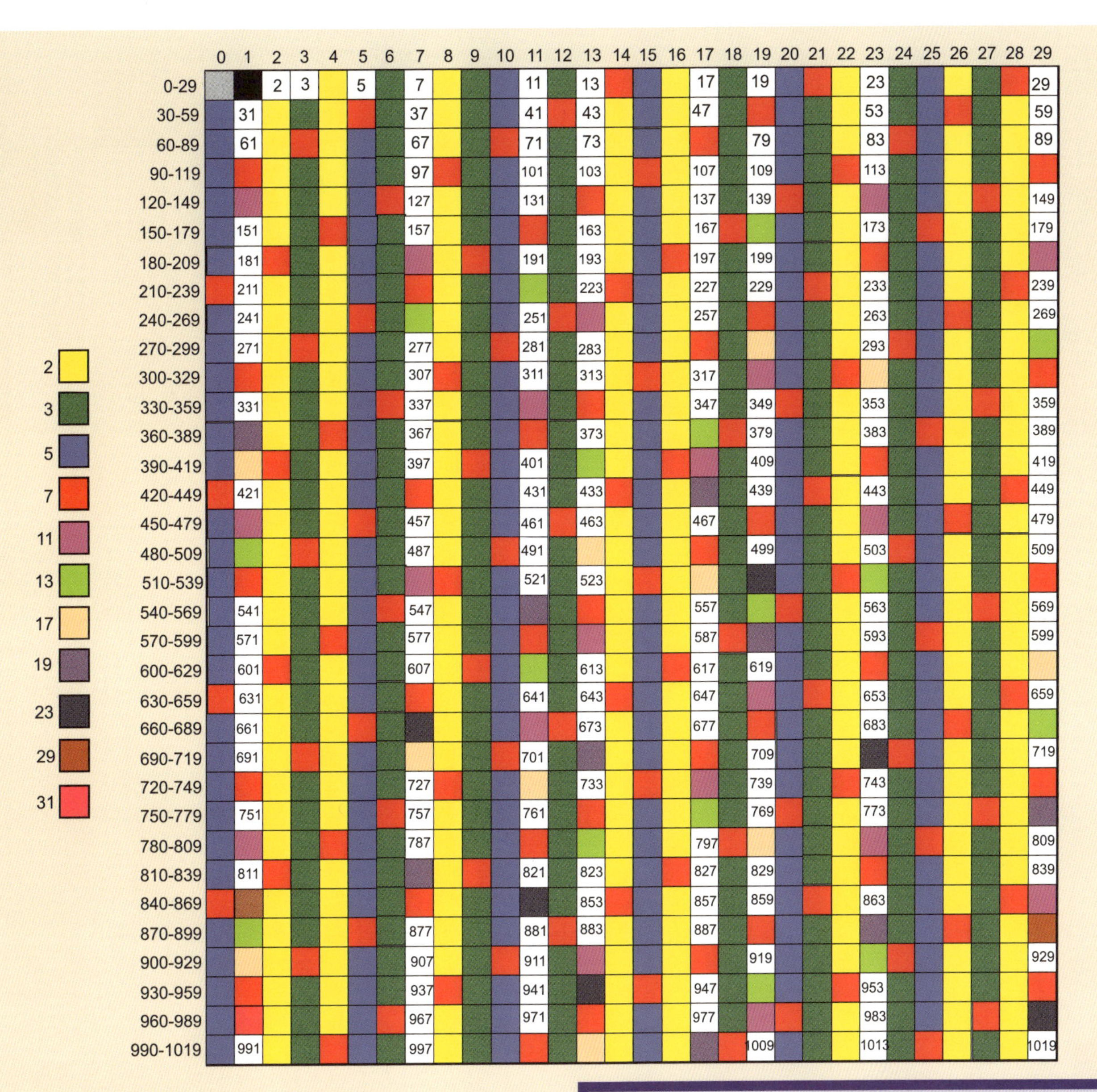

CRIBLE D'ÉRATOSTHÈNE

Combien de nombres premiers trouve-t-on dans les 1 019 premiers nombres ?

Après avoir éliminé tous les nombres composés, il reste 171 nombres premiers comme illustré.

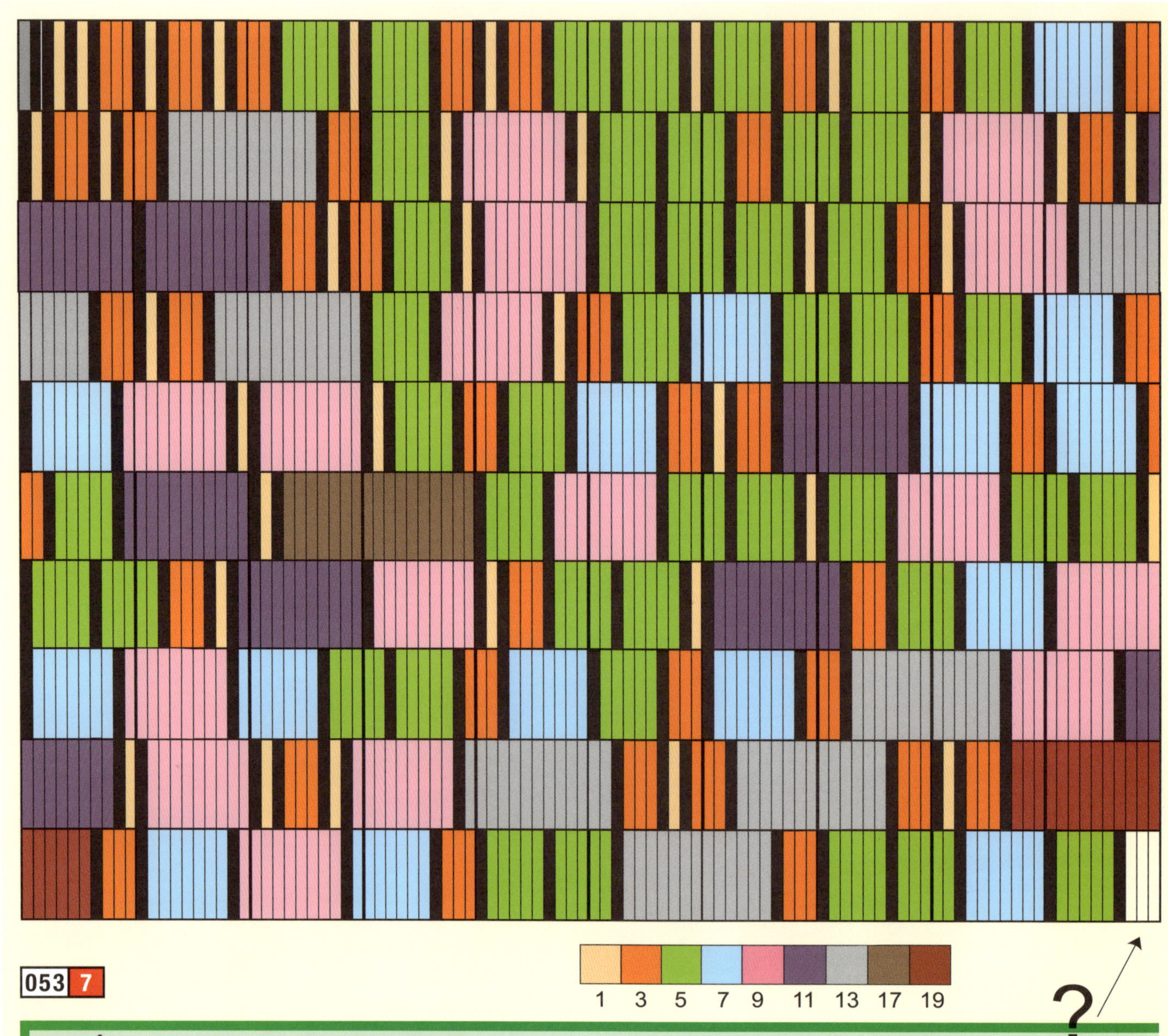

053 7

SCHÉMA DES NOMBRES PREMIERS

LA MUSIQUE DES NOMBRES PREMIERS

Vous pouvez voir ici le schéma de distribution des nombres premiers de 1 à 1 000.

Quelle sera la dernière couleur du tableau achevant le schéma en couleurs ?

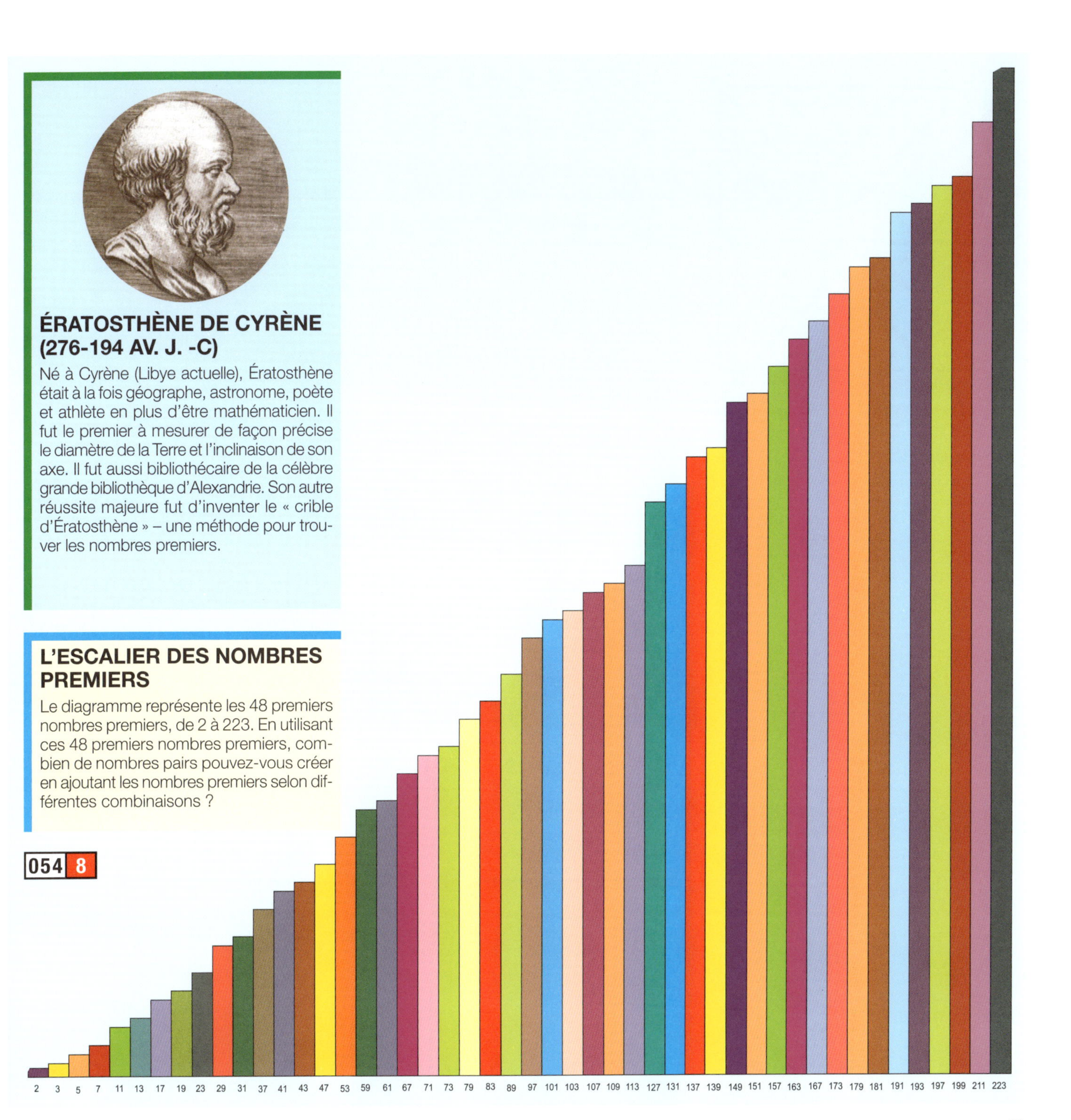

ÉRATOSTHÈNE DE CYRÈNE (276-194 AV. J. -C)

Né à Cyrène (Libye actuelle), Ératosthène était à la fois géographe, astronome, poète et athlète en plus d'être mathématicien. Il fut le premier à mesurer de façon précise le diamètre de la Terre et l'inclinaison de son axe. Il fut aussi bibliothécaire de la célèbre grande bibliothèque d'Alexandrie. Son autre réussite majeure fut d'inventer le « crible d'Ératosthène » – une méthode pour trouver les nombres premiers.

L'ESCALIER DES NOMBRES PREMIERS

Le diagramme représente les 48 premiers nombres premiers, de 2 à 223. En utilisant ces 48 premiers nombres premiers, combien de nombres pairs pouvez-vous créer en ajoutant les nombres premiers selon différentes combinaisons ?

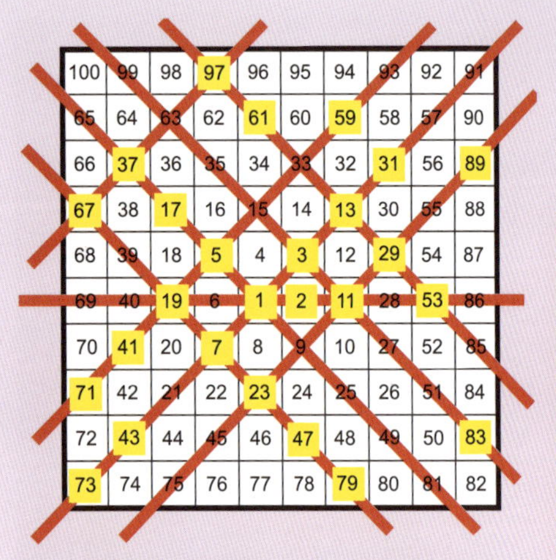

100	99	98	97	96	95	94	93	92	91
65	64	63	62	61	60	59	58	57	90
66	37	36	35	34	33	32	31	56	89
67	38	17	16	15	14	13	30	55	88
68	39	18	5	4	3	12	29	54	87
69	40	19	6	1	2	11	28	53	86
70	41	20	7	8	9	10	27	52	85
71	42	21	22	23	24	25	26	51	84
72	43	44	45	46	47	48	49	50	83
73	74	75	76	77	78	79	80	81	82

SPIRALE DES NOMBRES PREMIERS

En 1963, le mathématicien polonais Stanislaw Ulam (1909-1984) gribouilla des nombres sur une feuille de papier pendant une conférence ennuyeuse. Il écrivit des nombres consécutifs dans une matrice carrée, en commençant par 1 au milieu et en continuant en spirale vers l'extérieur comme ci-contre. À sa grande surprise, les nombres premiers tendaient à apparaître dans des lignes diagonales et droites.

En fait, dans sa matrice, les 26 premiers « premiers » tombent tous sur des lignes droites ayant au moins 3 nombres premiers, alors que des diagonales en contiennent plus. Les mêmes motifs linéaires mystérieux apparaissent aussi dans des matrices plus grandes, dessinant des millions de nombres premiers dans une spirale, toutes formant de semblables configurations.

Est-ce une loi naturelle – ou une simple coïncidence ? Nul ne le sait encore.

213	212	211	210	209	208	207	206	205	204	203	202	201	200	199
214	161	160	159	158	157	156	155	154	153	152	151	150	149	198
215	162	117	116	115	114	113	112	111	110	109	108	107	148	197
216	163	118	81	80	79	78	77	76	75	74	73	106	147	196
217	164	119	82	53	52	51	50	49	48	47	72	105	146	195
218	165	120	83	54	33	32	31	30	29	46	71	104	145	194
219	166	121	84	55	34	21	20	19	28	45	70	103	144	193
220	167	122	85	56	35	22	17	18	27	44	69	102	143	192
221	168	123	86	57	36	23	24	25	26	43	68	101	142	191
222	169	124	87	58	37	38	39	40	41	42	67	100	141	190
223	170	125	88	59	60	61	62	63	64	65	66	99	140	189
224	171	126	89	90	91	92	93	94	95	96	97	98	139	188
225	172	127	128	129	130	131	132	133	134	135	136	137	138	187
226	173	174	175	176	177	178	179	180	181	182	183	184	185	186
227	228	229	230	231	232	233	234	235	236	237	238	239	240	241

Ulam testa aussi des matrices débutant par des nombres entiers autres que 1, comme celle illustrée ci-dessus, qui commence par 17 au milieu. Il fut étonné d'observer des motifs étranges dans la répartition des nombres premiers dans ces spirales.

Grisez les nombres premiers comme suit pour découvrir vous-même le motif :

17, 19, 23, 29, 31, 37, 41, 43, 47, 53, 59, 61, 67, 71, 73, 79, 83, 89, 97,101, 103, 107, 109, 113, 127, 131, 137, 139, 149, 151, 157, 163, 167, 173, 179, 181, 191, 193, 197, 199, 211, 223, 227, 229, 233, 239, 241.

« Il existe 10 types de personnes dans ce monde. Ceux qui comprennent le système binaire, et ceux qui ne le comprennent pas. »

Anonyme

« Le système binaire... Si simple que même un ordinateur pourrait le faire. »

Kerry Redshaw

LE MONDE BINAIRE

Système binaire et langage informatique

Le système binaire, basé sur les puissances successives de 2, est le système numérique le plus simple qui existe. Dans ce système, n'importe quel nombre peut être écrit uniquement avec des 0 et des 1 – par exemple, 2 s'écrit 10 (un 2 et aucune unité), 3 s'écrit 11 et 4 s'écrit 100. Certaines tribus primitives comptent de manière binaire, et les anciens mathématiciens chinois connaissaient le système binaire. Cependant, le système binaire fut pleinement élaboré par le grand mathématicien allemand Gottfried von Leibniz (1646-1716) dans son article Explication de l'arithmétique binaire.

Pour Leibniz, le système binaire symbolisait une vérité métaphysique. Selon lui, le monde entier devint possible grâce à une division binaire entre l'être et le néant : des opposés interdépendants du physique (1) et du non physique (0) composent et structurent l'univers, et c'est ce couplage binaire qui est à la base de toute chose. Leibniz croyait aussi qu'une approche purement mathématique de la logique pouvait être conçue via son système binaire en utilisant 0 pour faux et 1 pour vrai.

Mais le système binaire de Leibniz ne demeura guère plus qu'une curiosité philosophique pendant des centaines d'années jusqu'à l'invention de l'ordinateur. En 1854, le mathématicien britannique George Boole (1815-1864) créa un système logique, l'algèbre booléenne, qui joua un rôle dans l'application du système binaire aux circuits électroniques. En 1937, le mathématicien et ingénieur électronicien américain Claude Shannon (1916-2001) créa un schéma de circuit numérique pratique qui permit le développement de l'ordinateur électronique moderne.

Un ordinateur utilise le système binaire pour réaliser toutes ses fonctions. Son unité de base fut à l'origine le tube à vide, puis le transistor, puis la puce. Son mode de calcul est simple, comme nous pouvons le voir sur le boulier binaire : on compte simplement jusqu'à 1, en repartant à chaque fois à zéro.

Nous vivons aujourd'hui dans un monde binaire. Le système binaire des ordinateurs traite des données codées sous formes binaires en utilisant un simple interrupteur « on-off ». Les ordinateurs calculent à des vitesses phénoménales, et ces interrupteurs on-off travaillent à la vitesse d'une nanoseconde, 1 000 000 000 fois par seconde.

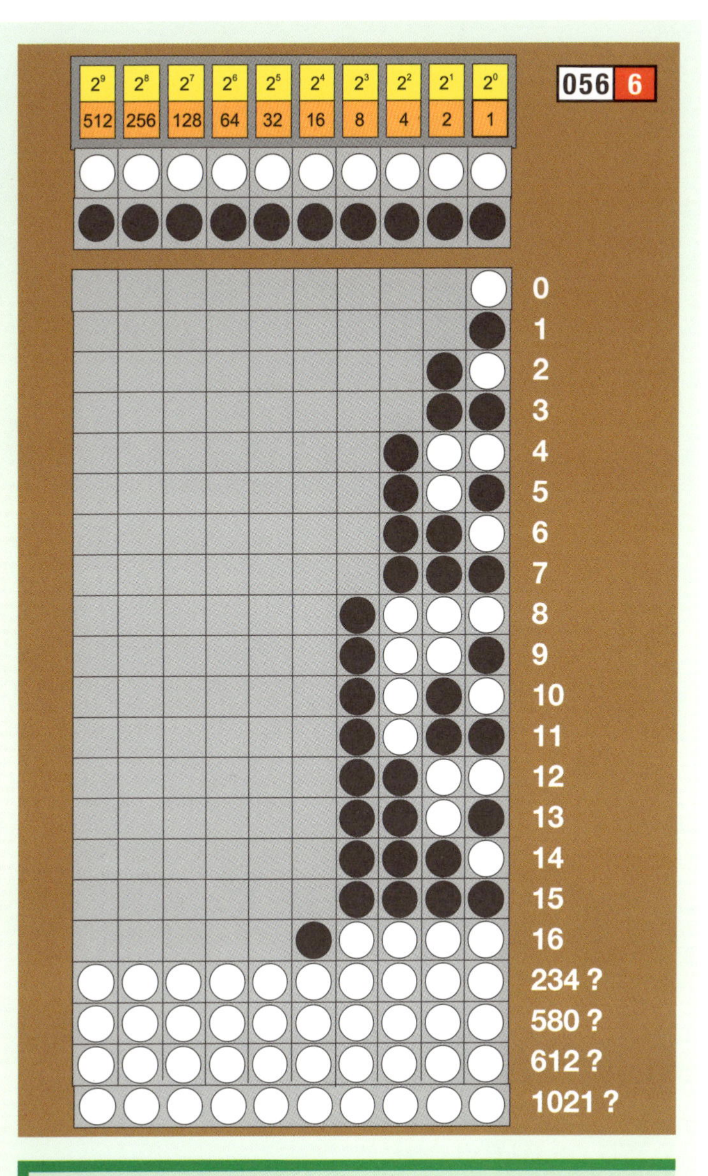

BOULIER BINAIRE

Le boulier binaire fonctionne selon le même principe que le boulier classique. Quand on écrit des 0 et des 1 dans une rangée pour représenter un nombre, chaque place dans la rangée a une valeur différente. Vous voyez ici les 16 premiers nombres du système binaire.

Chaque fois qu'on ajoute un 1 à un emplacement pris, il est libéré et le 1 est placé dans le premier espace vide à gauche, et ainsi de suite. Quatre nombres supplémentaires sont donnés dans le système décimal – pouvez-vous les convertir en binaire ?

LA TOUR DE HANOÏ

« Le problème de la fin du monde »

On doit l'un des plus beaux casse-tête jamais inventés, la tour de Hanoï, au mathématicien français Édouard Lucas (1842-1891) qui le conçut en 1883. Trois tiges verticales sont alignées : à une extrémité, plusieurs anneaux de tailles différentes sont empilés sur une tige, le plus grand en bas. Le jeu consiste à déplacer les anneaux de l'une des tiges situées sur les côtés à l'autre, en ne plaçant jamais un anneau plus gros sur un plus petit et en utilisant la troisième tige comme site de transfert.

Ce jeu s'accompagne d'une légende. Dans un grand temple de Bénarès, en Inde, se trouve une dalle d'airain dans laquelle trois aiguilles verticales sont plantées. Au commencement des siècles, 64 disques d'or furent empilés sur une aiguille par ordre de tailles décroissant, le plus large reposant sur la dalle d'airain. Jour et nuit, dit la légende, un prêtre transfère les disques d'une aiguille à l'autre à vitesse constante, sans jamais placer un disque sur un disque plus petit. Quand la tour sera reconstruite sur l'une des deux autres aiguilles, l'univers prendra fin.

Même si la légende était vraie, il n'y aurait pas de raison de s'inquiéter. En comptant une seconde par déplacement de disque, la tâche prendrait environ 600 milliards d'années, ou près de soixante fois plus que la durée de vie du soleil. Si le prêtre consacrait tout son temps et toute sa vie à cette tâche, combien de disques pourrait-il transférer ?

Le nombre de déplacements nécessaires pour achever une tour de Hanoï d'un plus petit nombre de disques peut être calculé sous forme $2^n - 1$. Ainsi, deux disques nécessitent trois déplacements, trois disques en ont besoin de sept, et ainsi de suite.

ÉDOUARD ANATOLE LUCAS (1842-1891)

Le mathématicien français Édouard Anatole Lucas était mieux connu pour ses travaux sur la théorie des nombres, dont ses études de la suite de Fibonacci et de la suite associée dite de « Lucas » en son honneur. L'un de ses exploits fut de démontrer que le nombre de Mersenne $2^{127} - 1$ était un nombre premier. Ce nombre reste le plus grand nombre premier découvert sans l'aide d'un ordinateur. Lucas est aussi réputé pour ses nombreux jeux et casse-tête récréatifs, dont certains sont présentés sous le nom de M. Claus (anagramme de Lucas). Les quatre tomes de Récréations mathématiques (1882-1894), sont devenus des classiques.

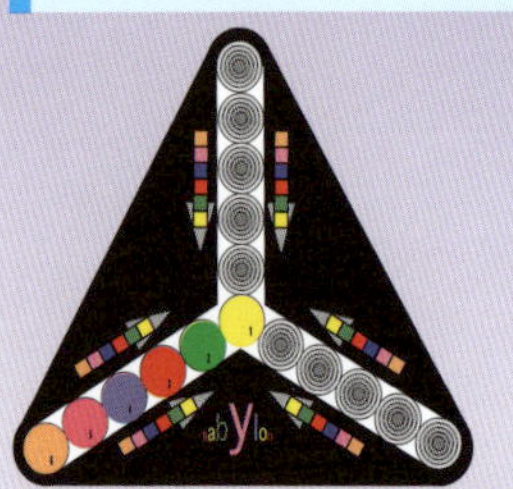

Configuration initiale

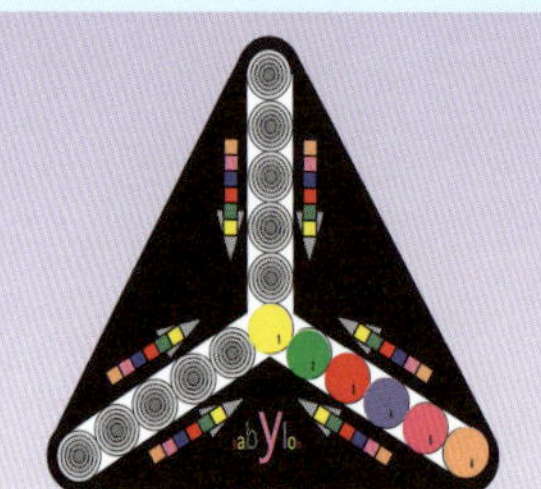

Configuration finale

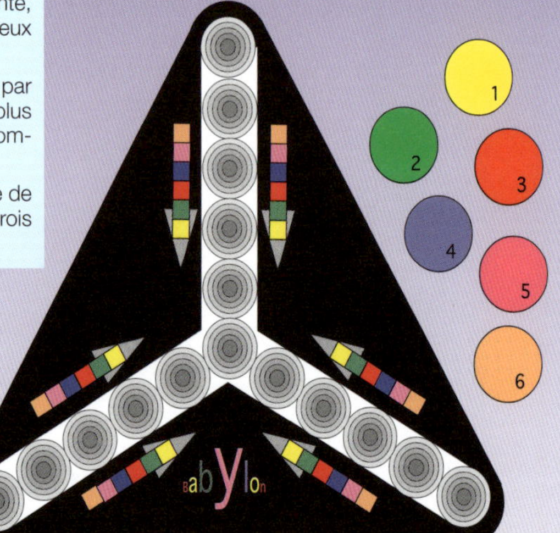

JEU DE BABYLONE

Le jeu de Babylone est une variante conceptuelle de la tour de Hanoï. Au départ, les six disques numérotés sont placés comme illustré. Le but du jeu est de les transférer vers le canal droit dans le même ordre, le nombre le plus élevé en bas pour finir par le nombre le moins élevé, en respectant les règles suivantes :

(1) Ne déplacez qu'un disque à la fois.

(2) Ne posez pas de disque sur un autre disque de valeur inférieure.

(3) Le canal du milieu (vertical) peut être utilisé de manière temporaire pendant les transferts, mais en respectant les règles (1) et (2).

Combien de déplacements vous faudra-t-il pour achever le transfert ?

Vous pouvez commencer à jouer à ce jeu à un niveau inférieur. Essayez d'abord de ne transférer que trois disques (1, 2 et 3), puis quatre (1, 2, 3 et 4), puis 5, avant vous essayer au transfert des six disques.

Quatre roues

Rouge : nombres binaires de 3 bits
Vert : nombres binaires de 4 bits
Jaune : nombres binaires de 5 bits
Bleu : nombres binaires de 6 bits

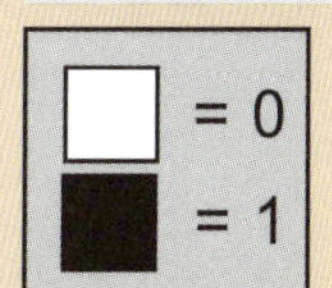

ROUES DE LA MÉMOIRE BINAIRES

On peut représenter les nombres binaires de 3, 4, 5 et 6 bits possibles par trois, quatre, cinq ou six interrupteurs, qui peuvent être en position « on » ou « off ». Ces nombres représentent les 64 premiers nombres (dont 0) du système de numération binaire.

Il faut 24 interrupteurs simultanément pour exprimer les huit premiers nombres binaires de 3 bits ; 64 interrupteurs pour les nombres binaires de 4 bits ; 160 pour les nombres binaires de 5 bits ; et 384 pour les nombres binaires de 6 bits. Mais dans une roue binaire, la même quantité d'informations peut être condensée en juste 8, 16, 32 et 64 interrupteurs respectivement – une belle économie ! C'est possible parce que les interrupteurs se chevauchent.

Saurez-vous répartir les nombres binaires sur les roues binaires de telle sorte que tous les nombres binaires seront représentés par un ensemble d'interrupteurs adjacents « on » et « off » à mesure que vous tournerez les roues dans le sens des aiguilles d'une montre ? Si les interrupteurs représentant chaque nombre doivent être consécutifs, les nombres eux-mêmes n'ont pas besoin d'être répartis selon une suite consécutive.

LA COURSE ENTRE ACHILLE ET LA TORTUE, UN DES PARADOXES DE ZÉNON

Le mathématicien grec Zénon d'Élée, né en Italie vers 490 av. J.-C., conçut plus de 40 paradoxes pour défendre les enseignements du philosophe Parménide, son professeur, qui croyait au monisme : la réalité est immuable, et le changement (mouvement) est impossible. Les paradoxes de Zénon semblaient impossibles à résoudre à l'époque.

Le plus célèbre des paradoxes de Zénon est celui de la course entre Achille et une tortue. Dans cette course, Achille accorde une avance de 100 unités de distance à la tortue, vu qu'il court dix fois plus vite qu'elle. Le raisonnement de Zénon est le suivant : Achille parcourt 100 unités et atteint le point de départ de la tortue, mais pendant ce temps, la tortue a fait le dixième du chemin parcouru par Achille et se trouve donc à 10 unités devant Achille. Achille franchit ces 10 unités ; pendant ce temps, la tortue court le dixième de la distance une fois encore et devance maintenant Achille d'1 unité. Achille franchit cette unité ; pendant ce temps, la tortue a couru le dixième d'1 unité et se trouve maintenant un dixième d'une unité devant Achille. Ainsi, arguait Zénon, Achille est toujours derrière la tortue, il s'en rapproche de plus en plus, mais il ne peut jamais la rattraper. Zénon conclut qu'il faudrait un temps infini à Achille pour rattraper la tortue et que son trajet est divisé en un nombre infini de segments.

En général, affirmait Zénon, avant qu'un objet en mouvement puisse franchir une certaine distance, il doit franchir la moitié de cette distance. Avant de pouvoir franchir la moitié de la distance il doit franchir le quart de cette distance, et ainsi de suite à l'infini. La distance originale ne peut pas être franchie, et donc le mouvement est impossible. Nous savons que le mouvement est possible, alors où est l'erreur dans la logique de Zénon ? Pouvez-vous trouver ce qui est erroné dans le raisonnement de Zénon ?

Ses contemporains jouaient avec la géométrie tout comme aujourd'hui nous faisons des mots croisés ou jouons aux échecs. Ils admettaient qu'en réalité, Achille dépasserait la tortue ; leur problème était que leurs mathématiques ne pouvaient pas leur montrer l'erreur dans le raisonnement de Zénon. La géométrie grecque était intemporelle. Les Grecs ne tenaient pas compte du temps. La géométrie grecque ne pouvait pas rendre évident qu'Achille finirait par dépasser la tortue. La nouvelle géométrie développée par le scientifique anglais Sir Isaac Newton aux XVIIe et XVIIIe siècles intégra le temps dans l'équation : notre graphique simple ci-dessous montre clairement quand et à quel moment Achille dépassera la tortue.

059 7

0 100 110 111

Départ Achille

Départ tortue

Départ tortue

Départ Achille

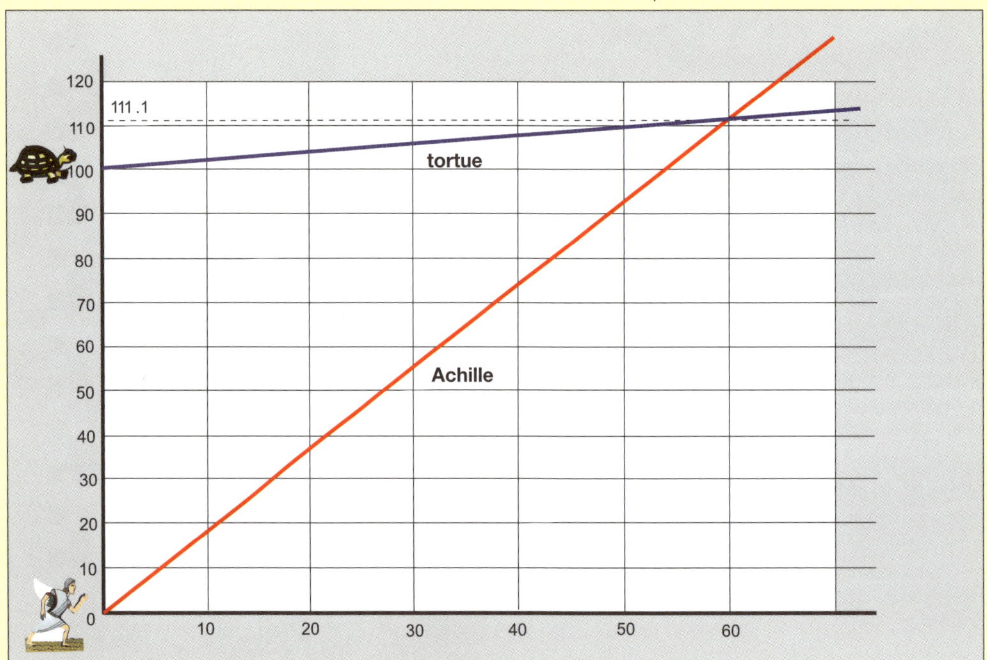

VÉRITÉ, MENSONGES ET ENTRE-DEUX

VÉRITÉ ET MARIAGE

Un roi a deux filles, Amélia et Leïla. L'une d'elle est mariée, l'autre non. Amélia dit toujours la vérité tandis que Leïla ment toujours. Un jeune homme n'est autorisé à poser qu'une seule question à l'une des filles pour savoir laquelle des deux est mariée. En récompense, il pourrait épouser celle qui est célibataire. Le problème est que sa question ne peut contenir que trois mots. De plus, il ne sait pas, des deux filles, qui est qui. Que peut-il demander pour gagner une épouse ?

SUR LA ROUTE DE VÉRIT'VILLE

Les habitants de Vérit'ville disent toujours la vérité, tandis que ceux de Menteurville mentent toujours. En route pour Vérit'ville, vous parvenez au croisement qui mène aux deux villes. Comme vous pouvez le voir, le panneau est déroutant, et vous devez donc demander la bonne direction à un homme qui se trouve là. Malheureusement, vous ne savez pas s'il va mentir ou dire la vérité. Vous ne pouvez lui poser qu'une seule question. Que pouvez-vous lui demander pour être sûr de connaître le chemin de Vérit'ville ?

060 6

VÉRITÉ, MENSONGES ET DEMI-VÉRITÉS

Les habitants de la ville cosmopolite de Personneneconnaîtlavérité sont de trois types : ceux qui disent toujours la vérité, ceux qui mentent toujours, et ceux qui, alternativement, disent la vérité et mentent. Vous rencontrez l'un des résidants. Vous pouvez lui poser deux questions. Les réponses doivent vous suffire pour déterminer auquel des trois groupes l'homme appartient. Quelles sont les deux questions que vous lui poserez ?

(Les énigmes de cette page furent enregistrées à une conférence fascinante de Raymond Smullyan lors du rassemblement en l'honneur de Gardner à Atlanta, Géorgie, États-Unis, en 2000)

DIAGRAMMES DE VENN 1

Le raisonnement mathématique s'appuie sur un système de symboles et d'idées qui ont des significations précises, un système de logique. Nous disposons tous d'une compréhension intuitive de nombreux principes de logique mathématique.

Les mathématiciens appliquent souvent la logique pour déduire des conclusions à partir de prémisses (points de départ d'une chaîne d'idées reliées par la logique). Les « diagrammes de Venn » simplifient les relations entre deux ensembles ou plus et peuvent être d'une grande utilité pour réaliser des déductions de ce type.

Conçus par le logicien et mathématicien britannique John Venn (1834-1923), les diagrammes de Venn sont des schémas visualisant les relations logiques entre groupes. Le diagramme de base est constitué d'un rectangle, l'ensemble universel indiquant l'espace de toutes les choses possibles. Dans le rectangle, chaque ensemble est représenté par un cercle. Les secteurs qui se chevauchent indiquent qu'il y a partage.

Comme Venn était soucieux de trouver des diagrammes symétriques, qu'il jugeait « élégants », il en créa un à quatre ensembles à ellipses. D. W. Henderson et d'autres montrèrent qu'il existe de tels diagrammes symétriques à n ensembles si n est un nombre premier.

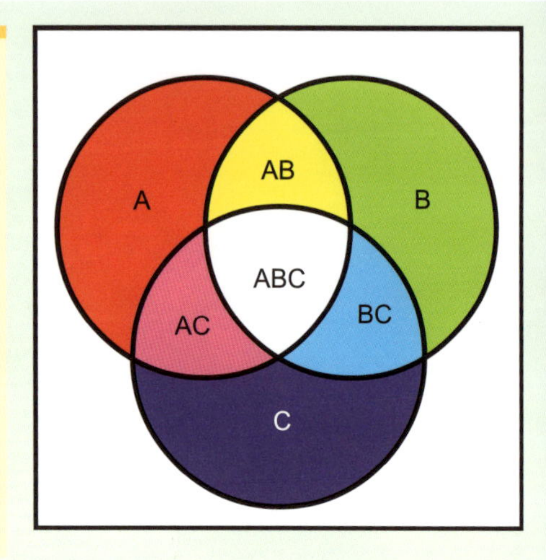

061 9

GÂTEAU, GELÉE ET PUDDING

99 enfants sont à une fête. On leur sert de la gelée, du pudding et des gâteaux.

59 d'entre eux mangent de la gelée ; 22 du pudding ; 61 du gâteau. L'un d'entre eux mange de la gelée, du pudding et du gâteau ; 7 mangent de la gelée et du pudding ; 4 du pudding et du gâteau. Combien d'enfants ne mangent qu'un seul mets ? Combien n'en mangent aucun ?

DIAGRAMMES DE VENN

Branko Grunbaum, un mathématicien de l'université de Washington, fut le premier à montrer qu'il existait des diagrammes de Venn symétriques pour cinq groupes composés de cinq ellipses congrues se chevauchant.

Mais il était si difficile de trouver des diagrammes de Venn symétriques à sept pétales qu'on pensait qu'ils n'existaient pas. Cela n'empêcha pas d'autres d'aller plus loin et ainsi, en 2001, Peter Hamburger et Edith Hepp construisirent le merveilleux exemple complexe à onze pétales, présenté ici.

CASSE-TÊTE ET FRANCHISSEMENT DE RIVIÈRE

Cannibales et missionnaires

Trois cannibales affamés et trois missionnaires doivent traverser une rivière, mais il n'y a qu'un seul bateau sur lequel ne peuvent monter que deux personnes. S'il y a plus de cannibales que de missionnaires sur une berge à un moment donné, les cannibales tueront et mangeront les missionnaires. Peuvent-ils tous traverser en toute sécurité, et combien de voyages au minimum leur faudra-t-il ?

Trois maris et trois femmes

Le mathématicien italien Niccolo Tartaglia (vers 1499-1557) imagina une variante avec trois couples mariés. Les maris sont jaloux et ne font pas confiance à leur femme, de sorte qu'ils ne permettront pas qu'une femme reste seule avec un homme en dehors de la présence de son mari. Le bateau ne peut toujours transporter que deux personnes, et hommes ou femmes peuvent ramer. Quel sera le nombre minimal de traversées dans cette variante ?

TROIS SOLDATS DEVANT UNE RIVIÈRE

Trois soldats doivent traverser une rivière. Deux garçons passent par là dans un petit bateau et acceptent de les aider, mais leur bateau ne peut contenir qu'un seul soldat ou deux garçons. Aucun des soldats ne sait nager. Dans ce cas, comment peuvent-ils traverser, se retrouver de l'autre côté et restituer le bateau aux garçons ?

TRAVERSÉE NOCTURNE

Quatre randonneurs doivent traverser un pont par une nuit noire. Le pont s'effondrera dans exactement 17 minutes. Ils ne disposent que d'une lampe de poche, dont ils ont besoin pour chaque traversée. Deux personnes au maximum peuvent franchir le pont en même temps avec la lampe, qui doit être rapportée après chaque traversée.

Chaque randonneur marche à une vitesse différente : il faut 1 minute au premier pour franchir le pont, 2 minutes au deuxième, 5 minutes au troisième et 10 minutes au quatrième. Chaque paire franchit le pont à la vitesse du randonneur le plus lent – donc, par exemple, les randonneurs 1 et 3 franchiront le pont en 3 minutes.

Comment les quatre randonneurs peuvent-ils franchir le pont en 17 minutes ? Aucun subterfuge n'est autorisé : la lampe ne peut être jetée aux suivants ; personne ne peut en porter une autre. Il y a deux solutions possibles. Pouvez-vous les trouver ?

LA LAMPE DU GRENIER

Énigme 1 – Le vieux château a des rideaux noirs aux fenêtres et une seule lampe dans le grenier. Trois interrupteurs se trouvent à la grille d'entrée. L'un d'eux permet d'allumer la lampe qui se trouve au grenier. Vous devez découvrir lequel des trois interrupteurs allume la lampe, et vous ne pouvez vous rendre qu'une seule fois dans le grenier pour vérifier. Saurez-vous trouver le bon interrupteur ?

Énigme 2 – Dans l'énigme précédente, il y avait trois interrupteurs mais une seule lampe – deux interrupteurs ne servaient à rien. Cette fois-ci, il y a trois interrupteurs et trois lampes dans le château, chaque lampe allumée par l'un des interrupteurs. Comme avant, vous ne pouvez entrer qu'une seule fois dans le château pour aller vérifier les lampes. Comment pouvez-vous savoir à quelle lampe correspond tel interrupteur ?

PROBLÈMES DE LANGFORD

Jeu 1 : quatre équipes de deux

Observez le dessin qui montre quatre équipes, chacune composée de deux coureurs, en pleine course. Pendant la course, ils changent de position. Sur la ligne d'arrivée, leur nouvelle configuration est la suivante : un coureur sépare la paire rouge, deux coureurs séparent la paire bleue, trois coureurs séparent la paire verte et quatre coureurs séparent la paire jaune. Tout ce qu'on sait avec certitude, c'est qu'un coureur jaune est dernier. Quelles sont les couleurs des trois premiers ?

Jeu 2 : neuf équipes de trois

Cette fois-ci, il y a neuf équipes de couleurs différentes, comme indiqué, et chacune est composée de trois coureurs. Les équipes sont numérotées avec neuf nombres consécutifs : les trois coureurs de la première équipe portent tous le numéro 1, la deuxième équipe porte le 2, et ainsi de suite. Sur la ligne d'arrivée, la configuration des numéros est la suivante : dans chaque trio, le coureur du milieu est séparé de ses deux autres coéquipiers par la valeur de leur numéro. On le voit, par exemple, pour le trio de 2 (ci-dessous), où un numéro 2 vert termine troisième, sixième et neuvième. Pouvez-vous trouver la configuration des coureurs sur la ligne d'arrivée ?

séparé par 2 coureurs de chaque côté    

LE TOUR DU CHAPEAU

Un magicien place quatre œufs jaunes, quatre œufs verts et quatre œufs rouges dans chaque chapeau. Il appelle une personne du public, qui (yeux bandés) transfère cinq œufs du chapeau 1 dans le chapeau 2. Le magicien demande ensuite au public d'indiquer à cet assistant aux yeux bandés le nombre d'œufs qu'il doit remettre dans le chapeau 1 pour qu'il y ait à coup sûr au moins trois œufs de chaque couleur dans le chapeau 1.

068 7

CHAPEAUX ET COULEURS 1

Les jeux de logique classiques utilisant des chapeaux et des couleurs, fondés sur un raisonnement par récurrence, sont une merveille des mathématiques récréatives. Voici ici deux variantes.

Sur quatre clowns, deux portent un chapeau rouge et deux un chapeau vert. Aucun des clowns ne connaît la couleur du chapeau qu'il porte et n'est autorisé à se tourner pour regarder les autres. Qui sera le premier à déduire et à claironner la couleur de son chapeau ? Note : le premier clown et son chapeau ne peuvent être vus des autres , puisqu'ils sont cachés par l'affiche du cirque.

CHAPEAUX ET COULEURS 2

Trois chapeaux rouges et deux chapeaux bleus ont été répartis entre cinq clowns alignés (comme illustré). Le clown E ne peut être vu que par le clown D. La couleur du chapeau des clowns A et E (grise) nous est inconnue. Aucun des clowns ne connaît la couleur du chapeau qu'il porte. Ils ne sont pas non plus autorisés à se tourner pour regarder les autres. Quel sera le premier d'entre d'eux à déduire et à claironner la couleur du chapeau du clown A ?

La personne que vous aimez est composée à 72,8 % d'eau

LE PARADOXE DE LA PASTÈQUE

Dans un restaurant, un client déguste une grosse pastèque qui pesait à l'origine 10 kg et contenait 90 % d'eau. À son arrivée au restaurant, sa teneur en eau n'était plus de 90 %, comme au départ, mais de seulement 80 %.

Quel est le poids total de la pastèque à son arrivée sur la table du client ?

069 8

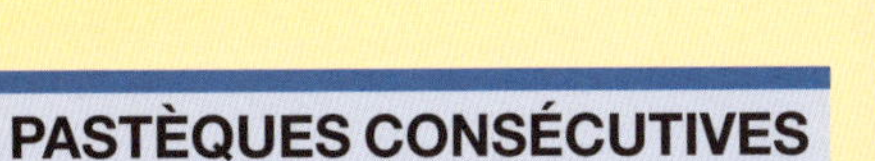

PASTÈQUES CONSÉCUTIVES

Sept grosses pastèques avaient des poids (en kilogrammes) de nombres impairs consécutifs, leur poids moyen étant de 7 kilogrammes. Combien pesait la plus grosse pastèque ?

070 8

LE CHEVALIER ET LE DRAGON

Un dragon effrayant possède trois têtes et trois queues. Pour le tuer, le courageux chevalier doit couper toutes les têtes et toutes les queues de la bête. Mais malgré sa bravoure, c'est une tâche ardue.

D'un grand coup de son épée magique, le chevalier peut couper une tête, deux têtes, une queue ou deux queues, mais…

(1) S'il coupe une tête, une nouvelle la remplace.

(2) S'il coupe une queue, deux nouvelles queues la remplacent.

(3) S'il coupe deux queues, une tête la remplace.

(4) S'il coupe deux têtes, rien ne les remplace.

Combien faudra-il de coups d'épée magique pour que le chevalier tue le dragon ?

PROBLÈMES D'ANNIVERSAIRE

(1) Combien doit-il y avoir de personnes choisies au hasard dans un groupe pour qu'il y ait plus d'une chance sur deux que deux d'entre elles aient leur anniversaire le même jour ?

(2) Combien de personnes, outre vous, doit-il y avoir dans un groupe pour que la probabilité qu'au moins une d'entre elle ait son anniversaire le même jour que vous soit supérieure à 50 %?

072 6

Si vous voulez être chanceux… il vaut mieux être prêt… (et connaître un peu les probabilités).

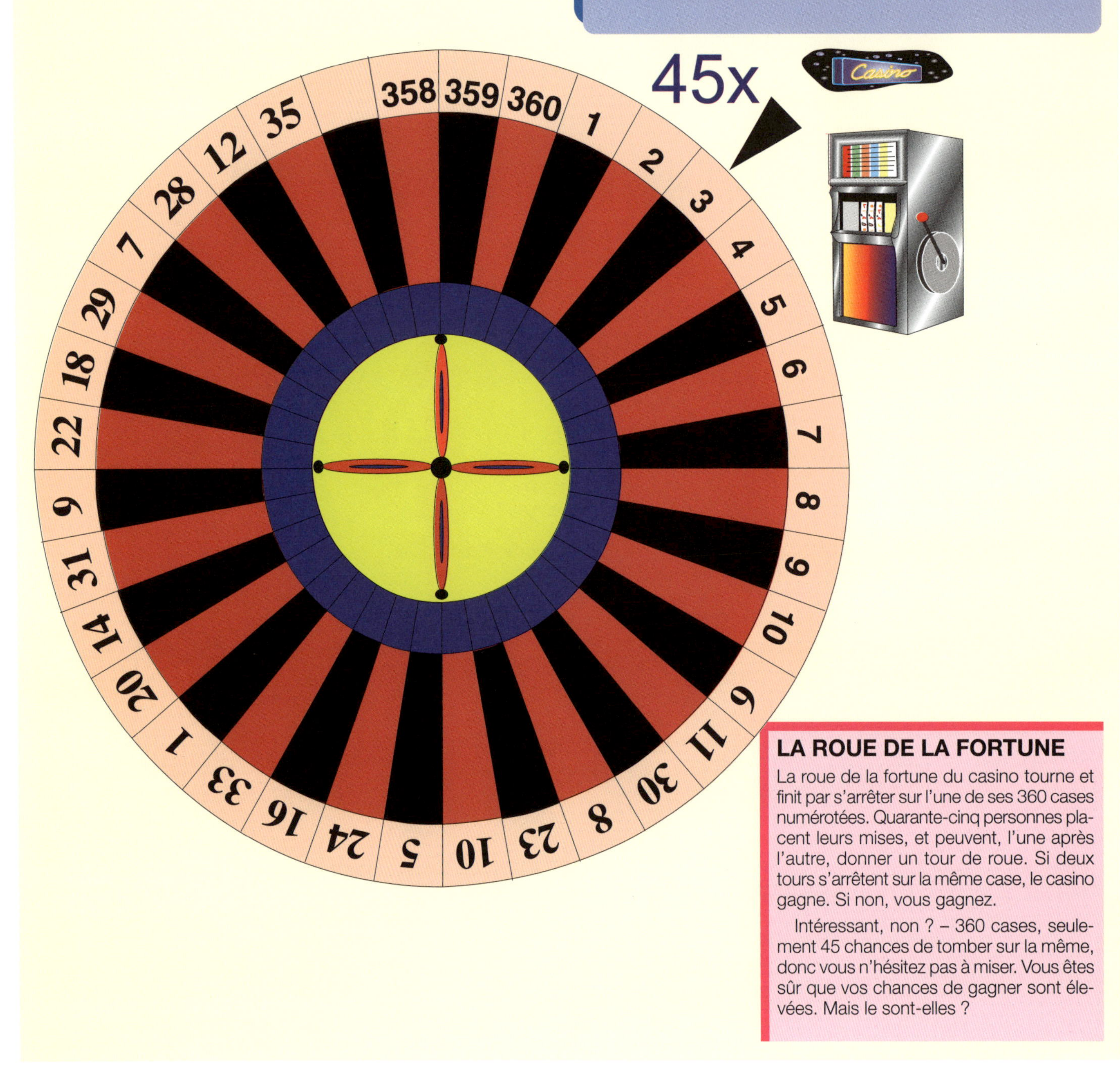

LA ROUE DE LA FORTUNE

La roue de la fortune du casino tourne et finit par s'arrêter sur l'une de ses 360 cases numérotées. Quarante-cinq personnes placent leurs mises, et peuvent, l'une après l'autre, donner un tour de roue. Si deux tours s'arrêtent sur la même case, le casino gagne. Si non, vous gagnez.

Intéressant, non ? – 360 cases, seulement 45 chances de tomber sur la même, donc vous n'hésitez pas à miser. Vous êtes sûr que vos chances de gagner sont élevées. Mais le sont-elles ?

073 7

PILE OU FACE

Quelles sont les chances pour que trois pièces retombent de la même façon – c'est-à-dire soit toutes côté pile, ou face ?

Le raisonnement suivant vous donnera-t-il la bonne réponse ?

Quand on jette trois pièces en l'air, deux au moins doivent retomber pareil. Comme il y a une chance égale pour que la troisième tombe sur pile ou sur face, les probabilités pour que les trois pièces retombent de la même façon devraient être de 1 sur 1… non ?

CINQ LANCERS DE PIÈCE

Si vous lancez une pièce cinq fois d'affilée, combien de résultats différents pouvez-vous obtenir ?

SI ON JOUAIT À PILE OU FACE ?

Deux personnes jouent à ce jeu simple, pile ou face, en jetant une pièce chacun leur tour. Le gagnant est le premier joueur à tomber sur face. Lequel des deux a le plus de chances de gagner ? Ont-ils autant de chances l'un que l'autre ?

PIÈCES EN ÉQUILIBRE

Mettez 20 pièces au moins sur leur tranche sur une table lisse parfaitement horizontale – il vous faudra peut-être un peu de patience ! Maintenant, frappez du poing sur la table, ce qui les renverse toutes. Comptez les côtés face et les côtés pile. Vous serez surpris ! Vos expériences répétées tendront à confirmer qu'il y a bien plus de côté pile que de côtés face. Pouvez-vous expliquer ce résultat ?

LANCER DE PIÈCE

LANCER DE PIÈCE ET HASARD

Au début du XVIIIe siècle, le mathématicien français Abraham de Moivre (1667-1754) posa les bases de la théorie des probabilités dans son ouvrage important écrit en anglais, The Doctrine of Chances. Il expliquait la probabilité à travers des problèmes avec des dés, des pièces et des jeux.

Un des nombreux faits intéressants à propos d'Abraham de Moivre est qu'il ne croyait pas vraiment au hasard. Il suggérait que rien n'arrivait « par hasard » – que tout événement à première vue aléatoire pouvait en fait être rattaché à une cause physique.

On peut expliquer sa position ainsi. Si vous deviez mesurer tous les facteurs physiques qui entrent en jeu quand vous jetez une pièce en l'air – l'angle de la main, sa distance par rapport au sol, la force à laquelle vous jetez la pièce en l'air, les vents, la composition de la pièce, et ainsi de suite – vous pourriez prédire avec une précision de 100 % comment la pièce va retomber, la pièce étant soumise aux lois de la physique newtonienne, qui sont absolues. Nous ne pouvons faire tous ces calculs, ce qui fait que des événements peuvent sembler aléatoires alors qu'ils sont entièrement déterminés par des phénomènes physiques. Cette école de pensée est aujourd'hui appelée déterminisme.

LANCER DE PIÈCES ET PROBABILITÉS

Quand on jette une pièce en l'air, personne ne peut dire comment elle retombera. Pourtant, lancez-la un million de fois et, avec des variations de plus en plus minimes, elle retombera sur face la moitié du temps et sur pile le reste. C'est, pour l'essentiel, la base de la théorie des probabilités.

En gros, deux lois sous-tendent les probabilités, une loi « et » (pour calculer les chances que deux événements aient tous deux lieu) et une loi « ou » (pour calculer les chances que l'un ou l'autre des deux événements ait lieu).

La première loi dit que les chances que deux événements indépendants aient tous les deux lieu sont égales aux chances que l'un ait lieu multipliées par les chances que l'autre ait lieu. Par exemple, la probabilité pour qu'une pièce retombe sur face est de 1/2. La probabilité pour que la pièce retombe sur face lorsqu'elle est lancée une première fois et qu'elle est lancée une deuxième fois est de 1/2 x 1/2, soit seulement 1/4.

La seconde loi dit que les chances que l'une ou l'autre de deux probabilités mutuellement exclusives soit vraie est égale à la somme de chaque chance que chacune devienne individuellement vraie. Par exemple, les chances pour qu'une pièce retombe soit sur face soit sur pile sont égales aux chances d'avoir des côtés face plus les chances d'avoir des côtés piles : 1/2 + 1/2 = 1.

Il y a quatre résultats possibles si on lance deux pièces (ou si on en lance une deux fois).

(1) Face en premier, face en second ;

(2) Pile en premier, pile en second ;

(3) Face en premier, pile en second ;

(4) Pile en premier, face en second.

La probabilité pour que survienne un côté face et un côté pile (2:4 = 1:2) est deux fois plus élevée que celle de l'une ou l'autre des deux autres combinaisons (toutes deux 1:4).

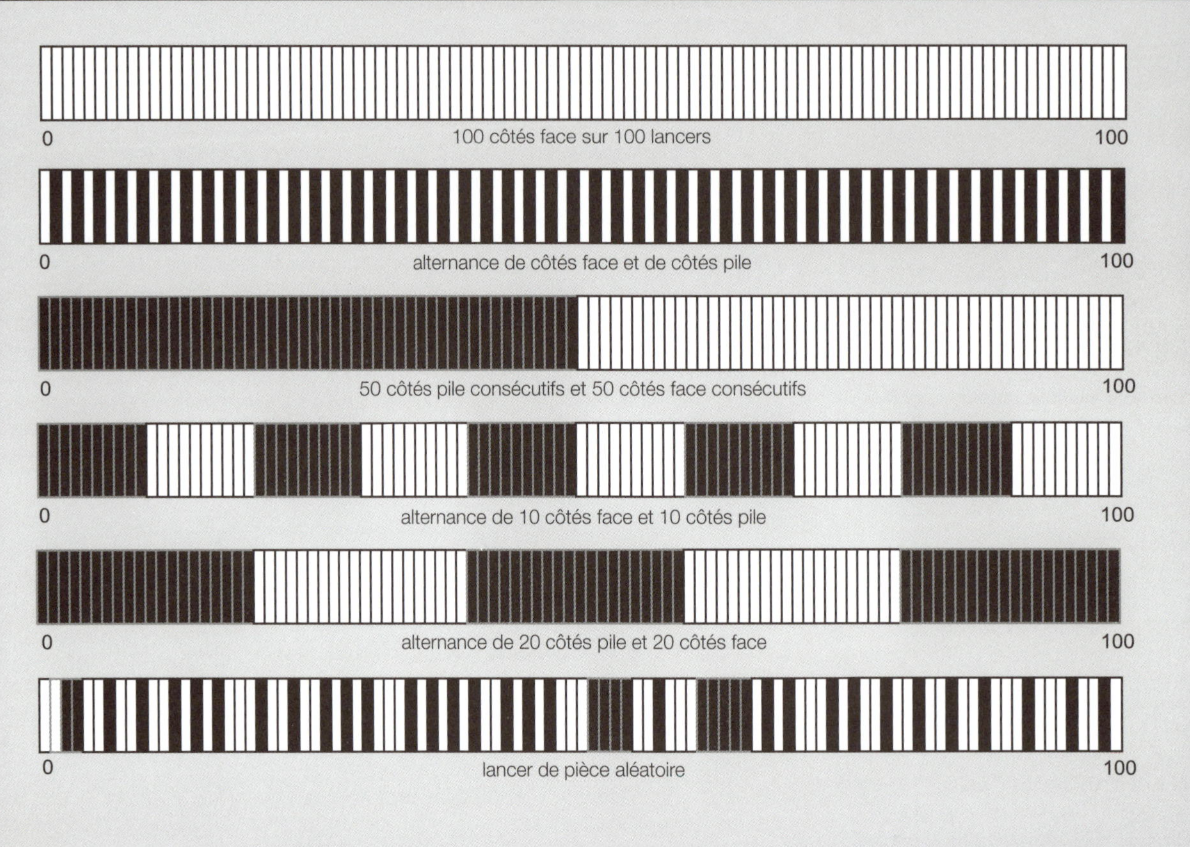

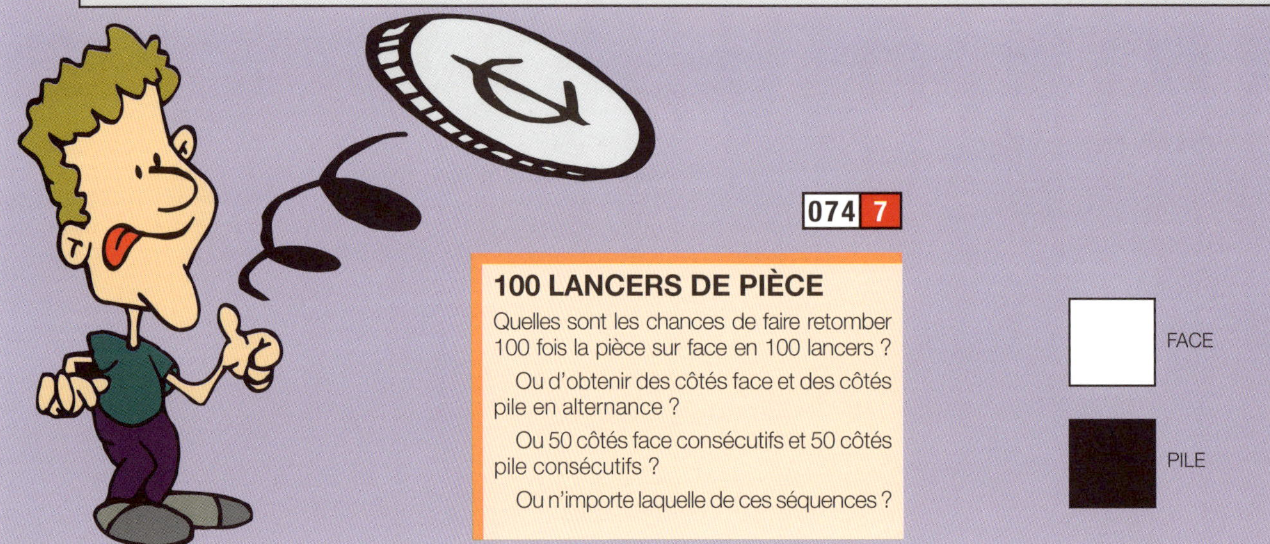

074 7

100 LANCERS DE PIÈCE

Quelles sont les chances de faire retomber 100 fois la pièce sur face en 100 lancers ?

Ou d'obtenir des côtés face et des côtés pile en alternance ?

Ou 50 côtés face consécutifs et 50 côtés pile consécutifs ?

Ou n'importe laquelle de ces séquences ?

FACE

PILE

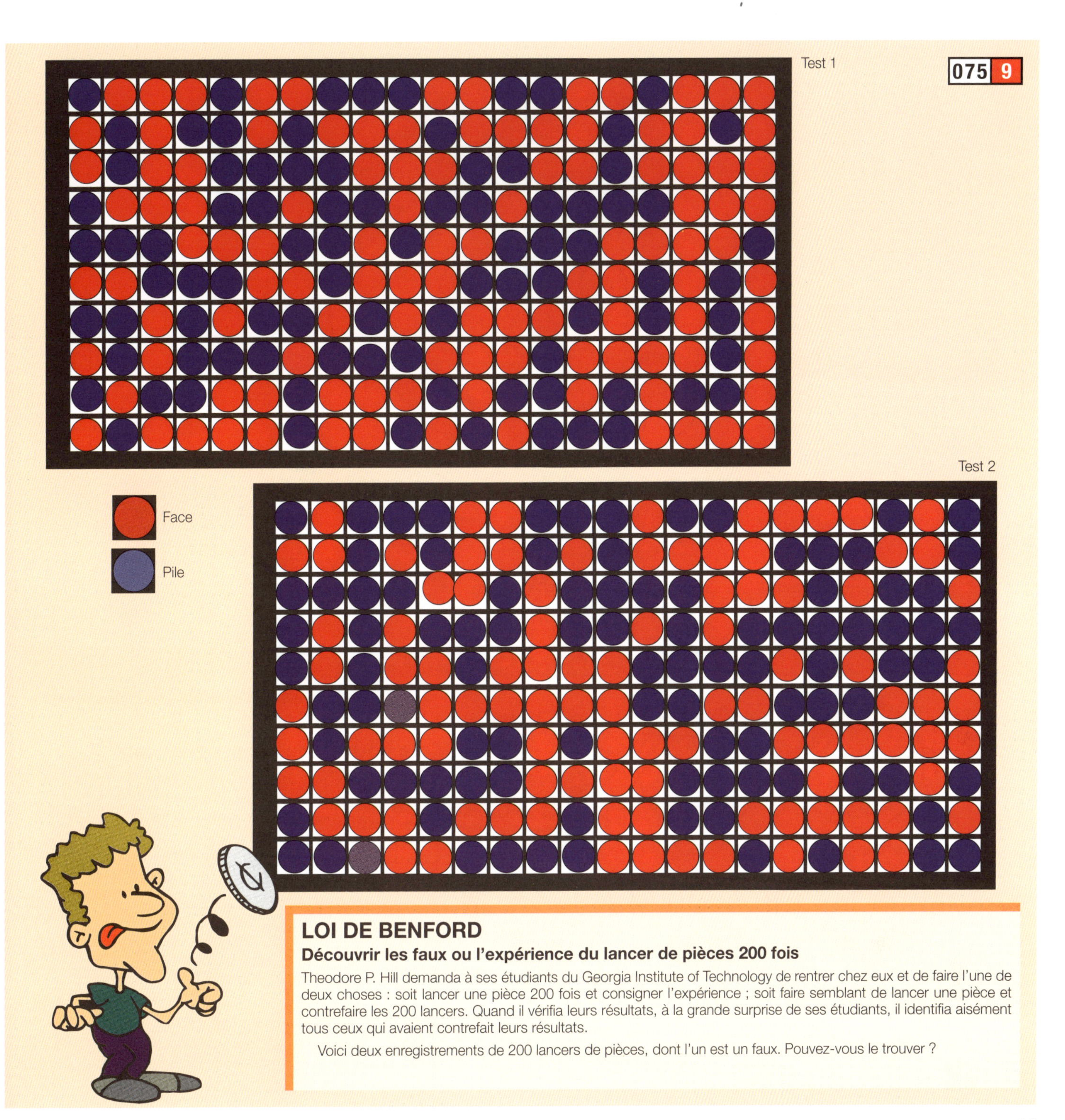

LOI DE BENFORD

Découvrir les faux ou l'expérience du lancer de pièces 200 fois

Theodore P. Hill demanda à ses étudiants du Georgia Institute of Technology de rentrer chez eux et de faire l'une de deux choses : soit lancer une pièce 200 fois et consigner l'expérience ; soit faire semblant de lancer une pièce et contrefaire les 200 lancers. Quand il vérifia leurs résultats, à la grande surprise de ses étudiants, il identifia aisément tous ceux qui avaient contrefait leurs résultats.

Voici deux enregistrements de 200 lancers de pièces, dont l'un est un faux. Pouvez-vous le trouver ?

SCATTERHEAD

Le pouvoir de l'échantillonnage statistique

Le scatterhead est un jouet capable de démontrer la méthode statistique permettant de déduire les propriétés d'un vaste ensemble à partir d'un échantillon bien plus petit.

Le scatterhead contient 60 billes de quatre couleurs différentes : vert, jaune, bleu et rouge, mais on ne connaît pas la répartition par couleur. Quand on fait tourner la tête du scatterhead, les billes qu'elle contient se mélangent. Lorsqu'elle reprend sa position normale, des combinaisons aléatoires différentes de dix billes colorées apparaissent dans les yeux, le nez et la bouche.

Voici ci-dessous six résultats différents obtenus en faisant tourner le Scatterhead. Pouvez-vous estimer le nombre de billes de chaque couleur cachées dans la tête ?

> « Dans la nature, rien n'est dû au hasard... une chose n'apparaît aléatoire que par l'incomplétude de notre connaissance. »
>
> *(Spinoza)*

PROMENADE ALÉATOIRE

Pour ce jeu, lancez plusieurs fois une pièce en l'air : si elle retombe sur face, le promeneur se déplacera d'une case vers la droite ; si c'est pile, il se déplacera d'une case vers la gauche. Après plusieurs lancers de la pièce, disons 36 fois, pouvez-vous deviner à quelle distance le promeneur se trouvera par rapport à son point de départ ?

Quand vous aurez répondu, lancez la pièce 36 fois pour vérifier votre prédiction. Pouvez-vous dire également quelles sont les chances pour que notre promeneur retourne à son point de départ à un moment au cours de sa promenade ? (Partez de l'hypothèse que la promenade dure éternellement.)

077 **9**

ERRANCE DE L'IVROGNE

Dans l'errance de l'ivrogne, en partant du réverbère central, les déplacements sont dictés par le lancer de deux pièces (une rouge et une jaune), comme illustré ci-contre. C'est la démonstration la plus simple d'un processus stochastique, et une bonne analogie pour expliquer le mouvement brownien, dans lequel une particule est « poussée de-ci de-là » par des molécules d'un liquide ou d'un gaz environnant.

Où pensez-vous que l'ivrogne sera après un certain nombre de lancers (N) ? Pouvez-vous aussi deviner les chances pour qu'il revienne au réverbère (son point de départ) à un moment donné ? Considérez que son errance est finie en voyant la taille de la grille comme une barrière. Que se passe-t-il alors quand il atteint le bord ?

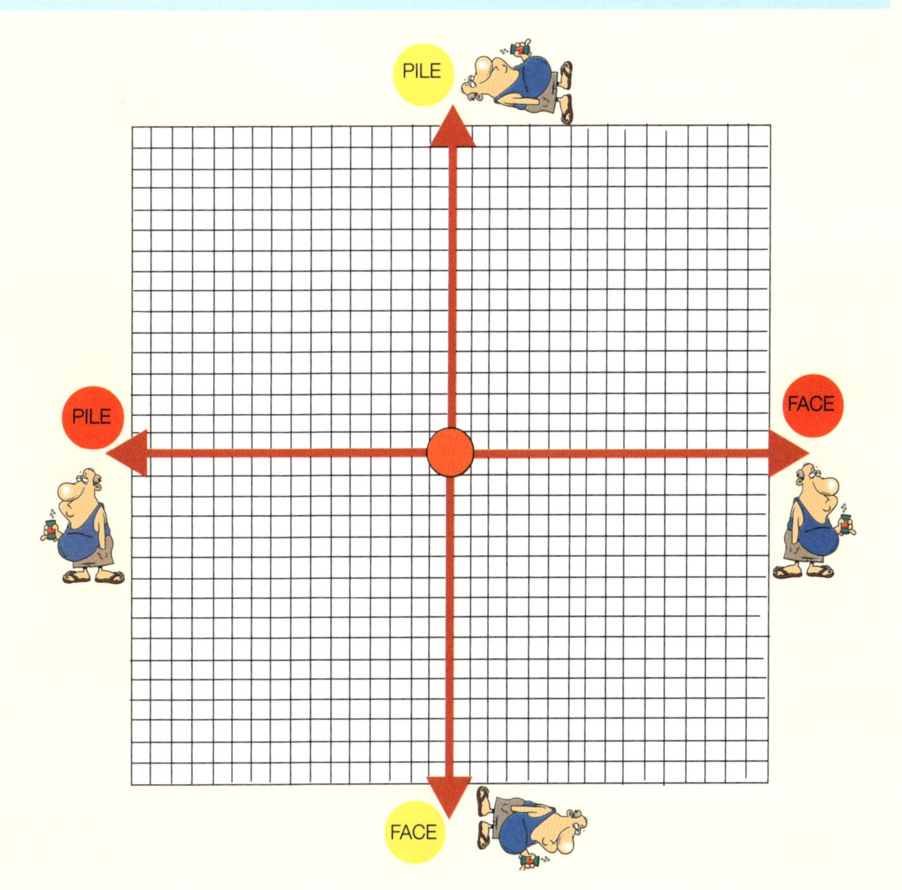

MOTIFS ALÉATOIRES ?

Lequel des deux motifs semble offrir la disposition la plus aléatoire de ses cinquante cases blanches et de ses cinquante cases noires ?

1	2	3	4	5	6	7	8	9	10	ordonnée
6	3	8	1	7	5	9	2	8	4	biaisée vers 8
6	2	5	8	4	7	1	10	3	9	non biaisée
4	8	3	5	10	2	7	?	1	9	non biaisée l'espace vide doit être le 6

LES CHIFFRES ALÉATOIRES

Essayez de placer les 10 premiers chiffres de cette séquence ordonnée en une aléatoire.

Si vous répétez un ou plusieurs chiffres, la séquence est biaisée vers ces chiffres. Quand elle n'est pas du tout biaisée, elle contient chacun des 10 chiffres. Mais dans ce cas, elle est fortement marquée par un motif et, quand vous choisissez neuf chiffres, quels qu'ils soient, on peut deviner à coup sûr celui qui manque. Des contradictions similaires surviennent avec n'importe quelle séquence aléatoire. Si elle devient trop aléatoire, un « motif de désordre » apparaît.

Ceci est un curieux paradoxe.

Les mathématiciens s'accordent à dire qu'une séquence numérique totalement désordonnée est un concept logiquement contradictoire. Nous avons démontré qu'à mesure qu'une séquence de chiffres se rapprochait d'une séquence sans aucun motif, on obtenait un motif qui semblait avoir été soigneusement élaboré par un mathématicien plutôt que par le simple hasard.

Aucune séquence numérique ne peut avoir aussi peu de structure qu'une disposition d'étoiles dans le ciel. Pourtant, au cours des siècles, les astronomes y ont vu nombre de motifs.

078 8

LE TRIPLE DUEL

Tom, Bill et Mike ayant un différend à régler, ils tirent à la courte paille pour décider l'ordre dans lequel ils vont tirer. Puis ils tirent tour à tour, jusqu'à ce qu'un seul reste debout. Tom et Bill étant de bons tireurs, ils ne manquent jamais leur cible, alors que Mike est un tireur moyen, qui n'atteint sa cible qu'une fois sur deux. Qui a le plus de chance de survivre ?

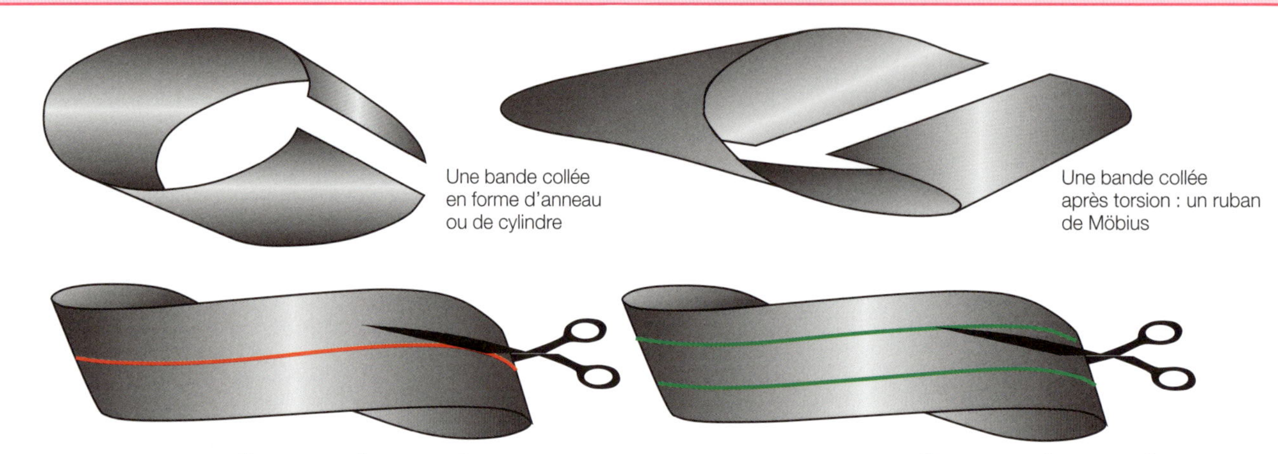

UN RUBAN DE MÖBIUS DÉCOUPÉ EN SON CENTRE

Découpez un ruban de Möbius en son centre selon le trait rouge jusqu'au point de départ. Qu'obtenez-vous ?

UN RUBAN DE MÖBIUS DÉCOUPÉ PRÈS DU BORD

Découpez un ruban de Möbius selon le trait vert près du bord. Qu'obtenez-vous ?

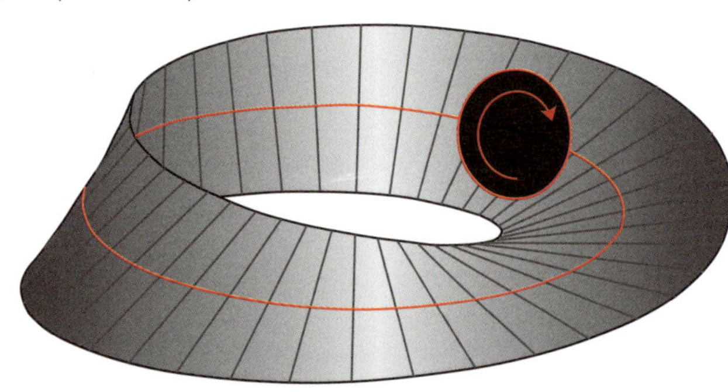

LA TRAJECTOIRE D'UN VOYAGEUR LE LONG D'UN RUBAN DE MÖBIUS

Qu'advient-il d'un voyageur et de sa montre s'il se déplace le long d'un ruban de Möbius jusqu'à rejoindre son point de départ ? Tentez l'expérience sur l'exemple que vous avez confectionné.

LE RUBAN DE MÖBIUS

080 3

Un bel objet retors

Le mathématicien allemand A.F. Möbius (1790-1868) a découvert qu'il était possible de fabriquer une surface dotée d'une seule face et d'un seul bord et dépourvue d'« intérieur » et d'« extérieur », à la différence d'un cylindre, d'un tore ou d'une sphère. Bien sûr, le papier a une certaine épaisseur, qui est ignorée.

Même si un tel objet semble impossible à imaginer, la confection d'un ruban de Möbius est on ne peut plus simple. Prenez une bande de papier ordinaire, faites-lui subir une torsion d'un demi-tour avant de coller les deux extrémités ensemble : vous avez ruban de Möbius.

Celui-ci va permettre un nombre infini de structures et de problèmes passionnants. Il est doté de nombreuses propriétés surprenantes et paradoxales qui ont permis d'importantes avancées dans le domaine de la topologie.

Pouvez-vous imaginer ce que donnera le fait de découper un ruban de Möbius en son centre ? Ou de le découper le long d'un trait près du bord ? Et qu'arriverait-il à un voyageur qui se déplacerait le long d'un ruban de Möbius jusqu'à revenir à son point de départ ?

Pouvez-vous trouver un objet de la vie de tous les jours, que vous pouvez même toucher, qui soit véritablement bidimensionnel ?

LA NON-TRANSITIVITÉ

La majorité des relations est ***transitive***, terme qui désigne une relation binaire fonctionnant selon le principe suivant : si A est plus grand que B et que B est plus grand que C, A doit être plus grand que C. Certaines relations toutefois ne sont pas transitives. Par exemple, si A est le père de B et que B est le père de C, il n'est jamais vrai que A est le père de C.

Le célèbre jeu pour enfants « pierre-feuille-ciseaux » est non transitif. La relation entre la pierre cassant les ciseaux, les ciseaux coupant le papier et la feuille enveloppant le caillou sont à l'origine des règles.

Les philosophes de la Chine ancienne divisaient la matière en cinq catégories qui constituaient un cycle non transitif : le bois donnait naissance au feu, le feu à la terre, la terre au métal, le métal à l'eau et l'eau engendrait le bois.

La théorie des probabilités contient des relations qui semblent transitives mais qui ne le sont pas. Cette non-transitivité est tellement contre-intuitive qu'elle trouble l'esprit, et ces relations sont désignées par le terme de « paradoxes ou jeux non transitifs ».

Une bonne dose d'ingéniosité a été mise en œuvre pour créer ces paradoxes et jeux, qui sont aussi de parfaits « paris de dupes » : le postulat est tellement difficile à croire que la plupart des gens parient « intuitivement » contre… et perdent.

Le plus simple et pourtant le plus étonnant de ces jeux est un jeu de dés non transitifs, comme celui de notre problème. Ces dés, conçus par Bradley Efron de l'université de Stanford, furent par la suite proposés à de plus larges audiences par Martin Gardner dans sa rubrique du magazine Scientific American.

LES DÉS NON TRANSITIFS

Lorsque vous jouez à un jeu impliquant des dés, les nombres qui s'affichent sont le fruit du hasard. Le but de ce jeu est de découvrir ce que les quatre dés utilisés ici ont de spécial.

Commencez par créer un jeu de quatre dés sur le modèle ci-contre. Puis procédez comme suit :

1. Demandez à quelqu'un de choisir un dé, puis choisissez-en un autre.

2. Jetez tour à tour chacun des dés ; le nombre le plus élevé l'emporte.

3. Le but du jeu est de décider si vous pouvez toujours choisir les dés qui vous feront gagner à long terme.

081 6

LES DÉS NON TRANSITIFS
Gabarits des quatre dés non transitifs.

082 6

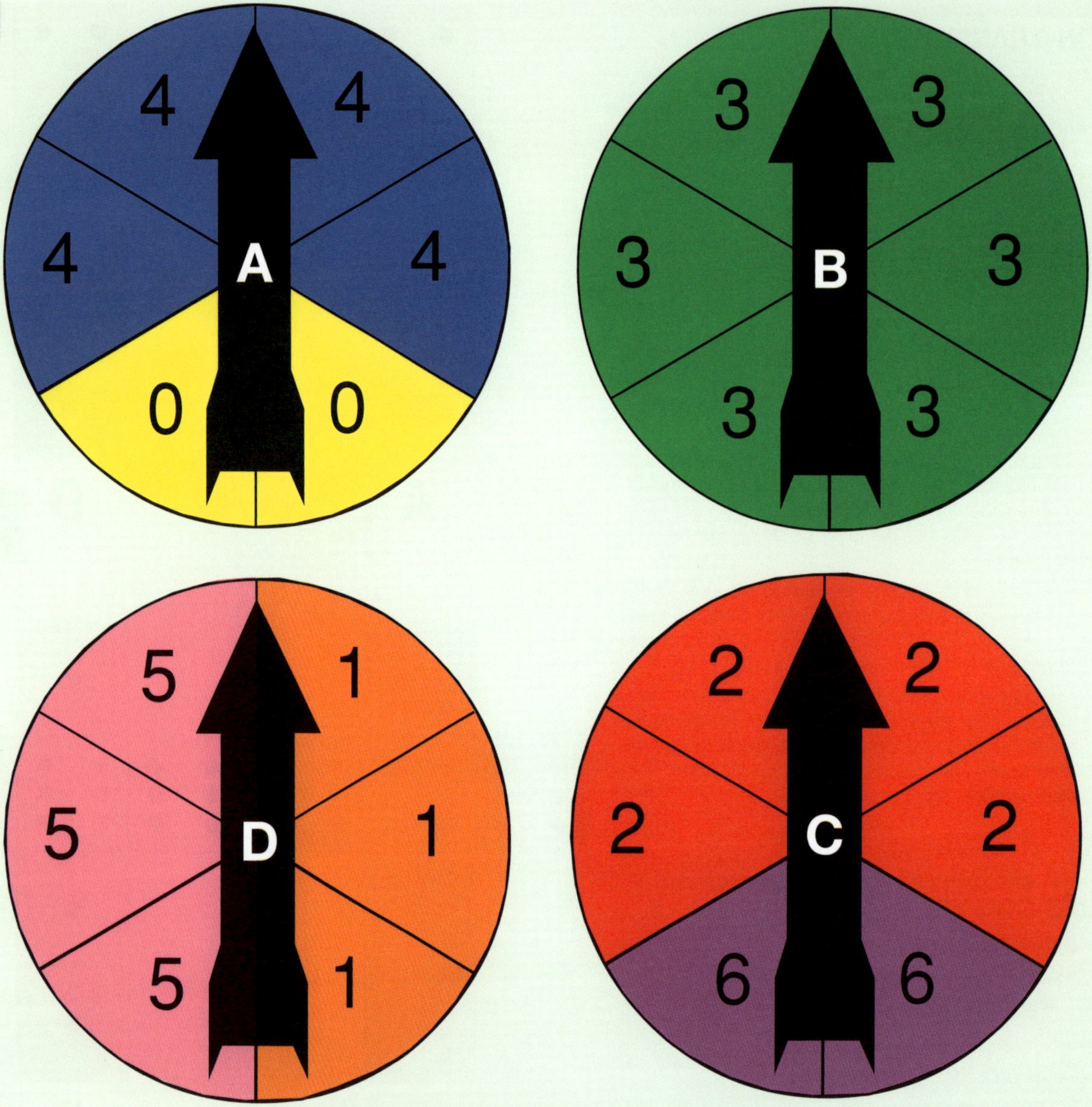

A: 4 4 4 4 0 0

B: 3 3 3 3 3 3

D: 5 1 5 1 5 1

C: 2 2 2 2 6 6

DES AIGUILLES NON TRANSITIVES

Deux joueurs choisissent chacun une aiguille et jouent à tour de rôle. Le nombre le plus élevé gagne chaque round. Pouvez-vous calculer les chances de victoire d'une aiguille, de manière à l'emporter, quelle que soit l'aiguille sélectionnée par votre adversaire ?

UNE CINQUIÈME COULEUR

Le 1er avril 1975, Martin Gardner a publié la carte illustrée ci-dessous, conçue par William McGregor de manière à ne pas pouvoir être colorée par moins de cinq couleurs, comme montré. Pouvez-vous faire mieux ?

la cinquième couleur

083 5

LE THÉORÈME DES QUATRE COULEURS

Combien de couleurs sont nécessaires pour colorer une carte de manière qu'aucune zone ne soit de la même couleur que la zone limitrophe (qu'elle touche le long d'un bord, pas uniquement un point) ?

C'est ce que l'on appelait encore récemment le « problème des quatre couleurs », baptisé par le mathématicien sud-africain Francis Guthrie (1831-1899) en 1852.

Il est assez facile de démontrer qu'au moins quatre couleurs sont nécessaires. En 1879, le Britannique Alfred Kempe (1849-1922) publia la preuve qu'aucune carte ne nécessitait cinq couleurs. Il fut démontré dix ans plus tard qu'il avait commis une erreur subtile mais cruciale et que son raisonnement montrait en fait qu'aucune carte n'avait besoin de six couleurs.

Au cours du siècle qui suivit, les mathématiciens s'efforcèrent de résoudre ce problème. Personne ne trouva une carte nécessitant cinq couleurs, mais personne ne put non plus démontrer que ce type de carte n'existait pas. Ce problème resta donc dans les annales comme l'un des problèmes mathématiques non résolus.

Pour compliquer encore, des problèmes analogues traitant de surfaces plus complexes furent résolus. Ainsi, une carte imprimée sur un anneau peut toujours être colorée avec sept couleurs, et il existe des cartes pour lesquelles six couleurs suffisent. Sur une singulière surface à une face baptisée bouteille de Klein, six couleurs sont nécessaires et suffisantes.

En 1976, Kenneth Appel et Wolfgang Haken de l'Université de l'Illinois résolurent le problème avec un superordinateur, donnant naissance au théorème des quatre couleurs : pour toute carte quatre couleurs suffisent pour qu'aucune zone connexe ne soit de même couleur.

De nombreux problèmes de mathématiques récréatives s'appuient sur le nombre de couleurs nécessaires pour colorer une carte ou un motif donné de manière que les zones adjacentes portent des couleurs différentes. Ce type de problème peut aussi servir de base aux jeux de compétition entre plusieurs joueurs.

La difficulté d'anticiper les « culs-de-sac » potentiels de couleurs pouvant survenir lors de la coloration de cartes, qui semblent rendre nécessaire l'utilisation d'une cinquième couleur, fait de ces problèmes et de ces jeux des défis particulièrement intéressants.

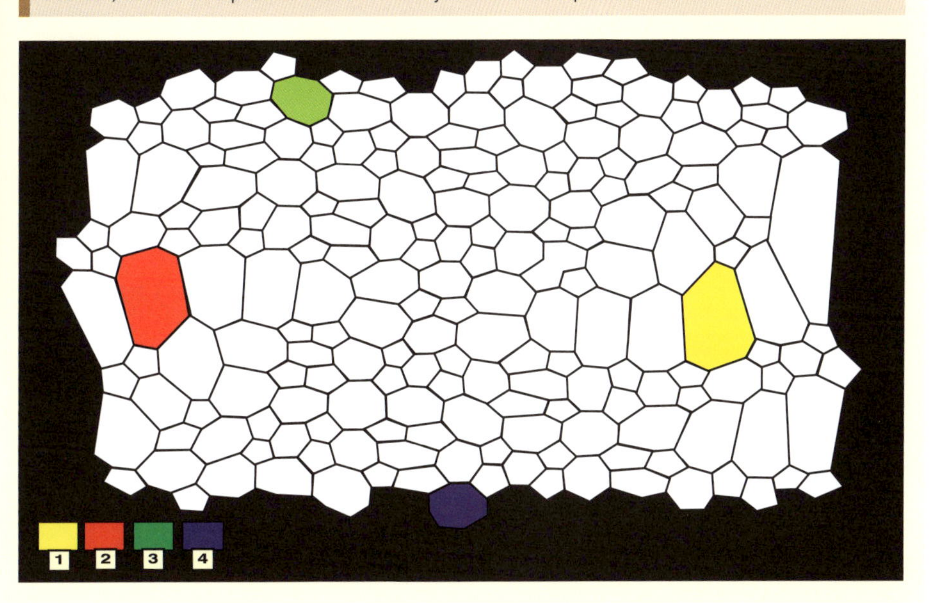

LE TOUR DU CAVALIER

Aux échecs, le cavalier se déplace de deux cases à l'horizontale et d'une à la verticale ou de deux à la verticale et d'une à l'horizontale.

L'un des plus anciens et intéressant problèmes d'échecs est le Tour du cavalier, créé en 1700 par le mathématicien anglais Brook Taylor (1685-1731). Existe-t-il une série de déplacements qui permet au cavalier de parcourir chacune des cases du jeu une seule fois ? La taille de l'échiquier n'a pas besoin d'être la taille habituelle de huit cases par huit.

Mathématiquement, il s'agit d'une question de graphiques. Il suffit d'envisager les cases de l'échiquier comme des nœuds, que l'on relie par un bord s'il existe un déplacement de cavalier qui les relie.

Le tour est « bouclé » si le cavalier revient à la case de départ lors du dernier déplacement. Les tours bouclés surviennent sur des échiquiers pairs : le cavalier change la couleur de sa case à chaque déplacement, si les cases composent un motif alterné normal. Sur un échiquier impair, le cavalier fait un nombre impair de déplacements pour passer sur chaque case et même s'il lui faut un déplacement de plus pour retourner à la case de départ, ce déplacement doit se faire sur un carré d'une couleur différente de celle de la case de départ, ce qui est impossible.

Un échiquier standard compte plusieurs millions de tours du cavalier différents. Le mathématicien suisse Léonard Euler (1707-1783) trouva de nombreuses symétries inhabituelles. Les illustrations montrent quelques dessins s'inspirant de tours du cavalier bouclés. La découverte et la colorisation d'un tour du cavalier constituent une opération délicate.

Vous pouvez créer un tour du cavalier en numérotant les cases d'un échiquier pour indiquer la progression du cavalier. Une autre façon de représenter le même parcours consiste à dessiner une ligne continue depuis le centre des cases. Les motifs créés par cette méthode sont souvent esthétiques. En copiant la grille de base, vous pouvez colorer et conserver les tours. Il est tout aussi intéressant de concevoir des tours du cavalier sur un échiquier rectangulaire ou d'une autre forme.

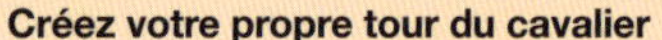

Créez votre propre tour du cavalier

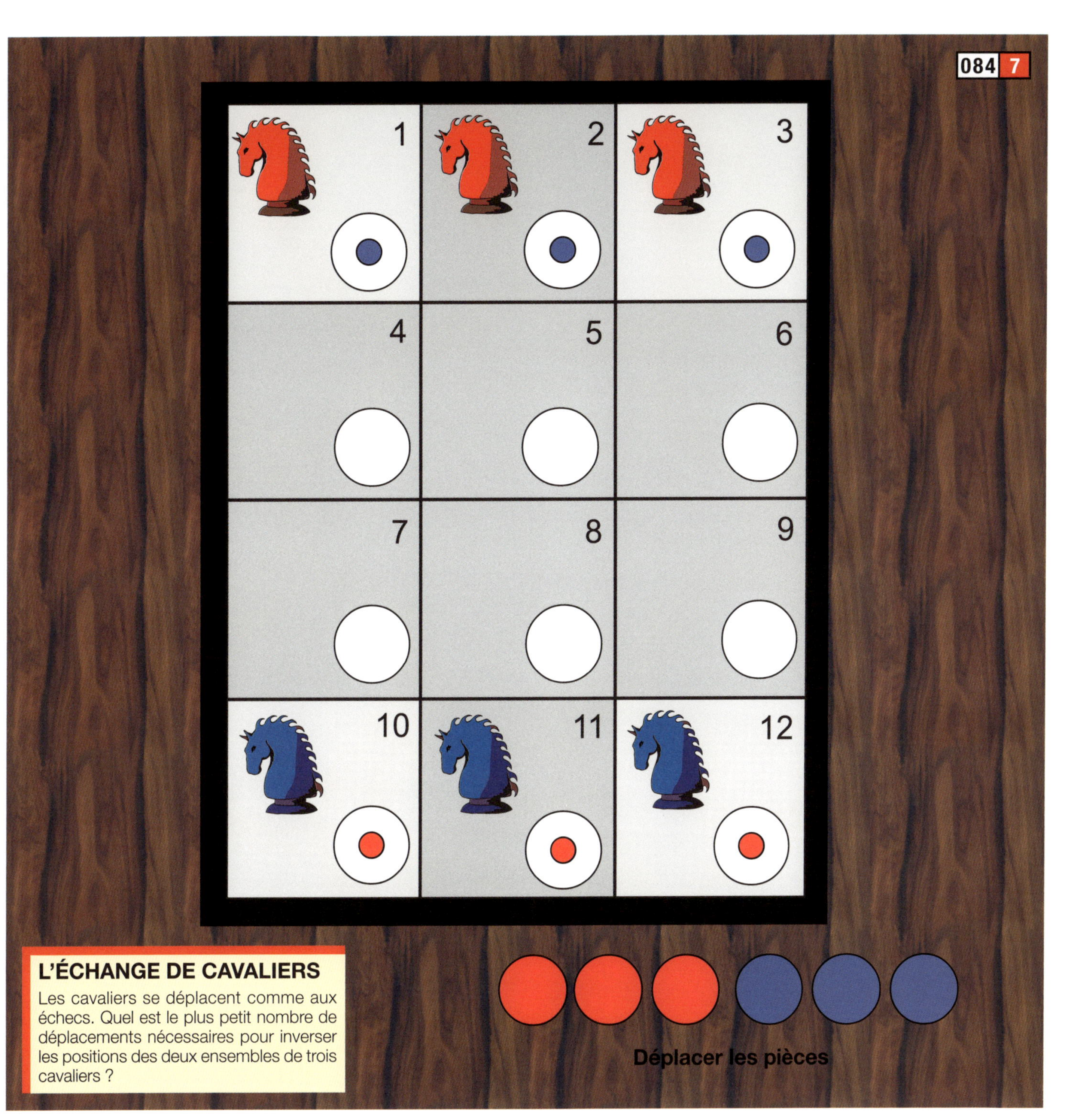
084 7
1
2
3
4
5
6
7
8
9
10
11
12
L'ÉCHANGE DE CAVALIERS
Les cavaliers se déplacent comme aux échecs. Quel est le plus petit nombre de déplacements nécessaires pour inverser les positions des deux ensembles de trois cavaliers ?
Déplacer les pièces

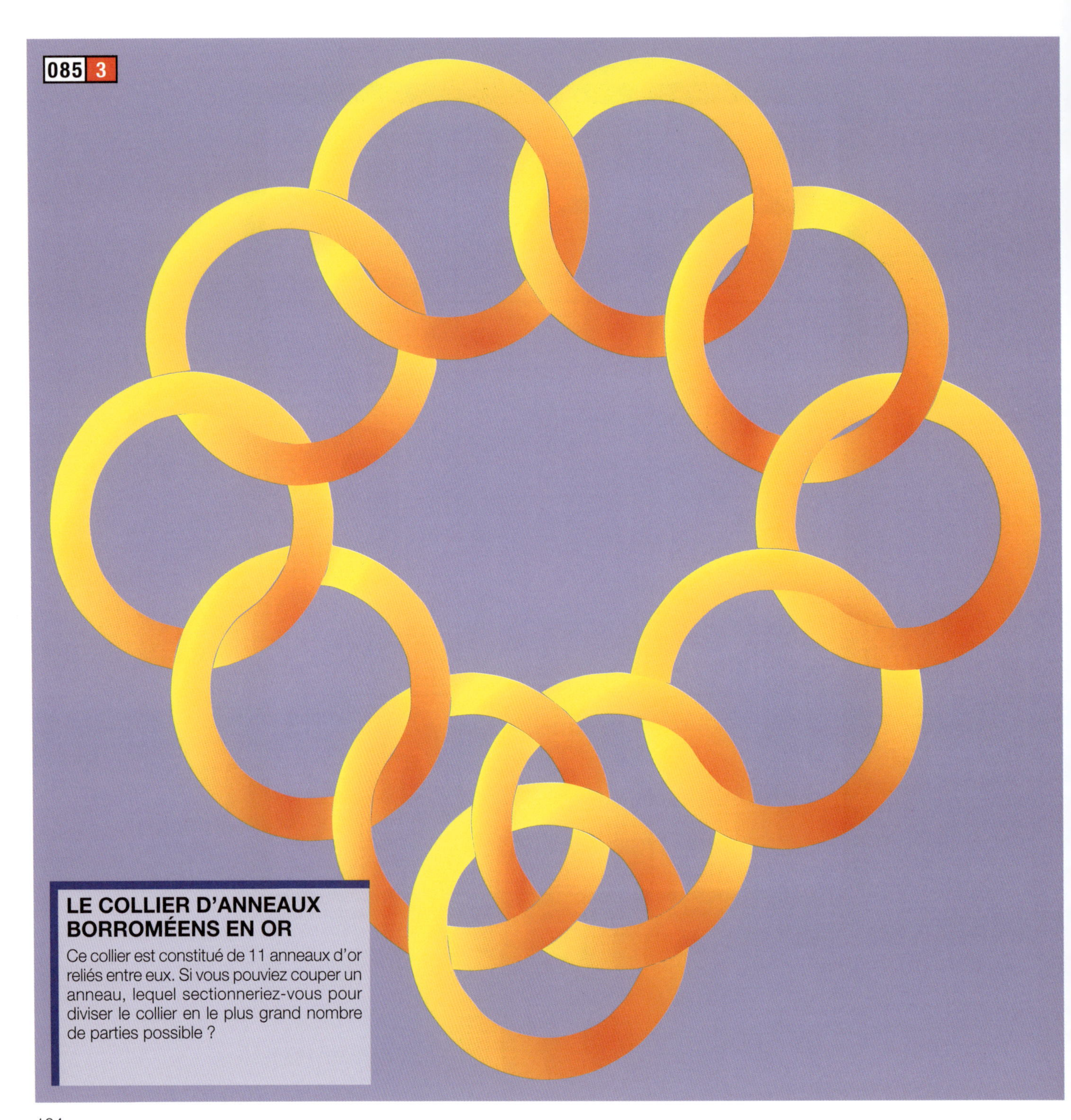

LE COLLIER D'ANNEAUX BORROMÉENS EN OR

Ce collier est constitué de 11 anneaux d'or reliés entre eux. Si vous pouviez couper un anneau, lequel sectionneriez-vous pour diviser le collier en le plus grand nombre de parties possible ?

L'ALHAMBRA

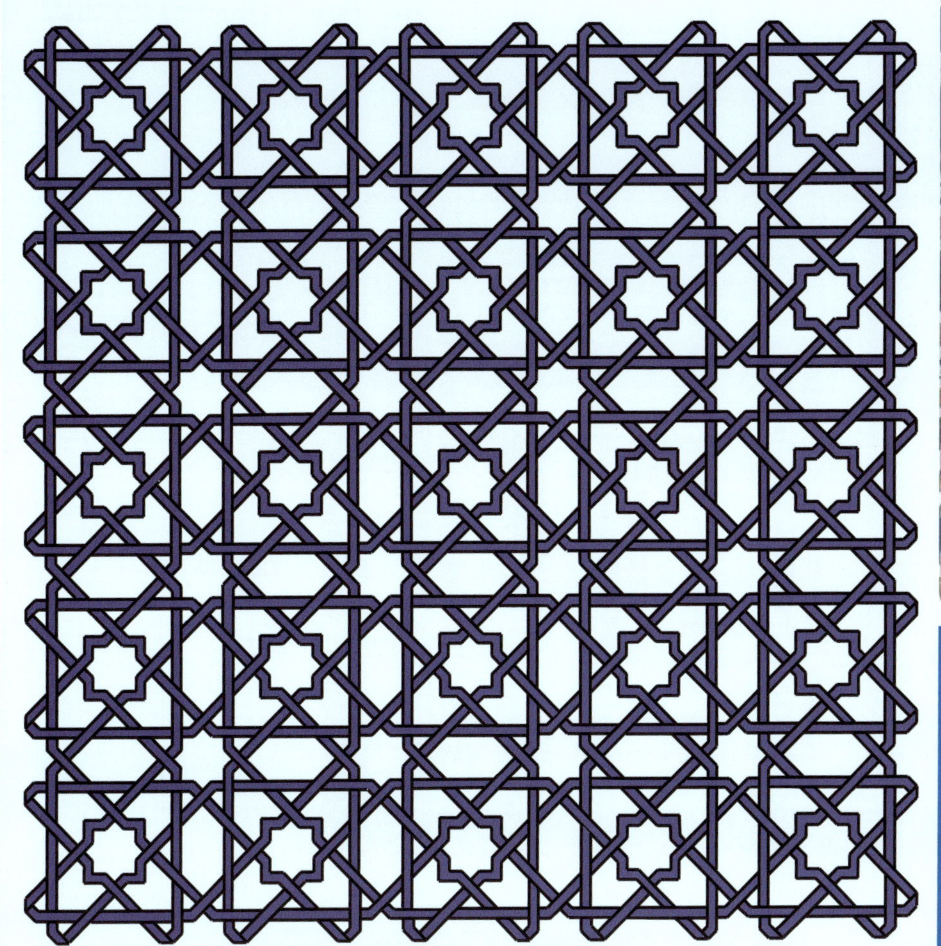

L'ALHAMBRA

Érigé entre 1238 et 1358 sur une colline surplombant Grenade en Espagne, l'Alhambra fut le palais et la forteresse des rois maures d'Espagne. Après l'expulsion des musulmans du pays en 1492, les bâtiments furent grandement endommagés, pour être restaurés par la suite. L'Alhambra est l'un des plus beaux exemples de la sophistication de la civilisation mauresque en Espagne. Les pièces sont ornées de somptueux exemples de décoration géométrique d'une finesse extrême.

LES MOTIFS DES MOSAÏQUES DE L'ALHAMBRA

L'ancien palais des rois maures de Grenade est un trésor de beauté mathématique. La photographie sur cette page montre la complexité de ses nombreux motifs géométriques. Pouvez-vous distinguer s'il s'agit d'une seule ou de plusieurs boucles ? Dans la seconde hypothèse, combien ?

086 6

L'ART ABSTRAIT

L'interdiction de l'art figuratif, sur des motifs religieux, fut mise en pratique par les Arabes et les Hébreux, qui développèrent une expression artistique purement abstraite et géométrique. Les mosaïques du XIVe siècle de l'Alhambra de Grenade, en Espagne, sont une parfaite illustration de la qualité exceptionnelle de cet art.

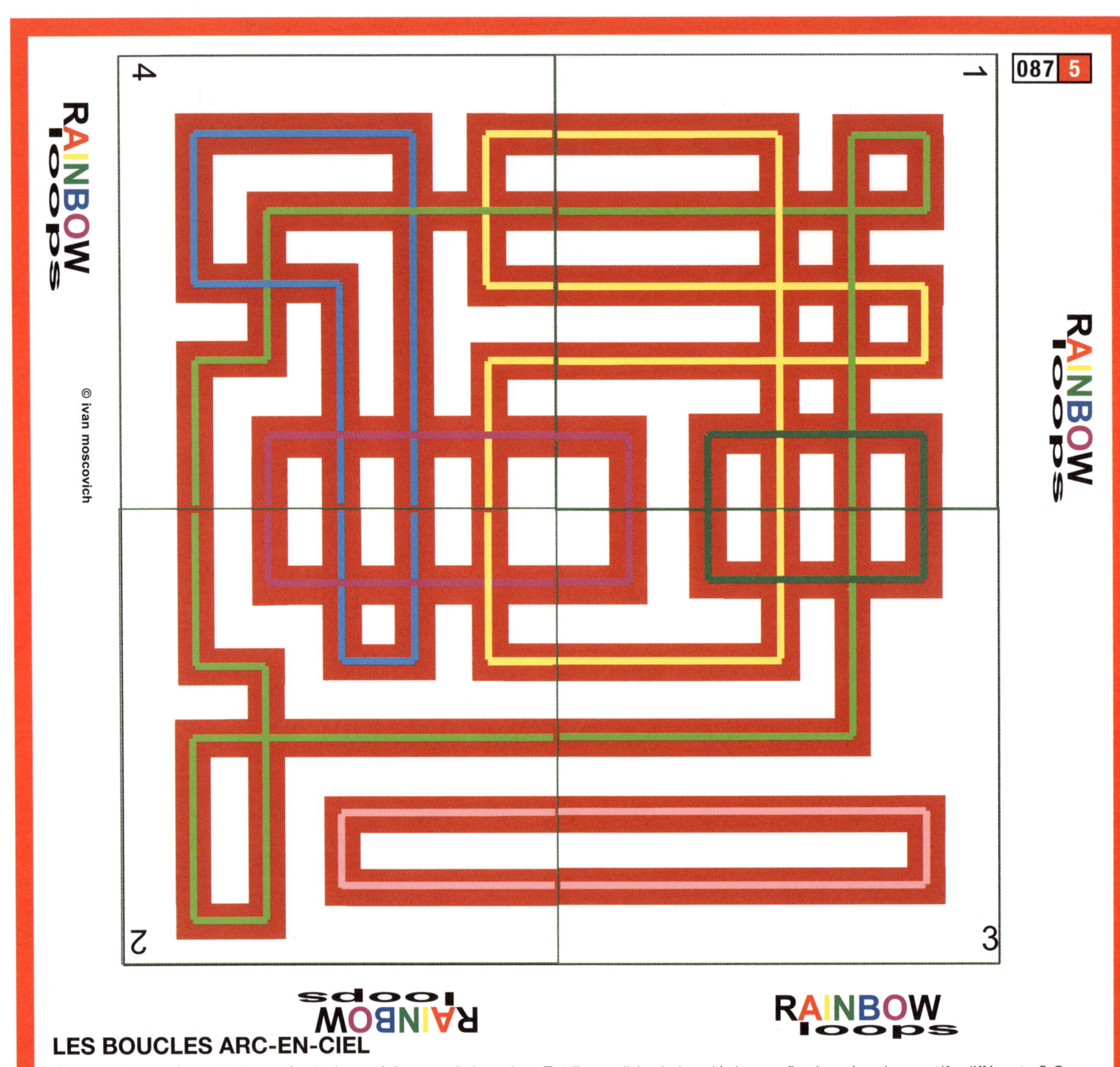

LES BOUCLES ARC-EN-CIEL

Ces quatre carrés sont disposés de façon à former six boucles. Est-il possible de les déplacer afin de créer des motifs différents ? Combien de motifs ? Est-il possible de changer l'emplacement de ces quatre carrés pour former six boucles ?

Copiez l'image et découpez les quatre carrés le long des traits qui les séparent.

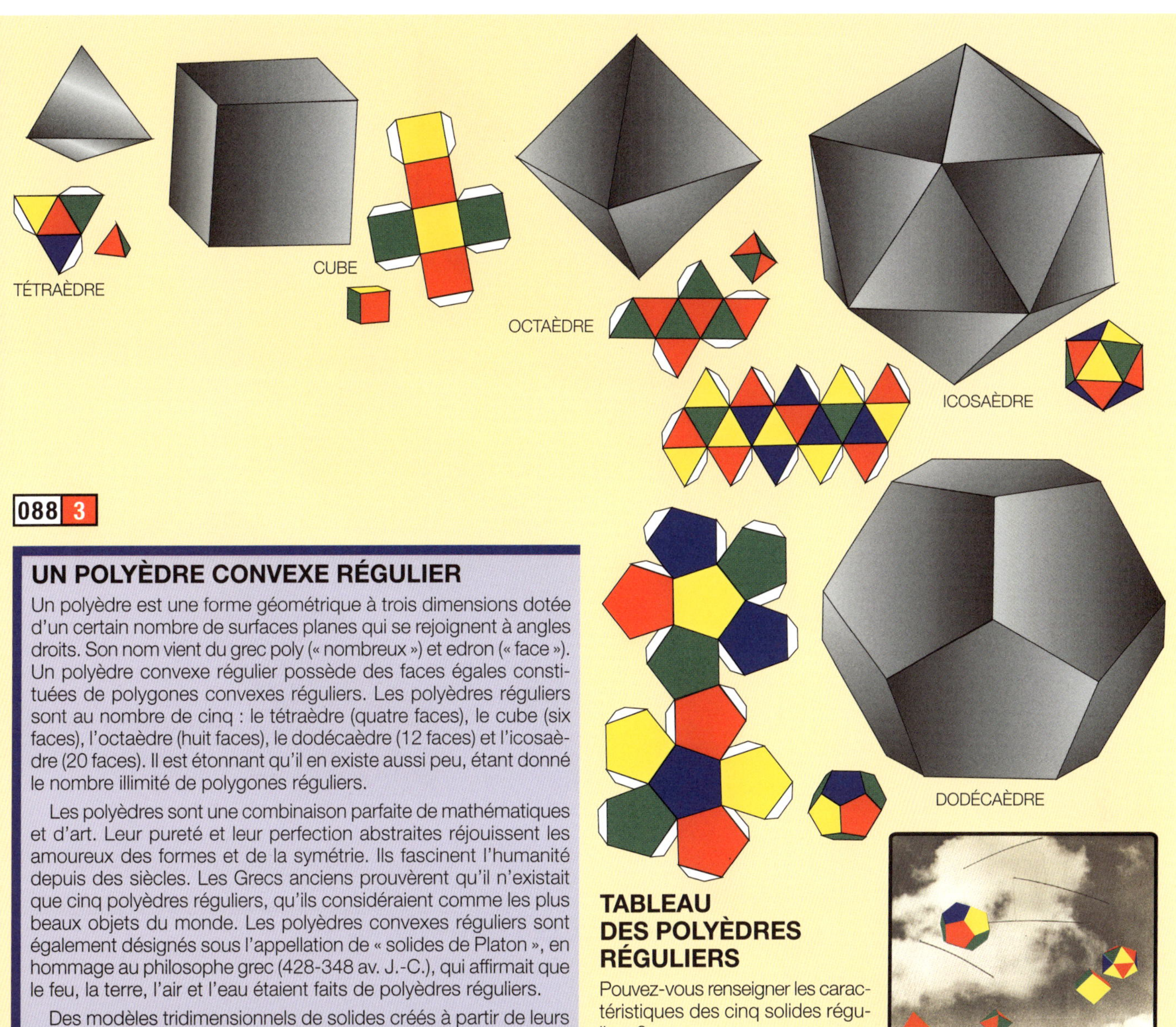

088 3

UN POLYÈDRE CONVEXE RÉGULIER

Un polyèdre est une forme géométrique à trois dimensions dotée d'un certain nombre de surfaces planes qui se rejoignent à angles droits. Son nom vient du grec poly (« nombreux ») et edron (« face »). Un polyèdre convexe régulier possède des faces égales constituées de polygones convexes réguliers. Les polyèdres réguliers sont au nombre de cinq : le tétraèdre (quatre faces), le cube (six faces), l'octaèdre (huit faces), le dodécaèdre (12 faces) et l'icosaèdre (20 faces). Il est étonnant qu'il en existe aussi peu, étant donné le nombre illimité de polygones réguliers.

Les polyèdres sont une combinaison parfaite de mathématiques et d'art. Leur pureté et leur perfection abstraites réjouissent les amoureux des formes et de la symétrie. Ils fascinent l'humanité depuis des siècles. Les Grecs anciens prouvèrent qu'il n'existait que cinq polyèdres réguliers, qu'ils considéraient comme les plus beaux objets du monde. Les polyèdres convexes réguliers sont également désignés sous l'appellation de « solides de Platon », en hommage au philosophe grec (428-348 av. J.-C.), qui affirmait que le feu, la terre, l'air et l'eau étaient faits de polyèdres réguliers.

Des modèles tridimensionnels de solides créés à partir de leurs sommets sont souvent utilisés comme introduction aux concepts fondamentaux de géométrie spatiale. Vous pouvez effectuer des comparaisons de volume et de surface avec des modèles de solides et les utiliser dans différentes combinaisons pour créer diverses structures, problèmes et jeux esthétiques. La création du mobile illustré composé des cinq solides de Platon est un exercice amusant et gratifiant.

TABLEAU DES POLYÈDRES RÉGULIERS

Pouvez-vous renseigner les caractéristiques des cinq solides réguliers ?

Solide	Sommets (S)	Arêtes (A)	Faces (F)	S - A + F
Tétraèdre				
Cube				
Octaèdre				
Icosaèdre				
Dodécaèdre				

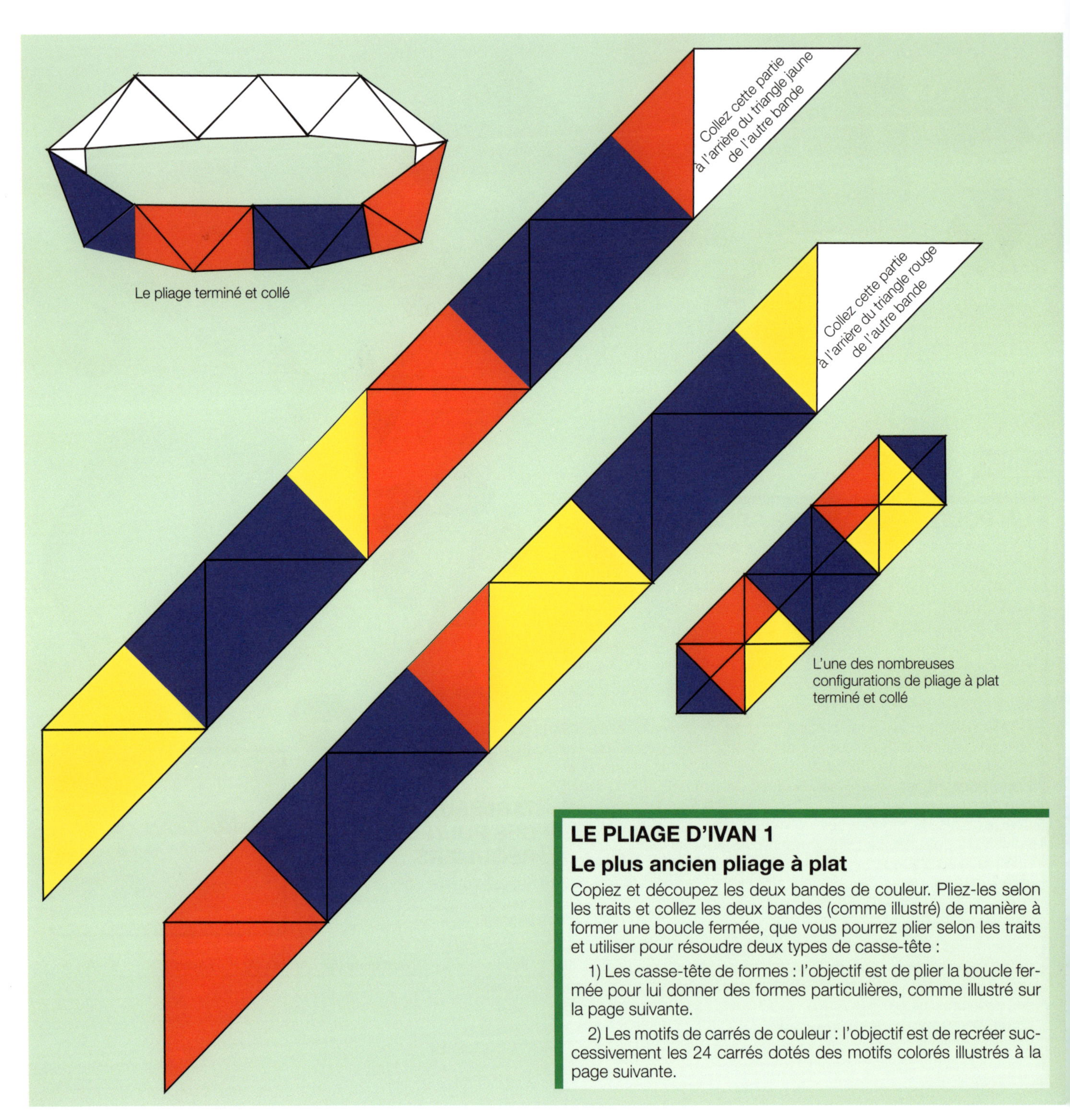

Le pliage terminé et collé

L'une des nombreuses configurations de pliage à plat terminé et collé

LE PLIAGE D'IVAN 1

Le plus ancien pliage à plat

Copiez et découpez les deux bandes de couleur. Pliez-les selon les traits et collez les deux bandes (comme illustré) de manière à former une boucle fermée, que vous pourrez plier selon les traits et utiliser pour résoudre deux types de casse-tête :

1) Les casse-tête de formes : l'objectif est de plier la boucle fermée pour lui donner des formes particulières, comme illustré sur la page suivante.

2) Les motifs de carrés de couleur : l'objectif est de recréer successivement les 24 carrés dotés des motifs colorés illustrés à la page suivante.

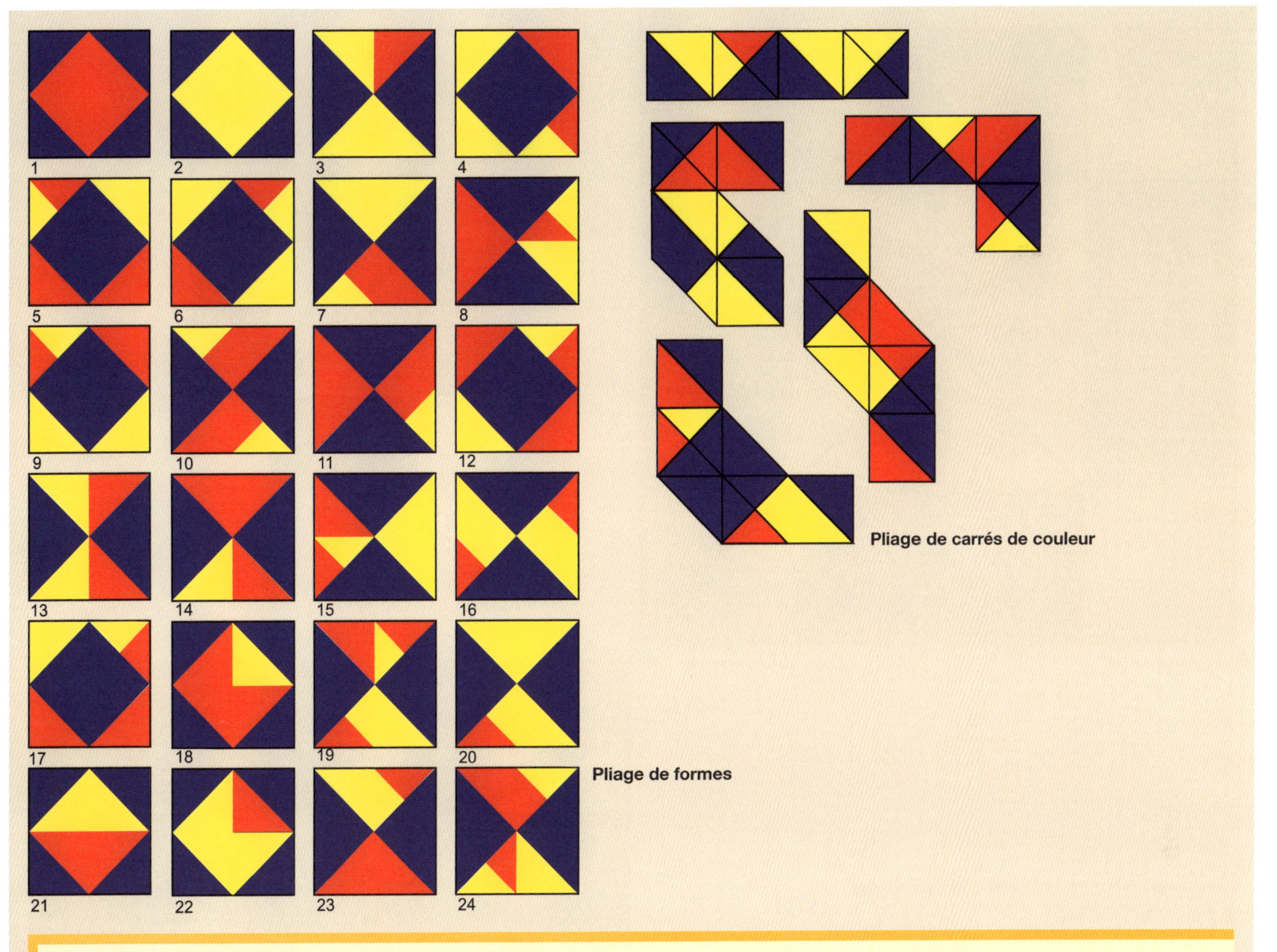

Pliage de carrés de couleur

Pliage de formes

LE PLIAGE D'IVAN 2

24 pliages de carrés de couleurs et quelques exemples de pliages de formes.

Extrait de The Piano-Hinged Dissections: Time to Fold! de Greg N. Frederickson, un livre sur l'histoire des pliages :

« Plus tard, une autre surprise m'attendait. J'appris l'existence d'une boucle composée de 16 triangles rectangles isocèles qui forme un carré et tous les autres tétraminos (figures formées à partir de quatre carrés). Intitulée Ivan's Hinge, elle a été commercialisée par la société Paradigm Games, également dans la seconde moitié des années 1990. »

« Le concepteur de casse-tête et auteur israélien Ivan Moscovich, associé à Jan Essebaggers, a déposé un brevet concernant la boucle de seize triangles rectangles isocèles (1994). Il n'est pas évident que Moscovich était conscient que sa boucle formerait tous les tétraminos, tout comme la création de Stevens. Il semblait principalement désireux de former le carré, et la demande de brevet indiquait également qu'une boucle de 64 triangles formerait un carré de 4 x 4. En outre, Moscovich l'a commercialisé non seulement en tant que casse-tête, mais aussi qu'objet promotionnel pour diverses entités, telles que Eastman Kodak Company, Mid Glamorgan Economic Development Unit à Cardiff, au Pays de Galles, et de nombreuses autres. »

Avant

Arrière

FLEXI-TWIST

Flexi-twist est un pliage que j'ai créé dans les années 1970, qui équivaut à 12 casse-tête en un.

Copiez et découpez le carré avec les motifs imprimés sur les deux faces, selon l'illustration.

Rainurez et pliez dans les deux sens le long des traits. Découpez selon les deux diagonales dans le carré jaune au centre.

Pliez ensuite successivement selon les traits de façon à créer un carré dont la taille fait la moitié de celle du carré d'origine portant les motifs figurant sur la page suivante.

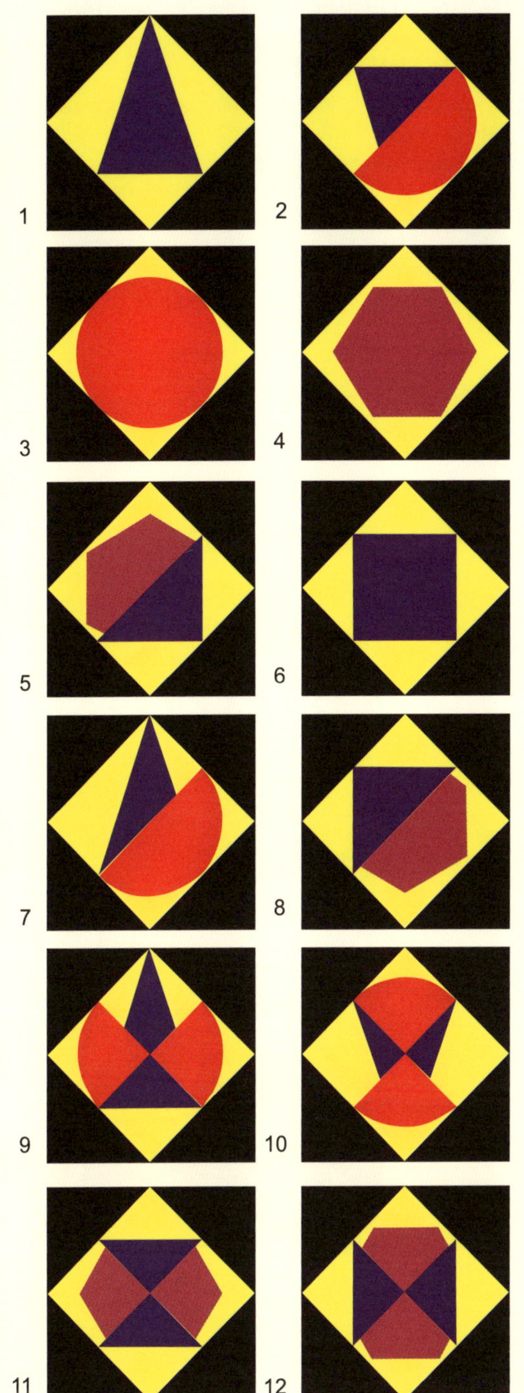

LES PLIAGES FLEXI-TWIST

FLEXI-TWIST 2

De nombreuses découvertes mathématiques, géométriques et topologiques peuvent découler d'un simple pliage d'une feuille de papier carré. Le pliage peut constituer une excellente introduction à la géométrie planaire, aussi bien pour les enfants que pour les adultes. L'art ancien de l'origami et le développement du flexagone au XXe siècle en sont de bons exemples.

Un flexagone est une structure de papier que l'on plie pour produire une série de faces planes. Son inventeur, Adam Walsh, l'a défini comme des morceaux de papier plats possédant plus de faces que les deux apparentes. Le premier flexagone fut créé en 1939 par un étudiant de l'université de Princeton, Arthur Stone, qui s'amusait avec une bande de papier. Il contribua à populariser l'utilisation de pliages de papier dans les récréations mathématiques.

Je me suis intéressé aux flexagones au début des années 1950, lorsque Martin Gardner les mit à la disposition du grand public. J'ai depuis créé plusieurs structures de pliage originales que l'on peut classer dans la catégorie des flexagones.

L'une de ces structures est le Flexi-twist. Je m'étais fixé comme objectif de créer des pliages ne nécessitant ni pliage préalable ni colle (ce qui est le cas des flexagones standards), mais qui posséderaient un grand nombre de « faces ». Le Flexi-twist en est le résultat.

Une autre de mes structures, le Magistrip, a été produite au Royaume-Uni sous le nom de Ivan's Hinge et de Magic Mat.

Robert E. Neale, expert et créateur de pliages de renommée internationale, a créé toute une gamme de structures à plier et de flexagones novateurs.

LES PLIAGES

PLIER TROIS TIMBRES

Pouvez-vous, d'un simple coup d'œil, dire de combien de façons différentes il est possible de plier une bande de trois timbres ? Il convient de plier uniquement le long des perforations et le résultat doit être trois timbres les uns sur les autres, face vers le haut ou vers le bas.

Six permutations des trois couleurs sont possibles, conformément à l'illustration.

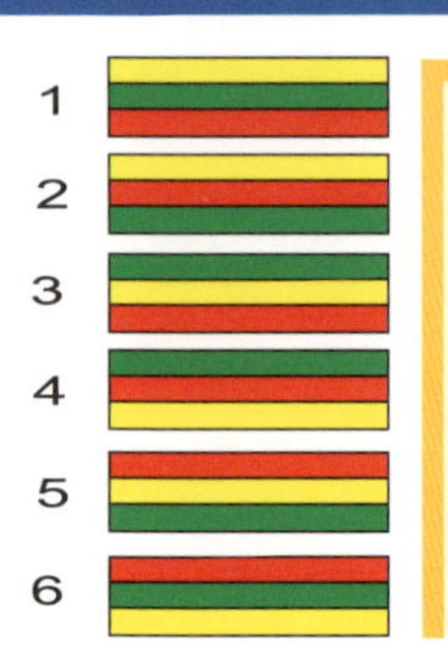

PLIER QUATRE TIMBRES

Pouvez-vous, d'un simple coup d'œil, dire de combien de façons différentes il est possible de plier une bande de quatre timbres ? Il convient de plier uniquement le long des perforations et le résultat doit être quatre timbres les uns sur les autres, face vers le haut ou vers le bas.

24 permutations des quatre couleurs sont possibles, conformément à l'illustration. Combien parvenez-vous à en effectuer ?

PLIER UNE CARTE

De combien de manières différentes peut-on plier une carte ?

Le mathématicien polonais Stanislaw Ulam (1909-1984) fut le premier à poser la question. Le problème frustre les chercheurs qui se penchent sur la théorie combinatoire moderne depuis. En fait, le problème général du pliage de cartes reste sans solution.

089 3

PLIER HUIT TIMBRES

Pouvez-vous plier le bloc de huit timbres selon les perforations de sorte que les timbres soient empilés dans l'ordre, de 1 à 8 ?

PLIER UN JOURNAL

Combien de fois pensez-vous pouvoir plier une page de journal en deux ? Cinq fois ? Huit fois ? Plus de dix fois ? Pour le savoir, faites l'expérience !

PLIER SIX TIMBRES

Six timbres forment un rectangle de deux par trois. Il est possible de le plier de plusieurs façons selon les côtés perforés des timbres, pour créer une pile de timbres.

Parmi les quatre piles de l'illustration, parviendrez-vous à trouver celle qui est impossible à plier ?

Les deux faces des timbres étant de la même couleur, le côté du timbre vers le haut dans la pile plié n'a pas d'importance.

PLIER UN CARRÉ DE TIMBRES

090 5

Pouvez-vous, d'un simple coup d'œil, dire de combien de façons différentes il est possible de plier un carré de quatre timbres ? Il convient de plier uniquement le long des perforations et le résultat doit être une pile de quatre timbres, vers le haut ou vers le bas.

24 permutations des quatre couleurs sont possibles, conformément à l'illustration. Combien parvenez-vous à en effectuer ?

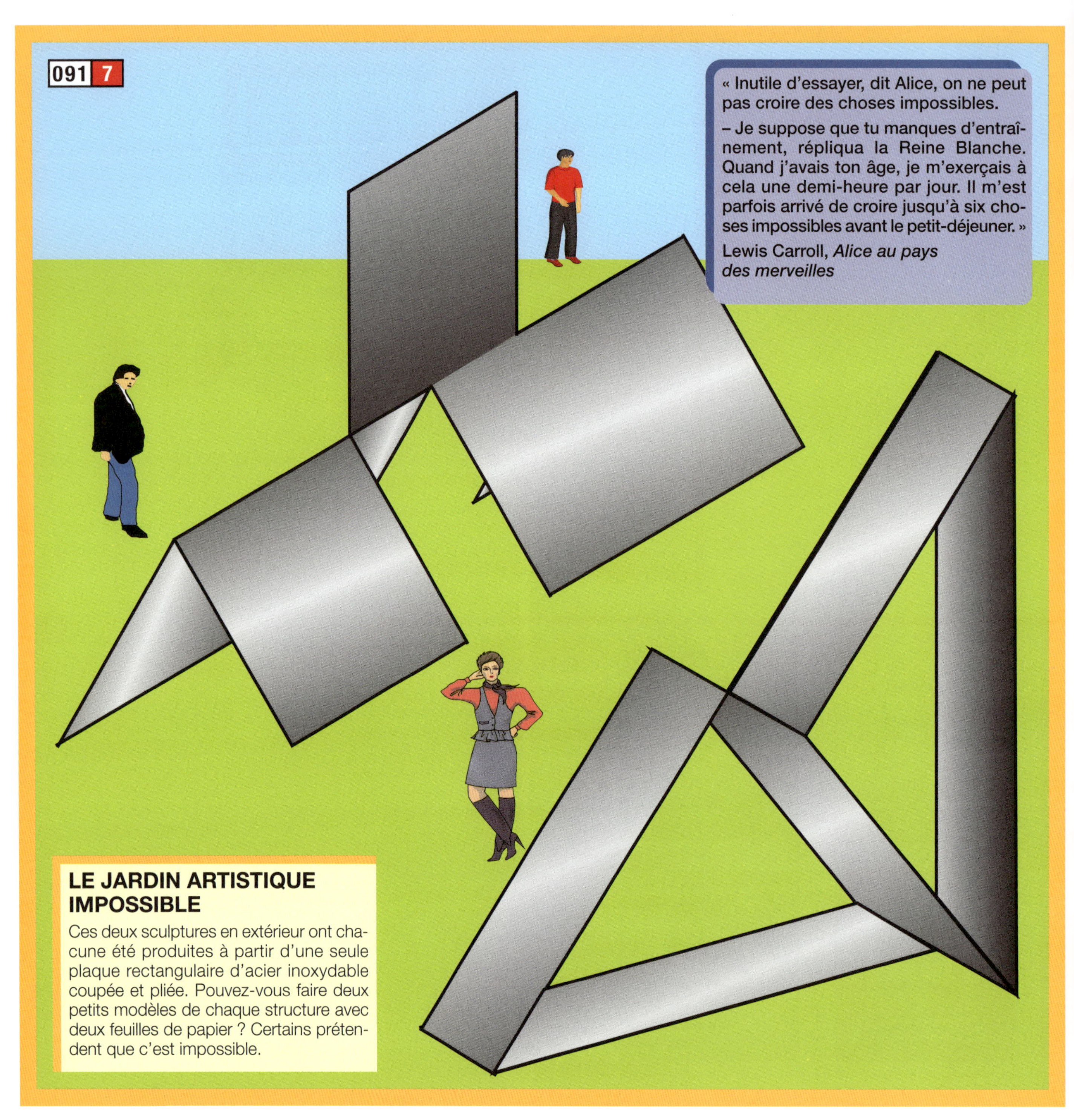

LE JARDIN ARTISTIQUE IMPOSSIBLE

Ces deux sculptures en extérieur ont chacune été produites à partir d'une seule plaque rectangulaire d'acier inoxydable coupée et pliée. Pouvez-vous faire deux petits modèles de chaque structure avec deux feuilles de papier ? Certains prétendent que c'est impossible.

LE TRIANGLE IMPOSSIBLE

Quelle est la plus grande des illusions, si ce n'est l'***illusion de l'impossibilité*** ?

Le professeur Roger Penrose a inventé le triangle impossible et l'a dessiné pour la première fois sur un papier. Il ressemblait à ceci :

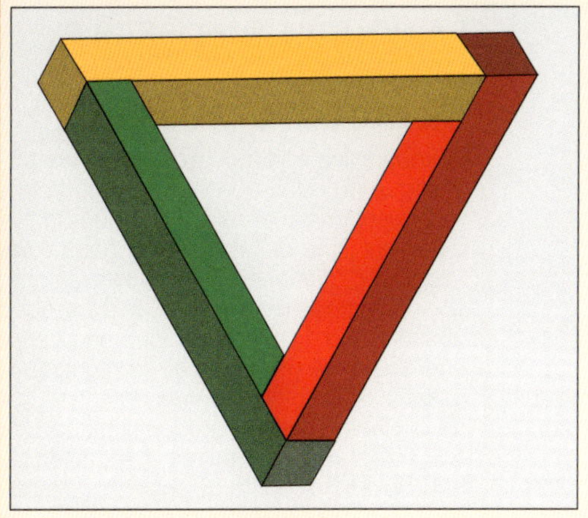

À première vue, on a l'impression de regarder un objet familier, mais on se rend compte rapidement que quelque chose ne va pas. Les angles du triangle impossible semblent corrects, mais la vue d'ensemble est étrange et impossible à créer. Si vous tentiez de la construire, vous ne parviendriez pas à la terminer.

Pendant des années, il a été admis qu'il serait impossible de créer le fameux triangle impossible de Penrose. Jusqu'au jour où le professeur Richard Gregory est parvenu à le construire. La photographie (ci-dessus à droite) montre une version du triangle telle qu'elle fut reproduite plus tard par John Beetlestone (directeur du musée scientifique interactif Techniquest de Cardiff). Beetlestone construisit un triangle géant, suffisamment grand pour que les visiteurs le traversent à l'entrée du musée.

Mais le professeur Gregory a-t-il véritablement construit un tel triangle ? Non. Il a en fait créé une structure simple qui, observée sous un angle particulier, ressemble exactement au triangle impossible de Penrose.

Lorsque vous regardez la structure depuis ce point particulier, les deux extrémités des bras s'alignent et le système de perception du cerveau suppose qu'ils se trouvent sur un même plan. Selon cette fausse hypothèse, vous « voyez » un triangle complet.

DES ARCHES IMPOSSIBLES OU POSSIBLES ?

Ces trois arches (ci-dessus à droite) sont une bonne démonstration de la différence entre des plans simples et des plans multiples sur lesquels reposent de nombreuses figures impossibles. Un plan multiple ressemble à un plan lorsqu'on l'observe depuis un point sur le dessin, mais il est composé d'au moins deux plans si on le regarde d'un autre point sur le même dessin. En regardant le plan de la base (ci-contre), il est facile de voir quelles arches sont des objets impossibles.

LE PLIAGE DE BOUCLE IMPOSSIBLE DE HARRY

L'objectif du casse-tête est de plier la feuille uniquement selon les traits noirs de manière à faire passer le grand octogone à travers la boucle, comme sur l'illustration. (Ce casse-tête est une invention de Harry Eng, que j'ai reçu comme souvenir après le salon International Puzzle Party du 11 juin 1994.)

« L'impossible prend juste un peu plus de temps. »

Harry Eng

LA BOUCLE IMPOSSIBLE D'HARRY

CE QUI EST IMPOSSIBLE

Si vous aviez annoncé en 1900 à un scientifique qu'en 2000 des satellites transmettraient des images à un grand nombre de foyers, que des millions de gens voleraient quotidiennement dans des avions, que l'homme se rendraient sur la Lune, qu'ils posséderaient des téléphones ne pesant que quelques grammes et communiqueraient avec d'autres hommes à l'autre bout de la planète sans fil, ou que la plupart de ces miracles dépendraient d'appareils de taille de timbres poste, ce scientifique aurait sans aucun doute pensé que vous étiez fou. Car la plupart de ces avancées techniques n'auraient pu être prévues en 1900 car la science les décrétait impossible.

Il n'est pas facile de prédire l'avenir de manière précise, l'histoire étant jalonnée de prévisions d'experts plus qu'optimistes qui ne se sont jamais matérialisées.

Au quotidien, lorsque nous affirmons que quelque chose est impossible, cela ne signifie pas nécessairement que c'est impossible quelles que soient les circonstances. Nous voulons simplement dire que nous ne voyons pas comment l'atteindre. En mathématique toutefois, l'impossibilité est une chose que l'on peut souvent démontrer.

Imaginez que vous soyez persuadés d'avoir découvert un nouveau nombre premier de plusieurs milliers de chiffres, le dernier étant 6. Au comble de l'excitation, vous l'envoyez à un éminent mathématicien, qui vous le renvoie accompagné d'une note disant que cela n'a aucun sens. Vous lui demandez où donc est votre une erreur et il vous rétorque qu'il n'a pas lu votre travail et qu'il ne sait d'où elle vient. Dans la vie quotidienne, vous seriez vexé, mais en mathématiques cette réponse est toute logique.

Il a été prouvé que le seul nombre premier est le 2.

LE PLIAGE « IMPOSSIBLE » À CINQ BOUCLES D'IVAN

Copiez et découpez la forme dans une feuille de papier souple. Parviendrez-vous à la plier pour obtenir la sculpture en 3D en apparence impossible illustrée dans l'encadré ? C'est faisable sans découpe ni collage, ni truc.

093 7

LES DISTORSIONS – L'ANAMORPHOSE

Vers 1500 en Italie, lors de la Renaissance, de nombreux artistes inventèrent des illusions de perspective, l'une des plus intéressantes étant l'anamorphose, du mot grec anamorphoun, « transformer ». Leurs tableaux se voyaient correctement uniquement depuis un angle précis, ou dans un miroir cylindrique ou conique. Ils étaient tellement déformés lorsqu'ils étaient observés d'un autre angle qu'ils étaient quasiment méconnaissables, comme nos images déformées.

Le plus grand, et probablement le premier, artiste à explorer l'art anamorphique fut l'Italien Léonard de Vinci (1452-1519). L'ébauche provenant de ses carnets reproduite ci-dessus fut sans doute le tout premier dessin anamorphique.

ANAMORPHOSE

Pouvez-vous identifier ce que représente cette image ? **094 2**

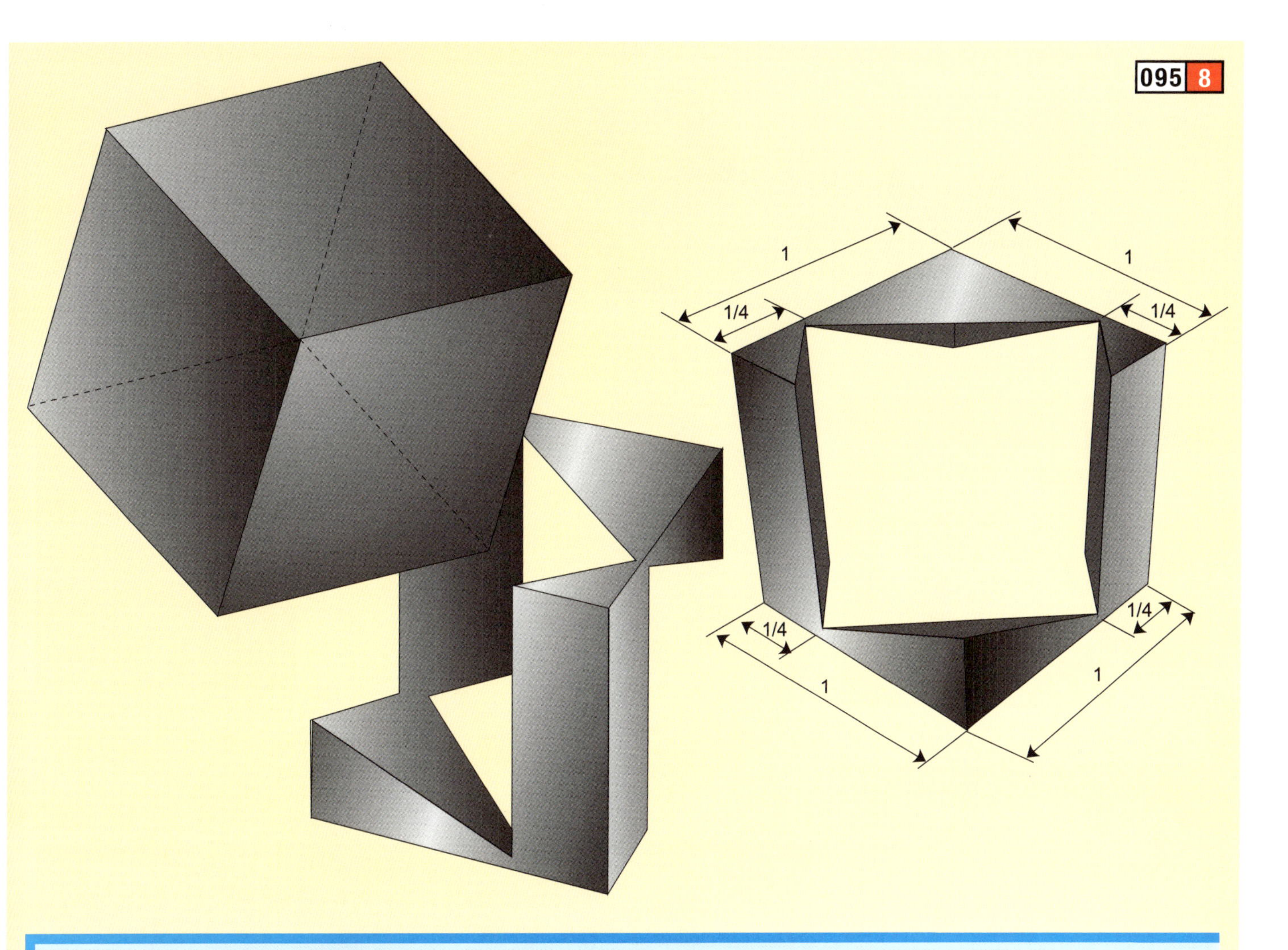

UN CUBE DANS UN CUBE

LE PROBLÈME DU PRINCE RUPERT

Pouvez-vous découper un trou dans un cube qui permettra à un cube plus grand de passer à travers ? Si vous y parvenez, quelle serait la taille du cube qui pourrait passer dans un plus petit ?

Au XVIIe siècle, le prince Rupert du Rhin remporta un pari qui stipulait qu'il était possible de faire un trou dans un cube qui soit suffisamment grand pour laisser passer un autre cube de la même taille. Un siècle plus tard, Pieter Nieuwland calcula la taille du plus grand cube pouvant passer à travers un cube d'un côté d'une unité en trouvant le plus grand carré pouvant contenir dans un cube.

Le prince Rupert

Le prince Rupert était le neveu du roi Charles Ier d'Angleterre (qui régna de 1625 à 1649). Il était le fils de la sœur de Charles, Elizabeth, qui avait épousé Frédéric V, le Prince-Électeur. Rupert commanda la cavalerie royaliste au cours de la guerre civile anglaise (1642-1651).

UN SPIDRON

Il s'agit d'une figure planaire composée en alternance de triangles équilatéraux et isocèles présentant une symétrie dans leur rotation, à la manière d'un polygone constitué de deux spirales opposées.

UN BLASON COMPOSÉ DE SPIDRONS

Cette structure est composée de six spidrons imbriqués dans un hexagone disséqué, qu'il est possible de plier en une forme en relief tridimensionnelle esthétique.

Photo de Regina Markus

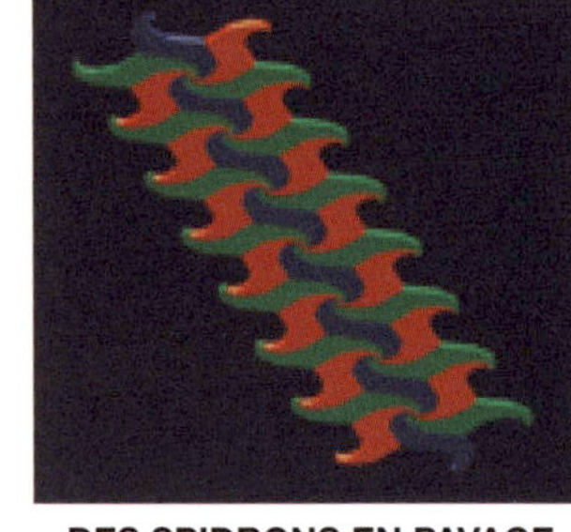

DES SPIDRONS EN PAVAGE

UN SPIDRON HYPERBOLIQUE

Une infinité de spidrons par Craig S. Kaplan.

LES SPIDRONS D'ERDELY

En jouant avec des triangles, le designer industriel et artiste hongrois Daniel Erdely a créé un étonnant monde tridimensionnel d'une grande beauté mathématique.

Au début des années 1970 Erdely découvrit un nouvel objet géométrique, qu'il baptisa le « spidron », qui est essentiellement une structure plane. Sa principale caractéristique est sa capacité à se plier en formes et structures complexes en trois dimensions.

Le spidron a trouvé sa place dans une grande diversité de structures mathématiques et tridimensionnelles telles que la géométrie planaire, le pavage, les fractales, les dissections, les polygones et les polyèdres et de nombreuses autres.

Les illustrations montrent quelques exemples des diverses structures de spidrons. Ce sont des œuvres étonnantes de Erdely et de ses collaborateurs Marc Pelletier, Amira Buhler Allen, Walt van Ballegooijen, Craig S. Kaplan, Rinus Roelofs, etc.

photo de Rinus Roelofs

DES SPIDRONS PLIÉS

Ce sont des reliefs sculpturaux à trois dimensions produits par des spidrons qui peuvent être comprimés à la manière d'un accordéon jusqu'à un certain degré sans plier leur surface triangulaire, de manière que seuls les angles spatiaux entre les faces changent.

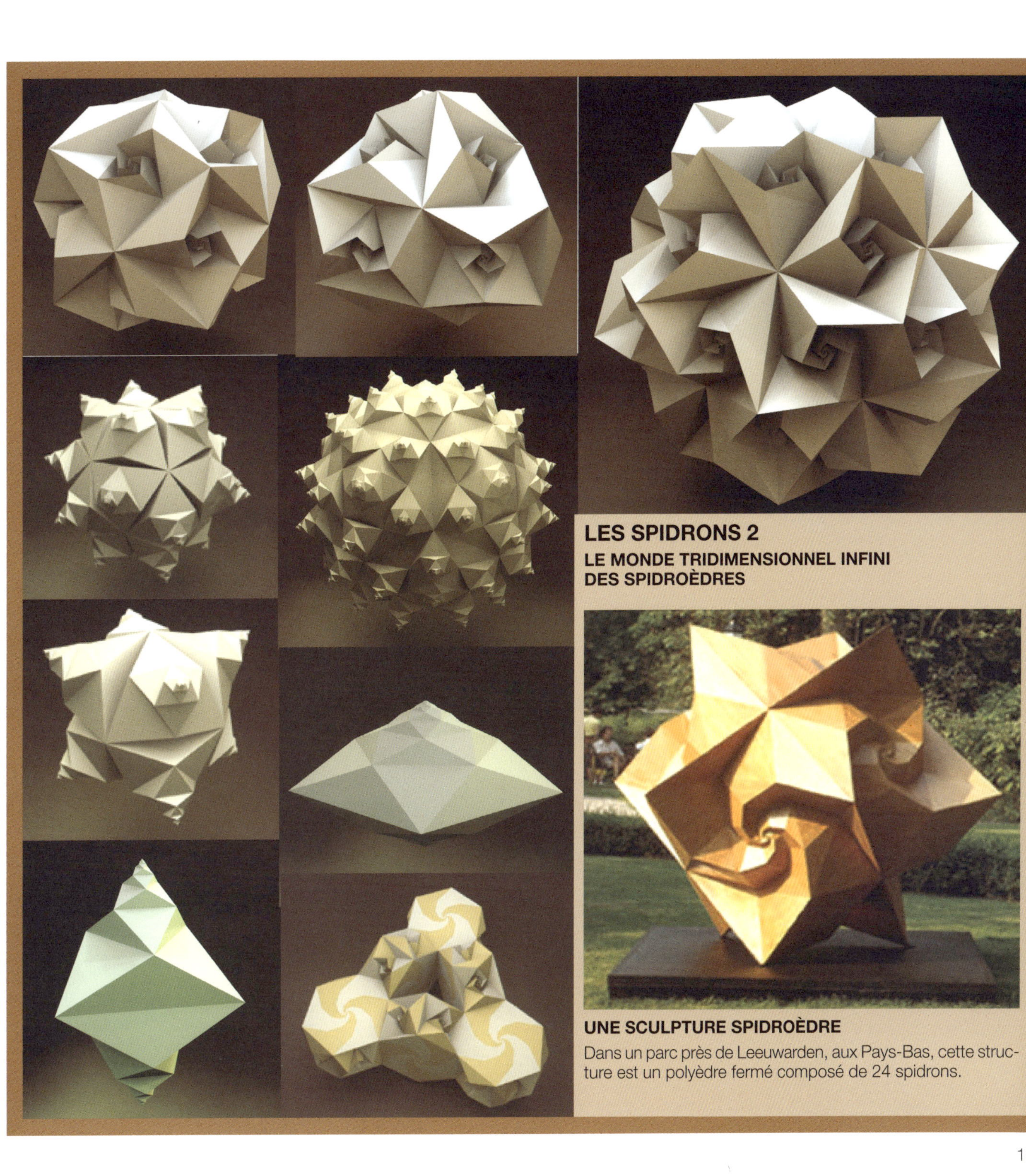

LES SPIDRONS 2

LE MONDE TRIDIMENSIONNEL INFINI DES SPIDROÈDRES

UNE SCULPTURE SPIDROÈDRE

Dans un parc près de Leeuwarden, aux Pays-Bas, cette structure est un polyèdre fermé composé de 24 spidrons.

TRENTE CUBES DE COULEURS

Le mathématicien d'origine maltaise Percy Alexander MacMahon (1854-1929) a créé en 1893 un ensemble de 30 cubes de couleurs qui constitue le véritable trésor des mathématiques récréatives. L'ensemble répond à l'énoncée suivante : Si vous colorez chacune des six faces d'un cube d'une couleur différente, en utilisant les mêmes couleurs pour tous les cubes, combien de cubes différents obtenez-vous ? Les rotations ne sont pas considérées comme différentes, mais les réflexions le sont.

J'ai produit le seul jeu de cubes de MacMahon en 1964 sous le nom de Cu-Zoo, qui a été commercialisé jusqu'en 1970. J'ai également créé un jeu géant de 30 cubes de couleur en plastique souple pour l'exposition artistique intitulée « Play Orbit » à l'Institute of Contemporary Art (ICA) de Londres en 1969, où enfants et adultes ont pu le manipuler à loisir.

Le seul moyen à l'heure actuelle de manipuler ce jeu consiste à le créer. Le jeu en vaut la chandelle, car cet ensemble de cubes est une source infinie d'amusement de tous niveaux de difficulté.

Comment créer le jeu de 30 cubes ?

Un diagramme comptant 30 cubes est proposé. Pouvez-vous colorer (ou numéroter) ce diagramme avec six couleurs (ou chiffres de 1 à 6) pour créer l'ensemble ? L'une des solutions (la plus laborieuse) consisterait à trouver les 720 permutations possibles des six couleurs ou chiffres. Puisque vous pouvez placer un cube dans 24 orientations différentes, chaque cube fait 24 apparitions, ce qui donne 30 cubes différents. La meilleure méthode consiste à trouver un moyen de les colorer systématiquement.

LE GRAND FRÈRE

La construction d'un modèle de cube « deux fois deux fois deux » à partir d'un cube sélectionné dans le jeu de 30 est un problème de MacMahon, un classique des mathématiques récréatives.

Choisissez un cube quelconque dans le jeu, qui servira de modèle pour créer une réplique plus grande d'un cube deux fois deux fois deux (composé de huit cubes), dont les faces arborent des couleurs identiques et dont les surfaces internes en contact auront les mêmes couleurs deux par deux, à l'instar d'un domino.

MacMahon a breveté ce casse-tête sous le nom de « Mayblox » en 1921, dont de nombreuses variations furent commercialisées par la suite. Trouver les huit cubes nécessaires pour résoudre le problème nécessite une procédure systématique. N'oubliez pas que le nombre total de combinaisons possibles de huit cubes pour en produire un grand est égal à 2^{48} = 110 075 314 176, soit plus de 110 milliards.

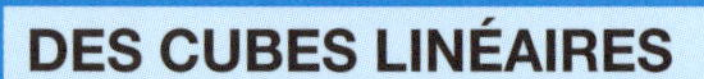

DES CUBES LINÉAIRES

Pouvez-vous choisir six cubes dans l'ensemble de 30 cubes de couleur et les aligner comme dans l'illustration, de sorte que six couleurs différentes apparaissent dans n'importe quel ordre sur les quatre faces et que les faces internes forment des paires de couleurs, à la manière de dominos ?

096 9

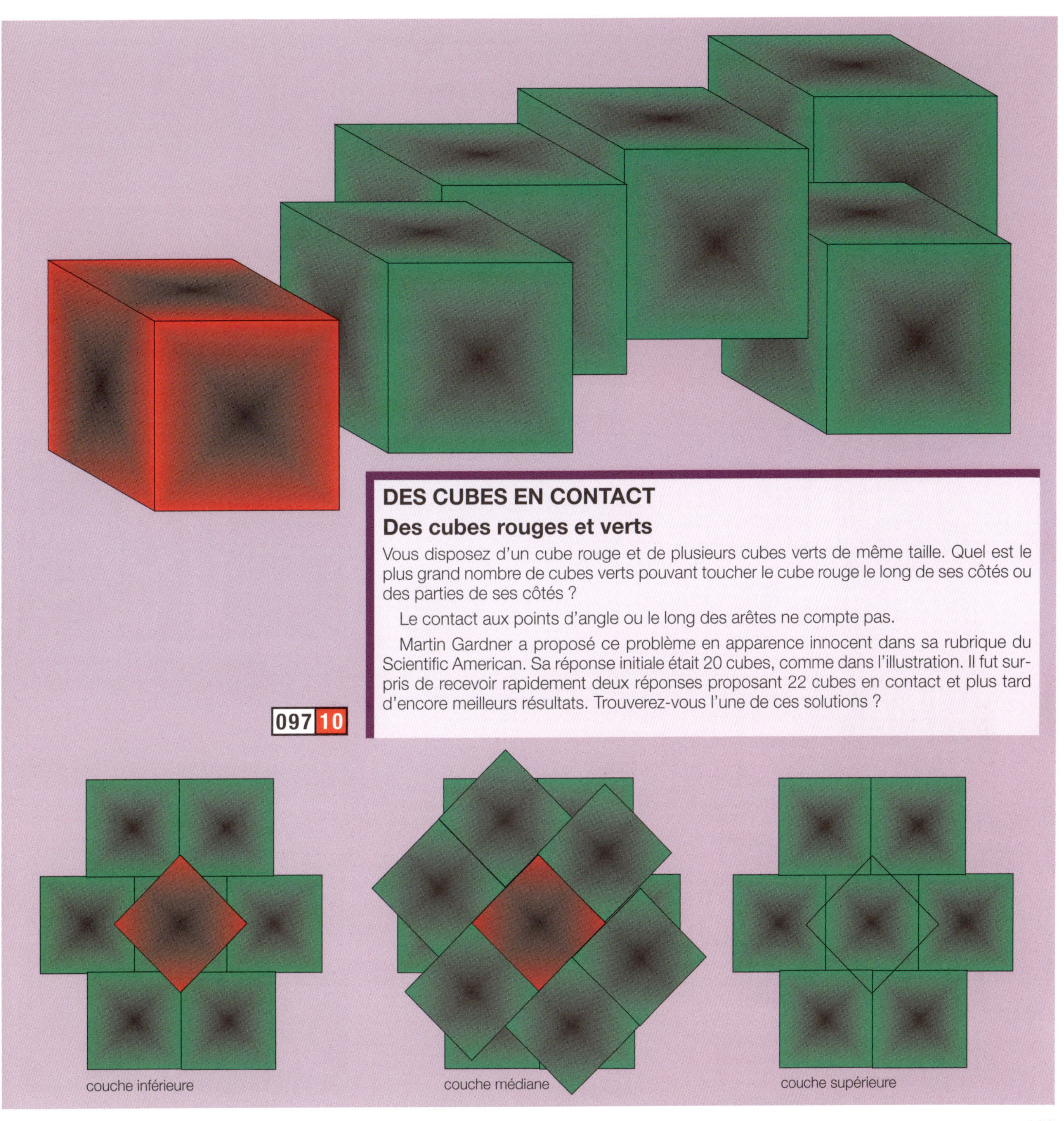

DES CUBES EN CONTACT

Des cubes rouges et verts

Vous disposez d'un cube rouge et de plusieurs cubes verts de même taille. Quel est le plus grand nombre de cubes verts pouvant toucher le cube rouge le long de ses côtés ou des parties de ses côtés ?

Le contact aux points d'angle ou le long des arêtes ne compte pas.

Martin Gardner a proposé ce problème en apparence innocent dans sa rubrique du Scientific American. Sa réponse initiale était 20 cubes, comme dans l'illustration. Il fut surpris de recevoir rapidement deux réponses proposant 22 cubes en contact et plus tard d'encore meilleurs résultats. Trouverez-vous l'une de ces solutions ?

LA CHUTE LIBRE – LA GRAVITÉ

La chute de Galilée de la Tour de Pise

Depuis la nuit des temps, les hommes s'intéressent à la façon dont les objets tombent. Pour le philosophe Aristote (385-322 av. J.-C.), il semblait logique et évident que les objets lourds accélèrent plus rapidement que les plus légers, proportionnellement à leur poids. Presque 2 000 ans plus tard, le mathématicien italien Galilée (1564-1642) a exprimé son désaccord. Convaincu qu'Aristote avait tort, il tenta de démontrer que sa théorie était erronée. La légende veut que Galilée ait lâché deux objets (des boulets de canon) de masse différente simultanément du haut de la Tour de Pise, afin de prouver que leur différence de poids avait peu d'incidence sur la vitesse de leur chute.

Cependant, Aristote et Galilée avaient tous deux tort de comparer les masses des deux objets, qui n'ont pas d'importance, car ce faisant ils excluaient l'effet crucial de la masse de la Terre. Seul Newton, dans sa théorie de la gravitation universelle, tint compte de la masse de la Terre.

La loi de Newton stipule que le taux d'accélération avec lequel deux masses s'attirent à une distance donnée est proportionnel à la somme de leurs masses. En théorie, il est possible de mesurer la différence de vitesse d'accélération. Par exemple, un objet pesant deux kilogrammes tombant d'une hauteur d'environ 10 mètres parviendra au sol plus vite qu'un objet pesant un kilogramme. L'objet le plus lourd touche le sol le premier, mais de peu, moins que le diamètre du noyau d'un atome d'hydrogène.

« Nous ne savons rien. Tout ce qui concerne la gravité est mystérieux. »

Michael Martin Nieto, physicien théoricien au Laboratoire national de Los Alamos, Nouveau-Mexique

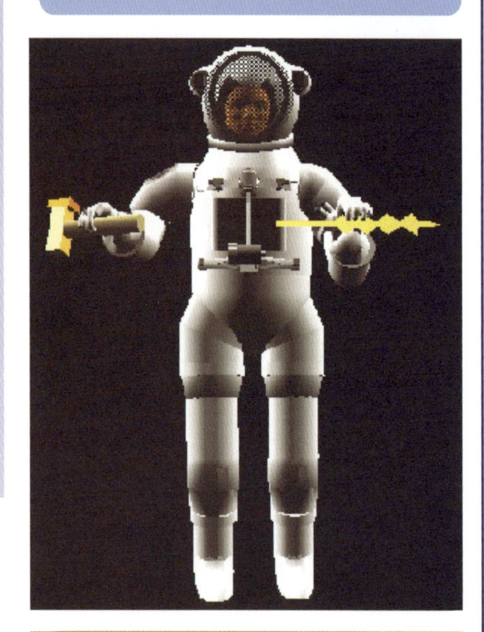

LA GRAVITÉ ET UNE POMME

Selon la légende scientifique, la force de la gravité fut découverte par le physicien anglais Isaac Newton (1642-1727) après qu'il ait vu une pomme tomber d'un arbre. La conclusion que celui-ci en tira fut que la force qui fait tourner la lune en orbite autour de la Terre et les planètes autour du soleil est en fait la même que celle qui fait chuter la pomme au sol. Quel en est le mécanisme ?

Les objets s'attirent mutuellement. Cette attraction est tellement ténue qu'elle ne se remarque généralement pas. Cependant, lorsque l'objet en question est de la taille de la Terre, cette force est capable d'attirer d'autres grands objets, même s'ils sont aussi volumineux que la lune. La Terre étant beaucoup plus grande et lourde que la lune, cette dernière reste dans l'orbite de la Terre à cause de la gravité. Si la gravité est capable de garder la lune dans son orbite, quel effet pensez-vous qu'elle puisse avoir sur une minuscule pomme ? Elle l'attire, comme un aimant attire une aiguille, puissamment ! Même aujourd'hui, tout ce que nous savons c'est que la gravité existe et quels sont ses effets, mais nous ne comprenons toujours pas exactement ce qu'elle est, ni ce qui produit sa force.

L'EXPÉRIENCE DE GALILÉE SUR LA LUNE

Environ 500 ans après Galilée, sa simple et belle expérience fut répétée par David R. Scott lors de la mission Apollo 15 qui se dirigeait vers la lune en 1971. Scott lâche aussi deux objets de masse différente, une plume et un marteau, simultanément et tous deux atteignirent la surface de la lune au même moment. Scott parvint ainsi à prouver enfin que deux objets de poids différent subissant la même accélération chutent à la même vitesse dans le vide. Galilée avait donc raison.

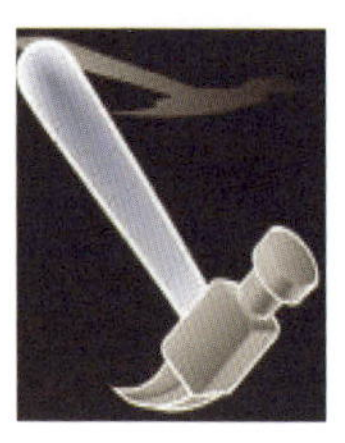

PLAN INCLINÉ, CHUTE LIBRE ET EXPÉRIENCES DE GALILÉE

Galilée était conscient du fait que le mouvement de la chute libre permet de comprendre tous types de mouvement de tous les corps. Il proposa un type simple de mouvement, que nous appelons aujourd'hui l'accélération uniforme ou constante.

Un mouvement est dit uniformément accéléré si, après un départ arrêté, sa vitesse augmente par incréments réguliers à intervalles réguliers. Si un objet chute d'une hauteur h, la hauteur est égale à $h = 1/2\ gt^2$, t étant le temps mis pour parcourir la distance h, et g étant l'accélération. La formule de calcul de g est la suivante : $g = 2h/t^2$

En théorie, il est simple de calculer l'accélération d'une chute libre, en lâchant un objet et en mesurant le temps qu'il lui faut pour toucher le sol. Dans la pratique, cela s'avère toutefois difficile. Galilée a tenté d'apporter la preuve de ses hypothèses en menant des expériences dans lesquelles il faisait rouler des balles sur un plan incliné. Le mouvement descendant sur ce plan était plus lent qu'une chute verticale, et plus facile à mesurer, mais son taux d'accélération était le même. Galilée ne disposait pas d'un chronomètre et les montres de son époque étaient dépourvues de trotteuses. Il recourait donc à un pendule pour mesurer le temps.

Il lâchait une petite balle alors qu'un pendule était en mouvement. À chaque balancement, la balle frappait de petites cloches le long du plan incliné au cours de sa descente. Galilée marquait la position de chaque balle après exactement une seconde de descente. Il divisait ensuite la longueur totale du plan incliné en unités de cette longueur. Lors d'une série d'expériences, il mesurait la position précise de la balle en unités de longueur après 2, 3, 4, 5 secondes et plus. En modifiant l'inclinaison du plan au cours des expériences, Galilée démontra que l'accélération était une constante.

Il fit de remarquables découvertes : il trouva que les rapports des distances augmentaient selon des nombres impairs et que cette progression était toujours la même pour un angle donné : 1, 3, 5, 7, 9......

Il découvrit aussi que les distances totales couvertes suivaient la progression suivante : 1, 4, 9, 16, 25...

Fait tout aussi remarquable, la distance parcourue était directement proportionnelle au carré du temps.

Ces découvertes sont résumées dans le diagramme ci-contre.

LE PLAN INCLINÉ – LE MOTIF DU MOUVEMENT

Le temps nécessaire à une balle pour parvenir à l'extrémité d'un plan dépend de l'inclinaison de celui-ci, mais la vitesse de la balle à la fin du parcours reste identique. Quelle que soit l'inclinaison, la vitesse de la balle est constante à l'extrémité du plan incliné.

Une balle qui parcourt une certaine distance sur un plan incliné en une seconde, roule quatre fois plus loin en deux secondes, neuf fois plus loin en trois, et 16 fois plus loin en quatre secondes. Il est facile de le vérifier en faisant rouler une balle sur une règle, avec un angle suffisamment réduit pour que la balle roule au moins quatre secondes.

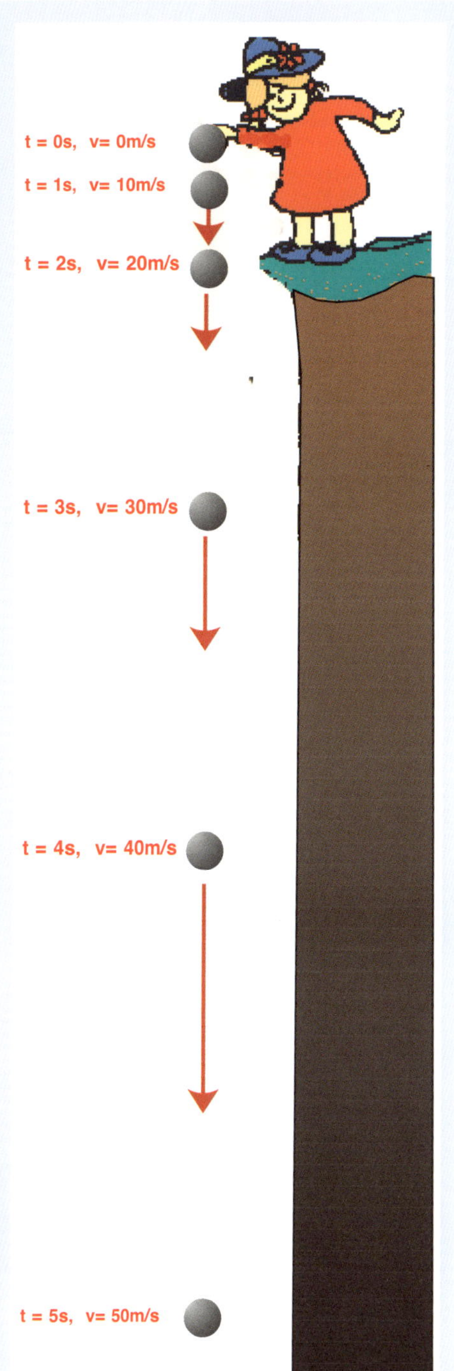

VITESSE, VECTEUR VITESSE ET ACCÉLÉRATION

Les trois concepts suivants sont fondamentaux pour la vie moderne.

La **vitesse** est la distance parcourue au cours d'une unité de temps, exprimée en km/h ou m/s (kilomètres à l'heure ou mètres à la seconde). Les mesures de vitesse sont toujours relatives.

Le **vecteur vitesse** est la vitesse d'un objet dans une direction particulière. La vitesse de deux véhicules ne permet pas de savoir s'ils vont entrer en collision, mais leurs directions respectives indiquent s'il y aura ou non collision.

L'**accélération** est le taux de changement du vecteur vitesse. Elle indique la rapidité avec laquelle un objet change de vitesse (ou de vecteur vitesse) chaque seconde. L'accélération due à l'attraction gravitationnelle de la Terre est de 10 m/s/s (10 mètres par seconde par seconde), ce qui signifie qu'un objet lâché augmente sa vitesse de 10 m/s chaque seconde de sa chute, jusqu'à atteindre son vecteur vitesse terminal. Sur une surface plane ou dans un souterrain, la seule façon de savoir que l'on est en mouvement est la perception des changements de vitesse, les accélérations.

Un objet tombant dans le vide est soumis à une seule force externe, la gravitation, exprimée en tant que poids de l'objet. L'équation de poids définit le poids P comme étant égal à la masse m de l'objet multipliée par son accélération gravitationnelle g :

W = m x g.

La valeur de g est 9,8 mètres par seconde carrée sur la surface de la Terre.

Dans le cas de nombreux problèmes pratiques, on part du principe que ce facteur est une constante. Un objet qui se déplace sous l'action de la gravité seule est dit en « chute libre ».

Le mouvement de tout objet en déplacement est décrit par la deuxième loi sur le mouvement de Newton : la force F est égale à la masse m multipliée par l'accélération a : **F = m x a**. Grâce à de l'algèbre simple, nous pouvons calculer l'accélération d'un objet en termes de force extérieure nette et de masse de l'objet : **a = F/m**. Dans le cas d'un objet en chute libre, la force extérieure nette est simplement le poids de l'objet : **F = P**. Dans la seconde équation de la loi, cela donne : **a = P/m = (m x g)/m = g**.

L'accélération d'un objet est égale à l'accélération gravitationnelle. La masse, la taille et la forme de l'objet ne sont pas des facteurs de description de son mouvement. Tous les objets, indépendamment de leur taille, forme ou poids, tombent en chute libre avec la même accélération. Dans le vide, une plume tombe à la même vitesse qu'un marteau. En connaissant l'accélération, il est possible à tout moment de déterminer le vecteur vitesse et la position d'un objet en chute libre.

L'observation de Galilée selon laquelle tous les objets en chute libre tombent avec la même accélération semble dénoter une belle simplicité des lois de la nature. Toutefois, cela n'est pas si simple qu'il y paraît.

La masse et le poids du marteau sont de toute évidence plus importants que ceux de la plume et celui-ci subit donc une attraction plus grande de la force de gravité. Cela étant, pourquoi touchent-ils tous deux le sol en même temps ? Bonne question ! Pour y répondre, nous devons faire appel à la deuxième loi de Newton, la loi sur l'accélération. Elle stipule que l'accélération d'un objet est directement liée à la force nette, et inversement proportionnelle à sa masse. Lors du calcul de l'accélération d'un objet, deux facteurs sont à envisager, la force et la masse.

GALILÉE

Galileo Galilei (1564-1642)

Physicien, mathématicien et astronome italien, Galilée fut étroitement associé à la « révolution scientifique », une période de l'histoire de la science qui commence au milieu du XVIe siècle. Parmi ses nombreux grands succès, citons la première étude systématique du mouvement accéléré uniformément. La recherche basée sur l'expérimentation de Galilée, qui marquait une rupture définitive avec l'approche abstraite du philosophe grec Aristote, marqua le début de la science expérimentale.

Pour le marteau et la plume, le marteau subit une force nettement supérieure (ce qui a tendance à produire des accélérations plus importantes). Mais la masse d'un objet résiste à l'accélération. Ainsi, la masse importante du marteau (qui a tendance à produire de faibles accélérations) compense l'influence de la force supérieure. C'est le rapport force/masse qui définit l'accélération. Même si le marteau peut subir 1 000 fois la force d'une plume, il en a 1 000 fois la masse. Le rapport force/masse est le même pour les deux. La masse plus importante du marteau nécessite une force supérieure pour simplement conserver la même accélération que la plume.

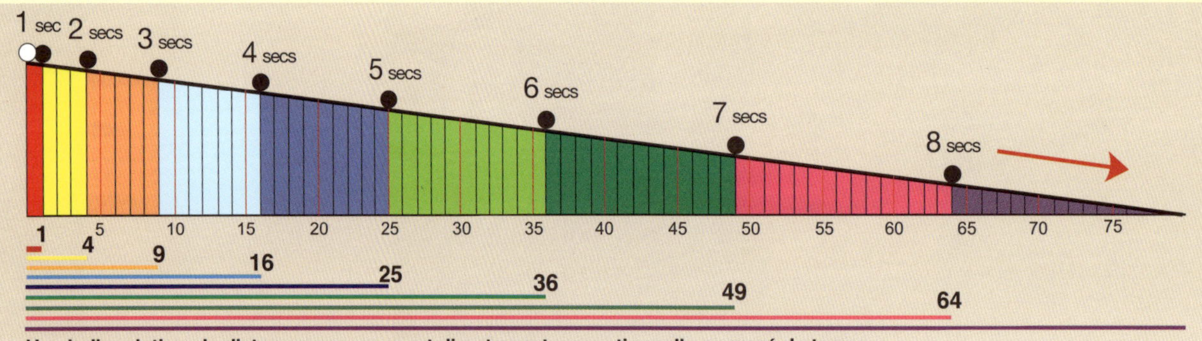

Une belle relation : la distance parcourue est directement proportionnelle au carré du temps.

PARALLÉLOGRAMME DES FORCES ET DES PLANS INCLINÉS

Une belle méthode de calcul des forces

Dès les années 1580, grâce aux travaux de Simon Stevin (1548-1620) et de Galilée, de nombreux ingénieurs transformèrent les principes de la mécanique en forme mathématique. Souvent, cette conversion impliquait la création de modèles mathématiques abstraits de mécanismes physiques, dont le mécanisme du parallélogramme de forces est un exemple. En mathématiques et en physique, un parallélogramme des forces est une méthode ingénieuse de calcul de l'effort combiné (résultant) d'au moins deux forces agissant ensemble sur un objet.

En physique, une surface penchée s'appelle un plan incliné. Il est important d'analyser les forces agissant sur un objet placé sur un plan incliné. Dans notre diagramme, les deux forces agissant sur les côtés du plan incliné sont les vecteurs agissant à partir d'un point. Leur taille est égale au poids des petites sphères de métal agissant sur le plan incliné. Ces forces (en noir) représentent la force de la gravité (en d'autres termes, le poids) qui agit vers le bas. Cependant, deux forces agissent toujours sur un objet placé sur un plan incliné. L'autre force est la force normale (en bleu), qui agit toujours perpendiculairement à la surface. Grâce au parallélogramme des forces, la force de gravité est décomposée en deux composants : l'un est dirigé en parallèle de la surface inclinée et l'autre est dirigé perpendiculairement à la surface inclinée.

La **force** est une grandeur vectorielle. Puisqu'elle possède une grandeur et une direction, elle est représentée par une ligne droite dirigée.

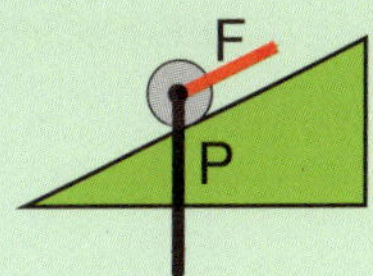

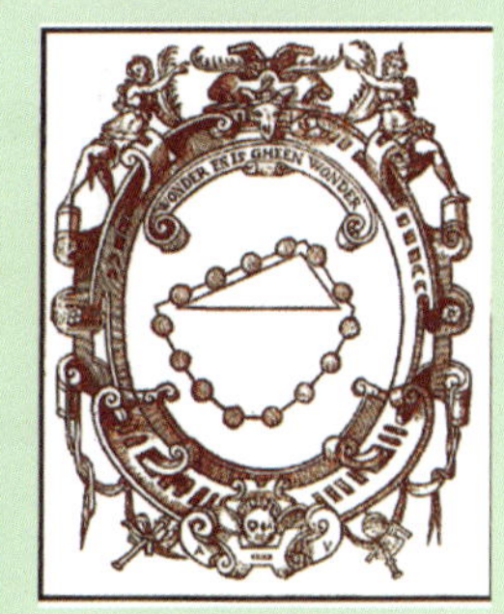

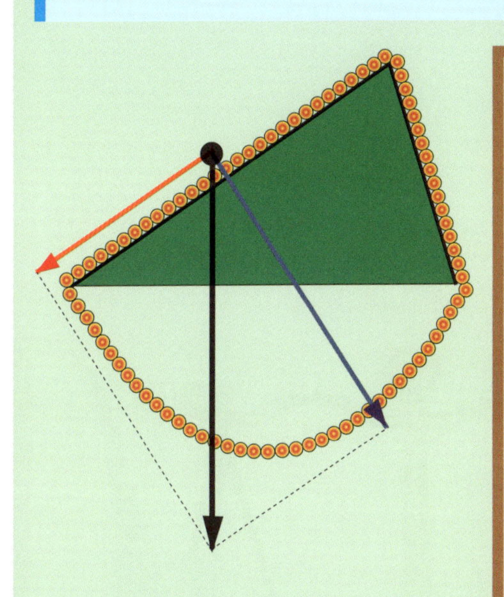

LA « COURONNE DE SPHÈRES » DE STEVIN

Le mathématicien et ingénieur hollandais Simon Stevin (1548-1620) est mieux connu pour sa contribution à la statique (la science des forces sous équilibre) et à l'hydrostatique. Sa découverte la plus célèbre est la loi des plans inclinés, qu'il démontra en dessinant sa fameuse « couronne de sphères », présente sur la page de titre des Éléments de l'art du pesage, en 1615.

La loi de Stevin des forces sur des plans inclinés, et plus généralement sa loi vectorielle pour la décomposition des forces (également appelée parallélogramme des forces) est remarquable en tant qu'expérience de pensée, car c'est l'un des premiers exemples d'une loi de mécanique dérivée d'un principe de physique générale, la conservation d'énergie.

Son problème consistait à définir la force **F** requise pour maintenir un objet sans friction (pesant un poids **P** connu) sur un plan incliné sans friction comme illustré ci-dessus.

Le postulat de base de cette loi est qu'un poids moindre sur une pente forte peut équilibrer un poids plus important sur une faible pente.

Il aborda le problème par l'expérience de pensée de sa « couronne de sphères », qui était un plan incliné double autour duquel était placée une boucle constituée de petites sphères collées entre elles, comme sur l'illustration.

Selon son raisonnement, lorsque la boucle de la chaîne placée sous les plans inclinés était retirée, rien ne changeait, tout restait en équilibre. (Dans le cas contraire, il aurait obtenu « quelque chose qui bouge », une machine en mouvement perpétuel.) Ainsi, en laissant les sphères « libres » pendre, le système reste en équilibre.

Il se rendit ainsi compte que lorsque des poids sont en équilibre sur des plans inclinés, le poids des corps impliqués est proportionnel à la longueur des plans. Il lui suffit de compter le nombre de petites sphères sur les deux côtés des plans inclinés pour avoir la preuve de sa loi ! Son bel argument géométrique avec le collier de petites sphères métalliques servant de poids était juste.

Stevin était si fier de sa découverte qu'il écrivit sur son frontispice la phrase suivante, qui devint plus tard sa devise : Wonder en is gheen wonder (« Ce qui apparaît comme une merveille n'est pas merveilleux »).

L'équilibre sur les plans inclinés était dû à la relation entre les forces descendantes de chaque côté, en raison des différences d'angles de soutien. Cette décomposition des forces est connue actuellement sous le nom de parallélogramme des forces, illustré en détail ci-contre.

PROBLÈME 1

En plaçant des poids sur un seul plateau de la balance, parviendrez-vous à calculer le nombre minimal de poids différents, ainsi que leur bonne répartition, dont vous aurez besoin pour peser entre 1 et 40 kg de sucre ?

PROBLÈME 2

En plaçant des poids sur les deux plateaux de la balance, parviendrez-vous à calculer le nombre minimal de poids différents, ainsi que leur bonne répartition, dont vous aurez besoin pour peser entre 1 et 40 kg de sucre ?

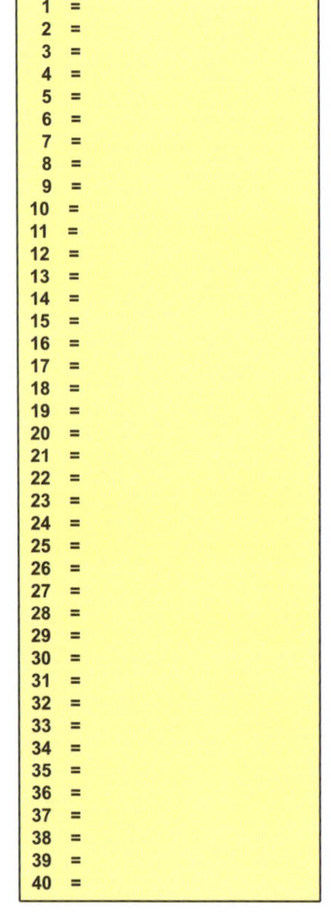

LE PROBLÈME DE POIDS DE BACHET

Le livre de Bachet

En 1612, le mathématicien français Claude-Gaspar Bachet de Méziriac publia une collection de problèmes intitulée Problèmes plaisants et délectables qui se font par les nombres, qui se concentraient davantage sur les problèmes arithmétiques que géométriques. Cet ouvrage inspira tous les livres suivants sur les mathématiques récréatives.

Il proposait un problème de poids devenu un classique :

« Supposons que vous deviez peser une quantité de sucre entre 1 et 40 livres sur une balance. Pouvez-vous calculer le nombre minimal de poids dont vous auriez besoin si : (1) les poids sont placés sur un seul côté de la balance et (2) les poids sont placés sur les deux côtés de la balance ? »

« La mécanique est le paradis des sciences mathématiques, parce que, avec elle, on parvient au fruit d'icelles. »

Léonard de Vinci

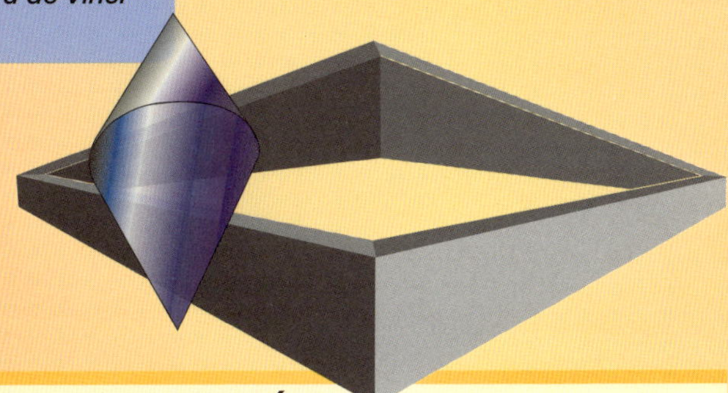

099 6

LES DOUBLES CÔNES ANTIGRAVITÉ

Un objet peut-il défier les lois de la gravité ? Galilée a conçu un grand nombre de dispositifs expérimentaux mécaniques ingénieux, notamment celui illustré ci-dessus.

Pouvez-vous anticiper et expliquer ce qu'il se passe si vous placez le double cône sur les doubles rails au point le plus bas de l'une des extrémités et si vous le lâchez ?

Fait surprenant, la réponse est que le double cône commence à rouler sur les doubles rails vers l'extrémité supérieure. Comment expliquer ce phénomène paradoxal ? Le double cône roule-t-il vraiment vers le haut de la colline ?

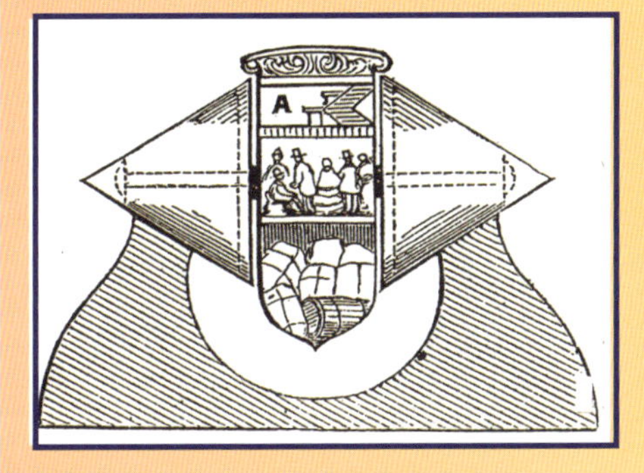

UNE VOIE FERRÉE ANTIGRAVITÉ

Un concept de wagon qui avancerait seul

Le fascinant comportement des cônes antigravité de Galilée inspira un inventeur en 1829, qui conçut un prototype de voie ferrée antigravité basé sur le principe de mouvement.

LE CENTRE DE GRAVITÉ

Le point qui constitue le centre de gravité de tous les objets a beau être invisible, il n'en est pas moins une réalité. Il s'agit du point sur lequel nous pouvons imaginer que le poids total d'un corps est concentré et agit. Dans une simple sphère, il se trouve en son centre. Dans d'autres corps irréguliers, il peut se trouver n'importe où, même à l'extérieur. Le centre de gravité d'un objet occupe généralement la position la plus basse possible dans laquelle un équilibre instable devient stable.

« Ce n'est pas que je sois tellement intelligent. C'est juste que je reste avec les problèmes plus longtemps. »

Albert Einstein

L'ANTIGRAVITÉ

L'UNIVERS ET EINSTEIN

En 1907 le physicien d'origine allemande Albert Einstein (1879-1955) se trouvait dans son bureau lorsqu'il pensa que si une personne tombait en chute libre, elle ne sentirait pas son propre poids. Comme il l'admit plus tard, cette pensée fut la plus heureuse de sa vie et inspira son plus grand succès. La personne qui chutait était la version d'Einstein de la pomme qui avait inspiré le physicien Isaac Newton (1643-1727), et l'idée qui mena à une nouvelle théorie de la gravitation, qui devait supplanter la théorie de la gravité de Newton.

La notion d'antigravité est associée au plus grand problème scientifique : l'origine de l'univers. Lorsque Einstein mit au point la relativité générale (sa théorie de la gravité), il prit conscience d'un problème épineux. Pourquoi la gravité n'avait-elle pas fait s'effondrer sur lui-même l'univers ? Newton avait été confronté à la même question avec sa propre théorie de la gravité et sa réponse avait été que Dieu avait fait en sorte que l'effondrement ne se produise pas. Einstein ne souhaitant pas invoquer Dieu, il proposa plutôt l'existence d'une force antigravité qui opérait en même temps que la gravité.

Tout cela changea dans les années 1920, où les cosmologues développèrent une nouvelle théorie, selon laquelle l'univers était né à un moment fini sous la forme d'un petit super-atome primitif et avait explosé avec une immense force pour ne cesser de croître depuis. C'est la fameuse « théorie du big-bang ». Cette théorie n'impliquait pas l'existence de l'antigravité. Elle sembla correcte à Einstein, qui l'adopta.

Mais les choses ne sont pas si simples. L'expansion du big bang devrait ralentir à cause des effets de la gravité, mais, à leur grand étonnement, les astronomes ont découvert que l'univers s'accélère et que les galaxies s'éloignent les unes des autres de plus en plus vite, ce qui pose un nouveau problème. La meilleure explication est l'existence d'une force d'antigravité.

Simon Singh, auteur du Grand roman du big-bang : la plus importante découverte scientifique de tous les temps, remarque que même lorsque Einstein pensait avoir tort et était prêt à l'admettre, avait en fait raison. L'humilité, peut-être plus que toute autres, est la marque du génie véritable.

L’ÉQUILIBRE DES CHANCES

Combien parviendrez-vous à trouver de manières de répartir les cinq poids pour que la balance s’équilibre lorsque vous retirerez les deux cylindres qui la soutiennent ? N’oubliez pas que plus un poids est éloigné du balancier plus il exerce de force. Ainsi, un poids placé sur le numéro 2 sur la balance exercerait une plus grande force que ce même poids sur le numéro 1. Si vous placez les poids au hasard sur la balance, quelle est la probabilité qu’ils s’équilibrent ?

101 8

LE CLASSEMENT DES POIDS

Vous devez classer un certain nombre d'objets donnés selon leur poids, en ordre croissant, à l'aide d'une balance, mais sans poids. Pour deux objets, une pesée suffit, comme sur l'illustration. Quel est le nombre minimal de pesées pour trois, quatre et cinq poids ?

LE PENDULE

La valse hésitation

Les pendules sont depuis des siècles des objets de fascination pour les scientifiques. Un pendule peut indiquer le temps, mesurer la force de la gravité et détecter un mouvement relatif. Galilée (1564-1642) s'est rendu compte qu'un pendule se balance pendant (presque) le même laps de temps, que son mouvement soit réduit ou important. Grâce à cette simple observation il a inventé l'horloge à balancier. La masse du contrepoids n'a aucune importance, mais lorsque sa longueur augmente, le laps de temps augmente de la racine carrée e la longueur du balancier.

Dans certains endroits où la gravité est plus faible, par exemple au sommet d'un montage ou sur la lune, les pendules sont plus lents. Un pendule situé sur une énorme planète telle que Jupiter (où la gravité est plus forte) oscillerait plus vite.

Mais si un pendule a un mouvement plus rapide sous l'effet d'une traction gravitationnelle plus forte, pourquoi un contrepoids lourd ne se déplace-t-il pas plus rapidement qu'un léger ? L'inertie plus forte du contrepoids plus lourd rend en fait nécessaire une force accrue pour son accélération. Or, la force supplémentaire requise est la même que l'attraction gravitationnelle augmentée. Cela signifie qu'inertie et gravité sont étroitement liées. Pour Newton (1643-1727) cette relation exacte était un mystère total. C'était à ses yeux une trop grande coïncidence, et pourtant il n'existait aucun lien visible ou conceptuel entre l'inertie et la gravité pour l'expliquer.

C'est l'une des questions qui poussa le physicien Albert Einstein (1879-1955) à mettre au point la théorie selon laquelle l'inertie et la gravité sont en fin de compte une seule et même chose. Cependant, avant de pouvoir l'affirmer, il dut créer une nouvelle représentation de l'univers, puis convaincre les autres physiciens de le suivre, ce qu'il parvint finalement à faire.

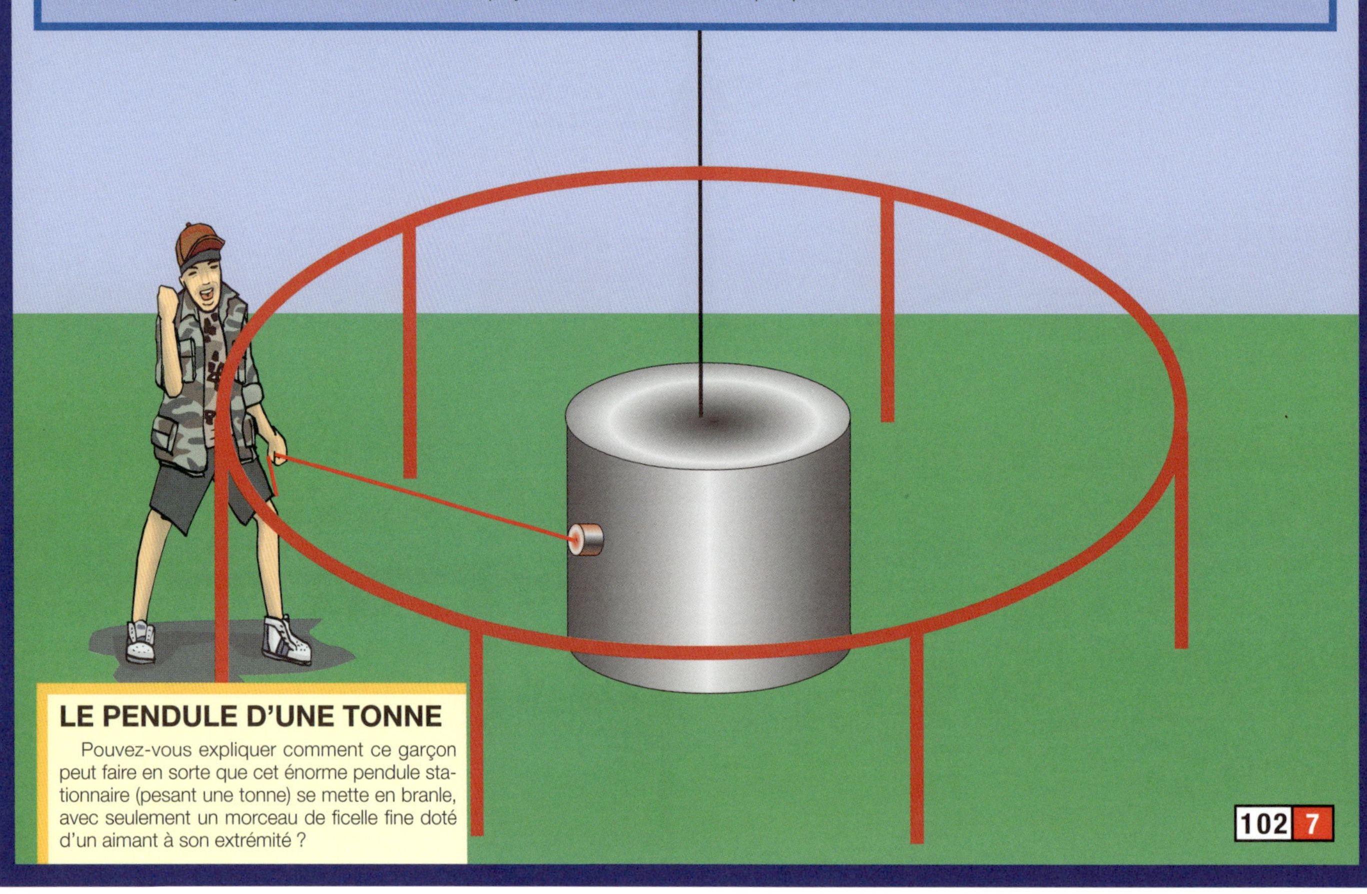

LE PENDULE D'UNE TONNE

Pouvez-vous expliquer comment ce garçon peut faire en sorte que cet énorme pendule stationnaire (pesant une tonne) se mette en branle, avec seulement un morceau de ficelle fine doté d'un aimant à son extrémité ?

LE PENDULE DE FOUCAULT

Comment savoir que la Terre tourne ?

Les astronomes depuis l'époque du philosophe Platon (428-328 av. J.-C.) jusqu'au XVIe siècle pensaient que la Terre était stationnaire et que tout le reste tournait autour. Les théories contredisant cette opinion ne manquaient pas, mais les preuves convaincantes étaient difficiles à trouver.

En effet, nous n'avons pas la sensation de nous trouver sur une plate-forme en mouvement. Pouvons-nous voir la Terre se déplacer ? Est-il possible de la regarder tourner ?

En 1543, l'astronome polonais Nicolas Copernic (1473-1543) envoya un exemplaire de son livre De la révolution des orbes célestes au pape Paul III, dont l'avant-propos précise : « Je ne doute pas que certains savants – puisque déjà s'est répandu le bruit concernant la nouveauté des hypothèses de cette œuvre, qui posent la terre comme mobile et le soleil, en revanche, comme immobile au centre de l'Univers – ne soient fortement indignés et ne pensent qu'on ne doit pas bouleverser les disciplines libérales, bien établies depuis très longtemps déjà ». Certains ne croyaient toujours pas à cette théorie lorsque le physicien français Jean-Bernard Foucault (1819-1868) mit sur pied une exposition scientifique pour l'Exposition universelle de Paris en 1851. Il suspendit dans le Panthéon un pendule composé d'un fil de piano de 61 mètres, au bout duquel était fixé un boulet de canon de 27 kilogrammes. Sur le sol, sous le boulet, il disposa une fine couche de sable. Un stylet fixé sous le boulet traçait la trajectoire dans le sable et matérialisait le mouvement du pendule.

Après une heure, la ligne dans le sable avait bougé de 11 degrés et 18 minutes. La Terre avait donc tourné sous le pendule. La démonstration de ce pendule fut sans conteste l'une des plus impressionnantes démonstrations scientifiques de tous les temps et le reste, car elle est toujours recréée par les musées des sciences et les expositions scientifiques à travers le monde.

Mais comment cela fonctionne-t-il ? Si le pendule reste sur le même plan, comment peut-il tracer des parcours différents dans le sable ?

103 8

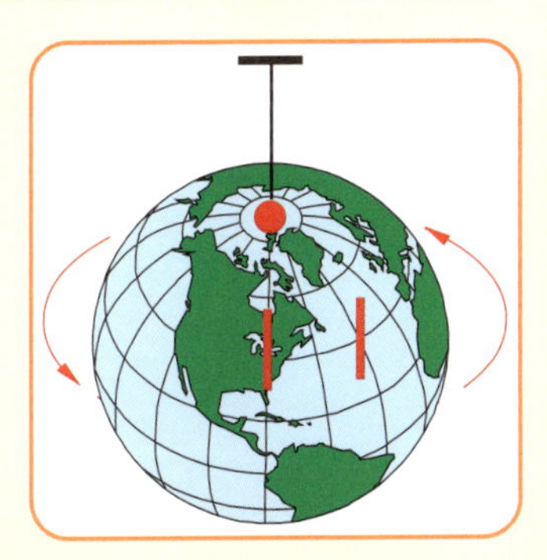

104 2

ON A MARCHÉ SUR LA LUNE

Sur l’écran géant de sa télévision à haute définition mon voisin, ancien spationaute, m’a fièrement montré cette photographie impressionnante, qu’il a prise d’un ami spationaute sur la lune. Qu’est-ce qui ne va pas dans cette photographie ?

LA LUNE, MERCURE ET LES ÉTOILES

M. Nic est un astronome et peintre émérite. Le 11 mars 2005, il a observé la position de la lune, de Mercure et de plusieurs étoiles et l'a reproduite dans ce tableau. Mercure se trouve dans l'angle inférieur gauche. Mais M. Nic a commis une erreur. Parviendrez-vous à la trouver ?

« Je suppose que personne n'a jamais fait une bulle de savon sans se demander, en admirant la perfection de sa forme et le merveilleux éclat de ses couleurs, comment il est si aisé de produire un magnifique objet tel que celui-là. J'espère qu'aucun d'entre vous ne se lasse de jouer avec les bulles, car il y a bien plus dans une bulle que ceux qui ont joué avec l'imaginent. »

L'écrivain scientifique de l'ère victorienne, l'anglais Charles V. Boys, célèbre pour sa série de conférences pour les enfants à la London Institution en 1902, est aussi connu pour son fantastique ouvrage intitulé *Soap Bubbles and the Forces Which Mould Them*.

LES BULLES DE SAVON

Vous pensez peut-être que les bulles de savon n'ont rien à voir avec le sérieux de la science et des mathématiques. Détrompez-vous. Les scientifiques les étudient pour trouver des réponses à certains de leurs questionnements les plus profonds sur la nature.

L'un des principaux objectifs de la recherche concernant les bulles est d'apprendre à créer des structures avec la plus petite quantité possible de matériau de construction.

Pourquoi les bulles de savon sont-elles rondes ?

Parce que la tension superficielle les fait se contracter le plus possible. Ces bulles forment une sphère car cette forme renferme un volume donné avec une surface minimale. La sphère est le solide géométrique qui a la plus petite surface pour un même volume.

Pour cette même raison la plupart des gouttes d'eau deviennent sphériques. Les molécules éloignées de la surface d'un liquide peuvent être attirées dans toutes les directions, mais celles qui sont proches de la surface sont attirées à nouveau dans le liquide par d'autres molécules. Cette attraction a tendance à réduire la surface, qui devient la plus réduite possible et se comporte comme une pellicule élastique : c'est la tension superficielle.

Le savon a tendance à réduire la tension superficielle de l'eau, ce qui explique qu'il puisse tirer les molécules d'un corps aqueux pour créer des bulles de savon sphérique ou des pellicules de savon. Ces dernières sont des exemples de « surfaces minimales », car la nature sélectionne la forme qui nécessite la quantité minimale d'énergie pour se maintenir.

SURFACE MINIMALE, MAIS TAILLE MAXIMALE

Tim fait une bulle géante dans son jardin, mais pas suffisamment grande pour battre le record. Le livre Guinness des records a enregistré une bulle de 15 mètres comme étant la plus grande au monde.

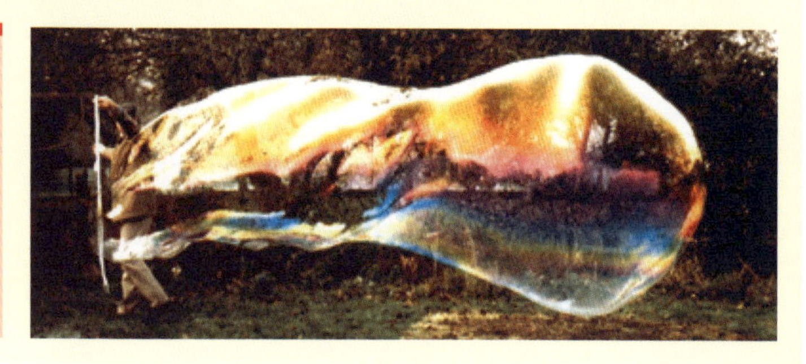

LE PROBLÈME DE PLATEAU

Structures savonneuses, rayons de miel et surfaces minimales

Les pellicules de savon permettent de démontrer des lois de calcul, car elles s'étirent quasi instantanément sur des cadres en fil de fer pour former la seule surface minimale reliée au cadre, à savoir la surface ayant l'aire la plus réduite possible.

Le problème de recherche des chemins minimaux (le plus petit nombre de chemins) entre plusieurs points constitue une gageure. De simples modèles en fil de fer trempés dans une solution savonneuse donnent souvent des solutions complexes rapidement. Lorsque nous effectuons des expériences simples de ce type, nous sommes confrontés à des problèmes relevant du « calcul de variations », un domaine difficile des mathématiques. Pouvez-vous deviner à quoi vont ressembler les chemins minimaux reliant deux, trois, quatre, cinq et six points ?

Pourquoi les abeilles édifient-elles leur ruche autour de la même forme : l'hexagone régulier ?

La forme hexagonale de la ruche contient la plus grande quantité de miel avec la plus petite quantité de cire d'abeille. De plus, c'est la forme qui demande aux abeilles le moins d'énergie pour sa construction.

Ce n'est pas par hasard que les alvéoles des ruches sont de forme hexagonale. En effet, la forme des cellules doit permettre à trois alvéoles au moins de contenir dans un angle avec un total de 360°, et ce dans tous les angles. Les seuls polygones réguliers qui remplissent ces conditions sont les triangles équilatéraux, les carrés ou les hexagones réguliers. (Aucun polygone régulier de plus de six côtés ne conviendrait, car chaque angle compterait plus de 120°, et trois ou plus ne peuvent pas tenir ensemble autour d'un point.) Parmi ces trois possibilités, l'hexagone régulier est le plus adapté, car il stocke la plus grande quantité de miel entre les parois de cire.

L'hexagone régulier est une structure minimale, une construction parfaite. Nombre de structures modernes construites par l'homme sont créées à partir de cellules hexagonales, qui permettent force et économie. Le dôme géodésique révolutionnaire de l'inventeur américain Buckminster Fuller (1895-1983) en est un parfait exemple.

106 8

Le problème des chemins minimaux

Parviendrez-vous à trouver les solutions au problème de Plateau pour 2, 3, 4 et 5 points ?

Le problème de Plateau

Le « problème de Plateau », très complexe, consiste à trouver l'aire de la plus petite surface délimitée par un contour donné dans l'espace.

Structures en fil de fer représentant l'aire minimale tridimensionnelle d'un tétraèdre et d'un cube

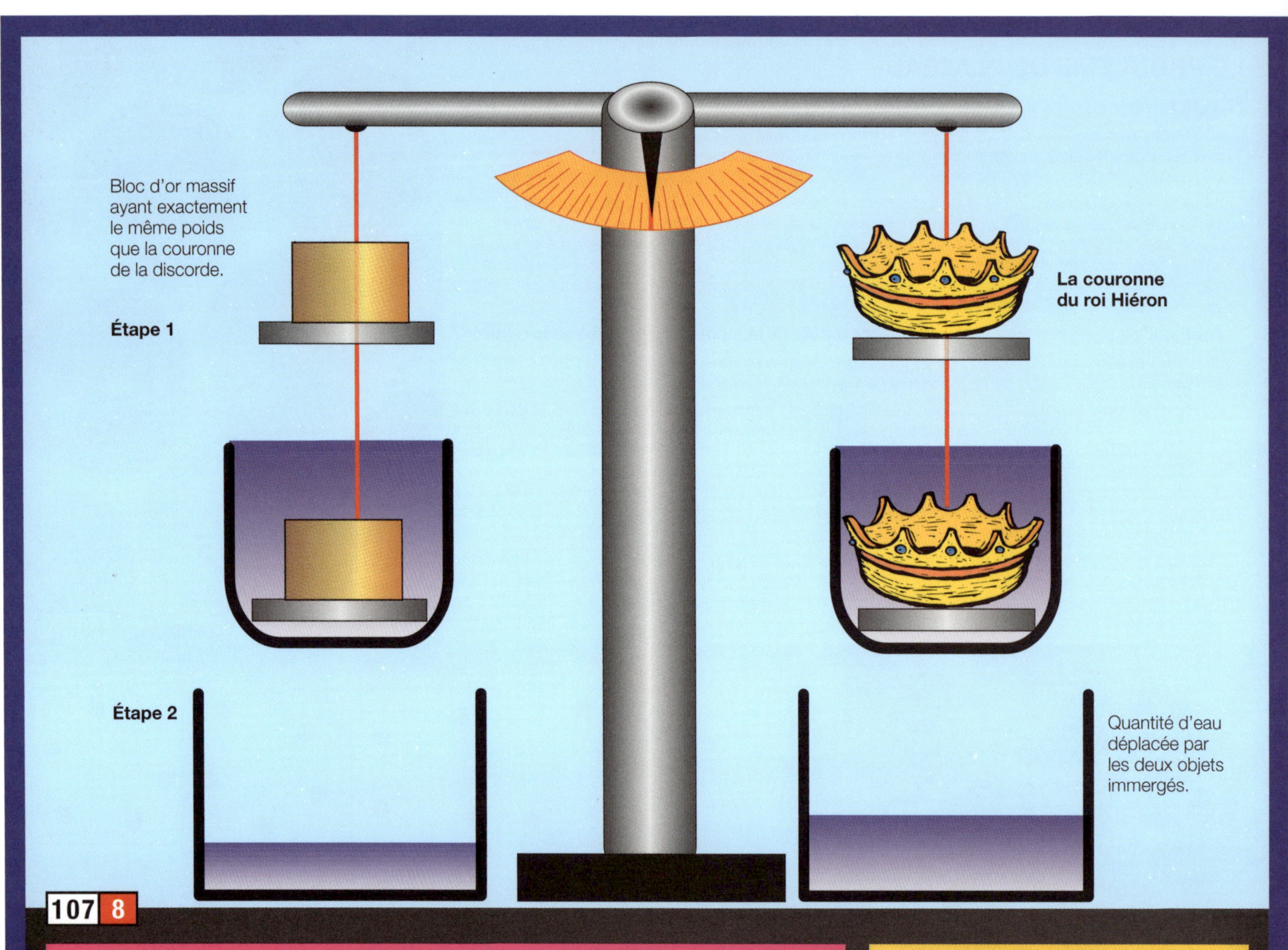

107 8

LE PRINCIPE D'ARCHIMÈDE

La légende veut que le mathématicien sicilien Archimède (vers 287-212 av. J.-C.) ait été tellement transporté de joie lorsqu'il découvrit le principe de l'hydrostatique qu'il bondit nu de sa baignoire et parcourut les rues de la ville en criant Eurêka ! (« J'ai trouvé »).

Il tentait de prouver que la couronne commandée par le roi Hiéron de Syracuse n'était pas en or massif, mais qu'elle contenait aussi d'autres matériaux. Il résolut le problème sans fondre la couronne, en découvrant le principe qui a pris son nom : il est possible de déterminer la densité d'un objet (O), en comparant son poids à celui de l'eau qu'il déplace.

Étape 1 Archimède trouva un bloc d'or d'un poids identique à celui de la couronne.

Étape 2 Il immergea les deux objets dans de l'eau et mesura la quantité d'eau déplacée, comme sur l'illustration.

Quelle conclusion Archimède tira-t-il de cette expérience ?

DES MOMENTS « EURÊKA ! »

L'histoire est riche en exemples de « fulgurances » créatrices comme celle d'Archimède. L'ingénieur mécanique écossais James Watt (1736-1819) fut frappé par l'idée du moteur à vapeur en regardant sa bouilloire fonctionner. Le physicien américain d'origine hongroise Leó Szilárd eut une vision soudaine d'une réaction en chaîne de neutrons (servant à fabriquer une bombe atomique) en attendant à un feu de signalisation.

UN MÉLANGE DE BILLES ET DE THÉ AVEC DU LAIT

L'un des plus beaux, et des moins intuitifs, problèmes que j'aie jamais eus à résoudre est la question du mélange de thé et de lait. Si on ajoute une cuillerée de lait à une tasse de thé, puis une cuillerée du mélange (de lait et de thé) à la tasse de lait : le résultat est-il plus de lait dans le thé que de thé dans le lait ou plus de thé dans le lait que de lait dans le thé ?

La réponse est qu'il y a exactement la même quantité de lait dans le thé que de thé dans le lait.

L'explication est que le volume total de chaque tasse est inchangé par les transferts. Le volume net transféré de la tasse A (lait) vers la tasse B (thé) annule exactement celui qui passe de la tasse B à la tasse A. J'étais au départ sceptique quant à la réponse, mais plusieurs années plus tard j'ai fait une expérience similaire impliquant des billes de deux couleurs au lieu du thé et du lait, que vous pouvez répéter facilement. Essayez, et vous serez convaincu.

Prenez deux boîtes de billes, par exemple, 50 dans chaque boîte, rouges dans l'une et vertes dans l'autre, comme illustré. Prenez cinq billes de la boîte des rouges et placez-les dans la boîte des vertes. Mélangez bien la boîte, puis replacez cinq billes prises au hasard dans la boîte des rouges.

L'expérience est présentée visuellement, ci-contre. Il existe six façons possibles de replacer les billes dans la boîte des rouges. Dans les deux cas, la même quantité de billes de la mauvaise couleur se trouve dans chaque boîte. Vérifiez vous-même ! La même chose se produit à chaque fois, quel que soit le nombre de billes déplacées.

1

2

4

5

3

La navette spatiale s'arrime à la station russe Mir

6

LE BEAU RÊVE MILLÉNAIRE DE VOLER

Les êtres humains ont toujours rêvé de voler.

Les mythes et les légendes rapportent cette ambition.

1 Le mythe grec de Dédale et Icare est l'une des plus connues de ces histoires anciennes.

2 L'artiste et inventeur italien Léonard de Vinci (1452-1519) conçut plusieurs machines volantes, le concept de l'hélicoptère étant sans doute le plus ingénieux.

3 Les frères Montgolfier, Joseph-Michel (1740-1810) et Jacques-Étienne (1745-1799) mirent au point le premier ballon à air chaud. Le premier vol piloté par un homme eut lieu le 21 novembre 1783 à Paris.

4 Le Français Clément Ader (1841-1906) construisit un avion à vapeur, l'Éole, le premier engin plus lourd que l'air qui transporta un être humain en l'air. Le 9 octobre 1890, Ader pilota l'Éole sur 50 mètres à 20 centimètres du sol.

5 Les frères Wright, Wilbur (1867-1912) et Orville (1871-1948) en 1904, Ferdinand Ferber (1862-1909) en 1905, Alberto Santos-Dumont (1873-1932) en 1906, tous prirent l'air tour à tour et parvinrent à leurs fins.

6 Après avoir conquis les airs, les humains s'attaquèrent à l'espace. Les vieux rêves furent remis au goût du jour. Youri Gagarine (1934-1968) dans un engin spatial soviétique Vostok 1, le 12 avril 1961, et un mois plus tard l'américain Alan Shepard (1923-1998) dans Freedom 7, le 5 mai, furent les premiers hommes dans l'espace. Neil Armstrong et Buzz Aldrin (tous deux nés en 1930) firent leurs premiers pas sur la lune le 20 juillet 1969. Ce furent les premiers pas d'un voyage hors de la Terre, mais qui emporta les humains vers une « nouvelle frontière » inconnue et passionnante.

COMMENT LES AVIONS VOLENT

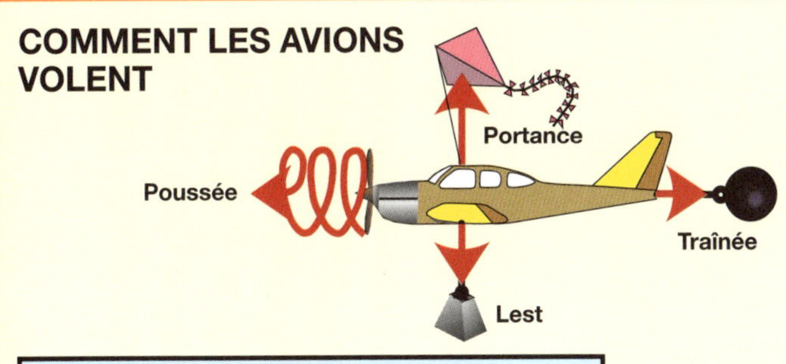

Quatre forces aérodynamiques jouent un rôle dans le vol : la portance, la poussée, le lest et la traînée.

Pour un vol en palier, la poussée (par hélice, réacteur ou fusée) est supérieure à la traînée.

La portance est la force aérodynamique qui maintient un avion en l'air, engendrée en grande partie par les ailes.

La portance est la force la plus difficile à expliquer sans faire appel à des mathématiques complexes, du fait que l'air est un fluide qui a le même comportement que l'eau et d'autres liquides. Les notions impliquées sont celles de courbe, d'angle, de symétrie et de motifs.

Les explications simplifiées de la façon dont les avions volent fournies par les manuels scolaires évitent les mathématiques complexes. Elles ont souvent des failles et, au mieux, proposent une compréhension intuitive des principes de vol.

Les deux principales explications simplifiées pour expliquer la portance sont les suivantes :

- l'effet du plus long chemin, dit de Bernoulli et
- le principe d'éjection des gaz, dit de Newton.

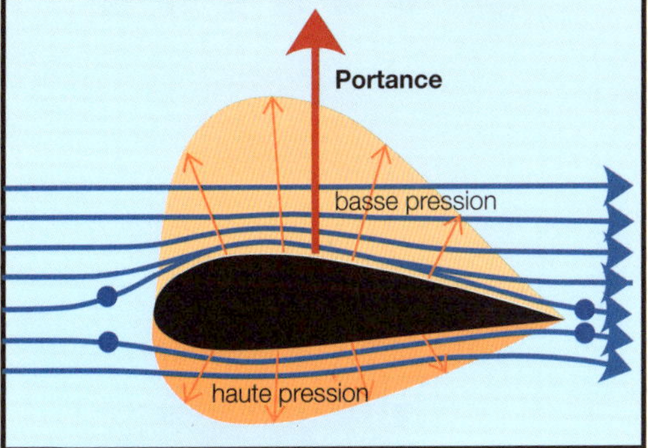

L'explication du chemin le plus long

Selon la théorie du chemin le plus long, la surface supérieure d'une aile est plus incurvée que l'aire inférieure. Les particules d'air qui atteignent le bord d'attaque de l'aile glissent sur ou sous l'aile et deux particules voisines se séparent puis se rejoignent sur le bord de fuite de l'ail. La particule supérieure parcourant une distance plus grande que la particule inférieure dans le même laps de temps, elle doit se déplacer plus vite.

L'équation de Bernoulli, une mécanique des fluides de base, précise que lorsque le débit d'un fluide augmente sa pression diminue. La pression sur la surface supérieure de l'aile est plus basse que sur l'inférieure. Cette différence de pression pousse l'aile vers le haut, ce qui engendre l'effet de portance. Cette explication très courante est proposée dans les manuels scolaires et même dans les encyclopédies, mais elle n'est pas totalement correcte ni suffisante. Il n'y a aucune raison logique pour que les deux particules séparées se rejoignent à l'arrière de l'aile. Aussi, nombre d'ailes sont symétriques (le dessus de l'aile n'est pas plus incurvé que la surface inférieure). L'explication exclut aussi la possibilité que l'avion vole à l'envers, ce que de nombreux avions peuvent faire.

Une illustration courante de l'écoulement d'air sur une aile est présentée ci-dessous (gauche). Cette aile n'a pas de portance. Pour engendrer la portance nécessaire pour un petit avion, la distance sur le dessus de l'aile doit être environ 50 % supérieure à celle de la surface inférieure, et un tel profil de voilure se rapprocherait de l'illustration de droite.

Un petit avion devrait avancer à plus de 650 km/h pour générer suffisamment de portance pour voler. L'explication du chemin le plus long comporte de toute évidence une erreur.

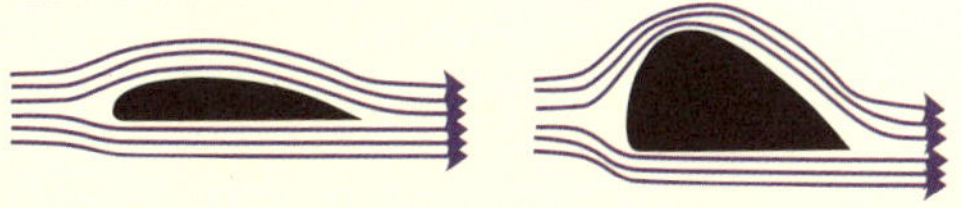

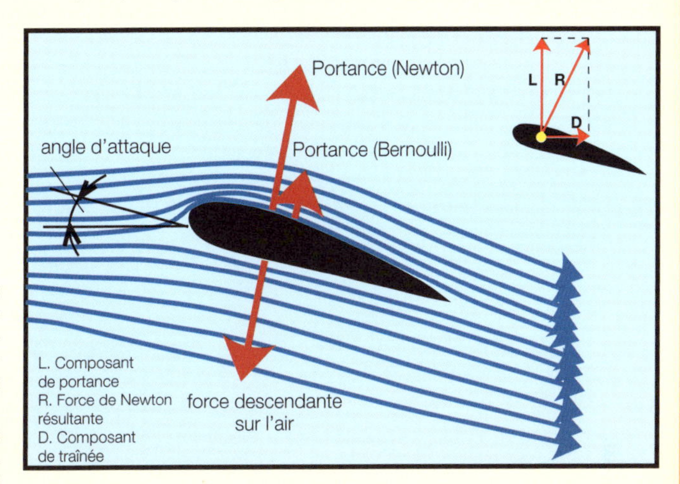

L'explication de Newton

Le physicien anglais Isaac Newton (1642-1727) a affirmé que toute action comporte une réaction égale et inverse (c'est la troisième loi de Newton). Selon l'explication du vol de Newton, les molécules se comportent comme des balles de pistolet qui frappent la surface inférieure d'une aile : elles sont éjectées vers le bas et confèrent une partie de leur élan à l'aile. Chaque impact moléculaire pousse l'aile vers le haut.

Cette explication n'est pas entièrement correcte. En effet, à faible vitesse les molécules interagissent et ne se comportent pas vraiment comme des balles frappant l'aile. Cependant, à la vitesse supersonique la théorie de Newton s'avère.

L'effet de Bernoulli confère une certaine portance, mais il n'est pas la force principale qui maintient l'avion en altitude.

La force de portance nette est engendrée par les différences de pression sur tous les points autour de l'aile. Elle résulte de la contribution des surfaces supérieures et inférieures de l'aile.

La portance d'une aile est proportionnelle à la quantité d'air détournée vers le bas multiplié par la vitesse vers le bas de l'air. C'est simple comme bonjour !

LA PERCEPTION ET LES ILLUSIONS D'OPTIQUE

Les limites de la vue

Nos cinq sens nous permettent de percevoir le monde qui nous entoure : la vue, l'ouïe, le toucher, le goût et l'odeur. Ces sens ne sont néanmoins par parfaits et peuvent nous tromper. Notre cerveau a pour mission d'interpréter les messages transmis par nos sens, mais certains messages sont mal interprétés et nous recevons une impression erronée de ce qui se passe autour de nous.

Par exemple, un film semble montrer uniquement des mouvements. Or, nous savons que les images d'un film sont statiques, mais nous trompons notre cerveau pour qu'il pense que nous voyons un mouvement, alors qu'il s'agit uniquement d'images fixes montrées en succession rapide.

La plupart d'entre nous envisageons la vue comme un processus passif, mais en fait, la perception est un processus actif étroitement lié à l'acte de pensée. Le cerveau est un organe de vue autant que l'œil. La perception est un acte de création.

Parmi les phénomènes de perception les plus intéressants, citons les illusions optiques, quelquefois appelées « paradoxes géométriques ». Les illusions optiques s'appuient sur la tendance du cerveau humain à voir les choses comme il pense qu'elles devraient être, en fonction d'expériences similaires précédentes, plutôt que telles qu'elles sont.

Les illusions d'optique sont étudiées et mises en pratique depuis des millénaires. Au milieu du ve siècle avant J.-C., les Grecs ont conçu des colonnes légèrement convexes pour le temple du Parthénon, afin de compenser l'illusion de concavité créée par les lignes parallèles. Ils érigèrent des colonnes légèrement mal formées pour qu'elles paraissent droites.

Il est possible de nous faire croire que les choses sont plus grandes qu'elles le sont en réalité, de nous faire percevoir une profondeur dans une surface plane bidimensionnelle, de voir des couleurs où il n'y en a pas et des mouvements inexistants.

Notre vision peut même fonctionner avec des informations limitées, car elle « comble les vides ». Une grande partie de l'expression artistique s'appuie sur cette tendance à remplir, à compléter et à classer.

La facilité avec laquelle nous pouvons être trompés par une simple illusion d'optique devrait nous alerter sur le manque de fiabilité général de notre observation. (C'est un élément à prendre en compte lors de l'audition de témoins oculaires). La fiabilité de nos sens a donc des limites et aucune pratique ne peut jamais les perfectionner suffisamment pour accomplir certaines tâches spécifiques.

L'une des solutions à ce problème consiste à trouver des moyens d'affûter nos sens, d'inventer des dispositifs capables de percevoir et d'enregistrer des informations sans erreur. Même si personne n'a créé de système parfait pour y parvenir, les caméras et enregistrements sont beaucoup plus fiables et objectifs que même le plus vigilant des observateurs humains.

J'ai sélectionné quelques-unes des illusions d'optiques les plus surprenantes et esthétiques. Elles jouent à merveille avec les couleurs, les tailles, les formes et les mouvements, de quoi nous faire douter qu'il suffit de voir pour croire.

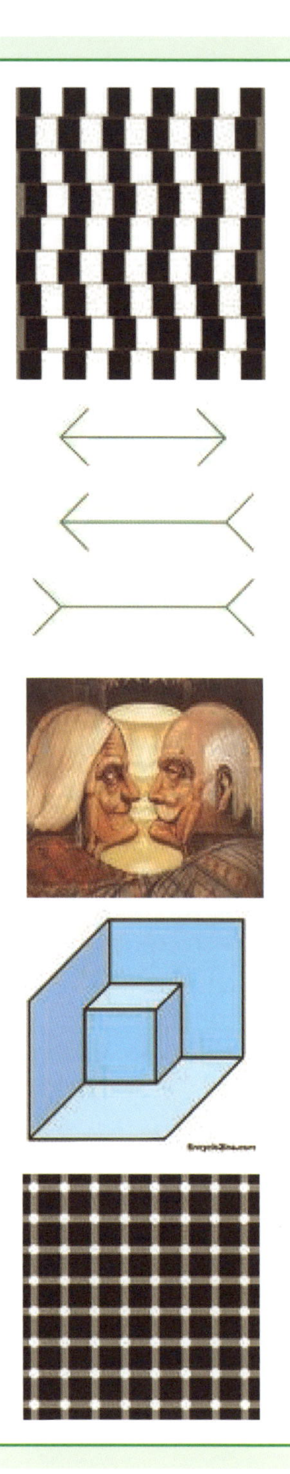

> « L'origine de nos connaissances se trouve dans notre perception. »
> *Léonard de Vinci*

108 5

PERCEPTION, ART ET ILLUSION

Notre cerveau est très habile pour voir les relations entre les images ou percevoir les mêmes images de diverses façons. Notre perception s'appuyant sur des illusions, il arrive qu'elle nous trompe. Pourtant, sans cette capacité nous ne pourrions jamais tirer de sens du monde en trois dimensions.

De quelle autre manière pourrions-nous « voir » que, selon les règles de la perspective sur le plan bidimensionnel de la page, les quatre premières sculptures en partant de la gauche sont de taille identique et que la sculpture sur la droite est la plus grande ?

À mesure que notre civilisation progressait, nous avons augmenté nos connaissances grâce aux feuilles de papier, aux craies et aux écrans plats. Nous nous sommes tant habitués à voir une image bidimensionnelle comme un objet en trois dimensions que cette transformation fait partie intégrante de notre perception.

Combien de sculptures de taille différente l'image compte-t-elle véritablement ?

> « Je n'oublie jamais un visage, mais je ferai une exception dans votre cas. »
> *Groucho Marx*

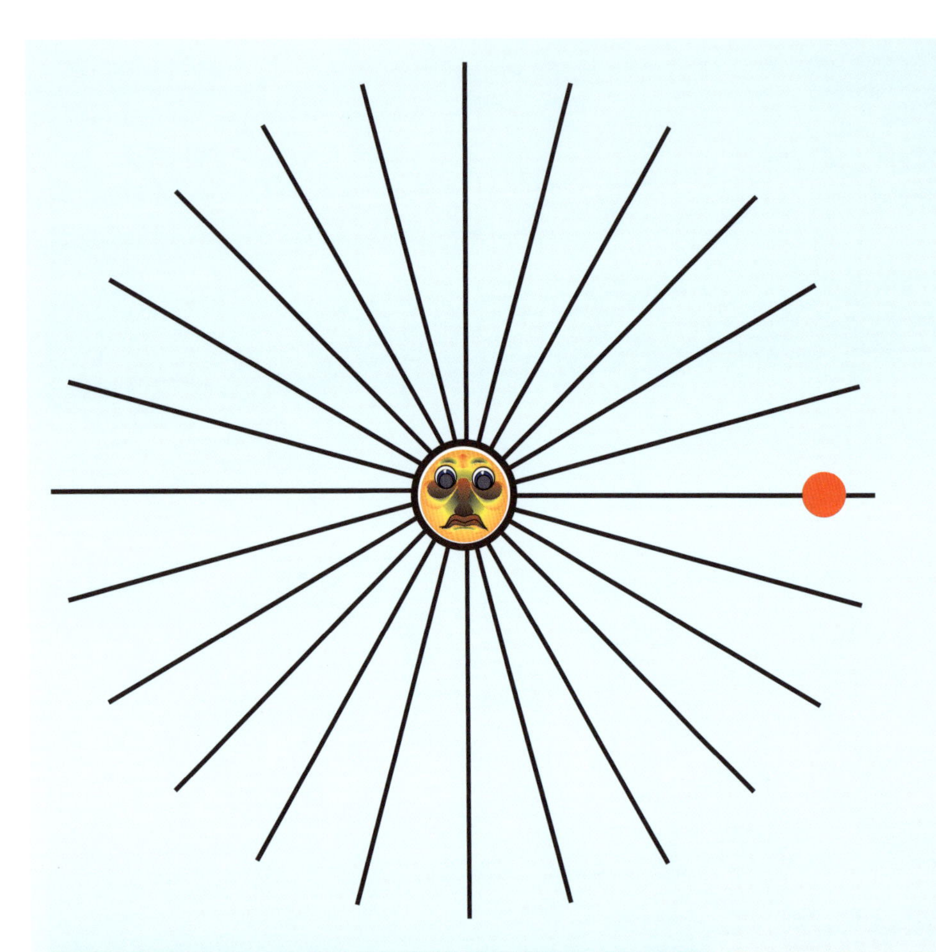

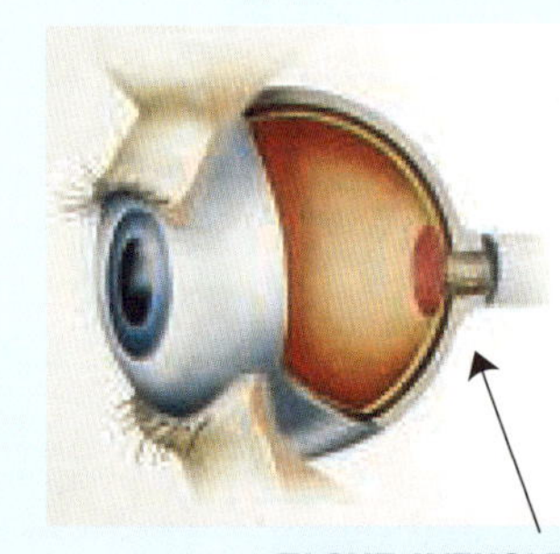

TACHE AVEUGLE

LA TACHE AVEUGLE

Pouvez-vous faire disparaître le cercle avec le visage, simplement en regardant ?

Le cerveau est très doué pour remplir les trous et nous aider à voir. Ainsi, paradoxalement, nous pouvons conclure que « rien en tant que tel ne peut exister ».

Pour constater les effets de la tache aveugle, fermez votre œil droit et fixez le point rouge sur la droite avec votre œil gauche. À une certaine distance, le cercle doit disparaître. Vous ne voyez toutefois pas un trou à la place, les lignes semblent continues.

La recherche montre que lorsqu'un signal incomplet provenant de l'œil atteint le cerveau, celui-ci utilise des règles simples pour calculer ce que la tache aveugle de la rétine devrait voir. Dans ce cas, il extrapole les lignes et en déduit qu'il existe un motif de lignes radiales partant d'un centre et combe le vide en conséquence. Un certain nombre de problèmes font appel à ce phénomène pour faire disparaître des éléments.

LA SCIENCE DE LA TACHE AVEUGLE

La disparition du visage à une certaine distance est soudaine et frappante. Le phénomène de la tache aveugle montre qu'il est impossible de tout voir et que l'on ne peut pas véritablement faire confiance à ses yeux !

Un seul œil ne couvre pas le champ de vision dans son intégralité. En effet, aucun récepteur visuel ne se trouve sur une surface d'environ 1,5 mm de diamètre, à l'endroit où le nerf optique entre dans la rétine. Le scientifique français du XVIIe siècle Edmée Mariotte a découvert que le disque optique (la petite partie de la rétine où le nerf optique est relié au globe oculaire) n'est pas sensible à la lumière. Il en a déduit que l'œil est aveugle à cet endroit. Nous avons en fait deux taches aveugles, une dans chaque œil. Il est intéressant de noter que cette tache se situe à un endroit différent dans chaque œil, ce qui signifie que lors d'activités normales vous ne remarquez pas que chaque œil voit ce que la tache aveugle de l'autre œil ne voit pas.

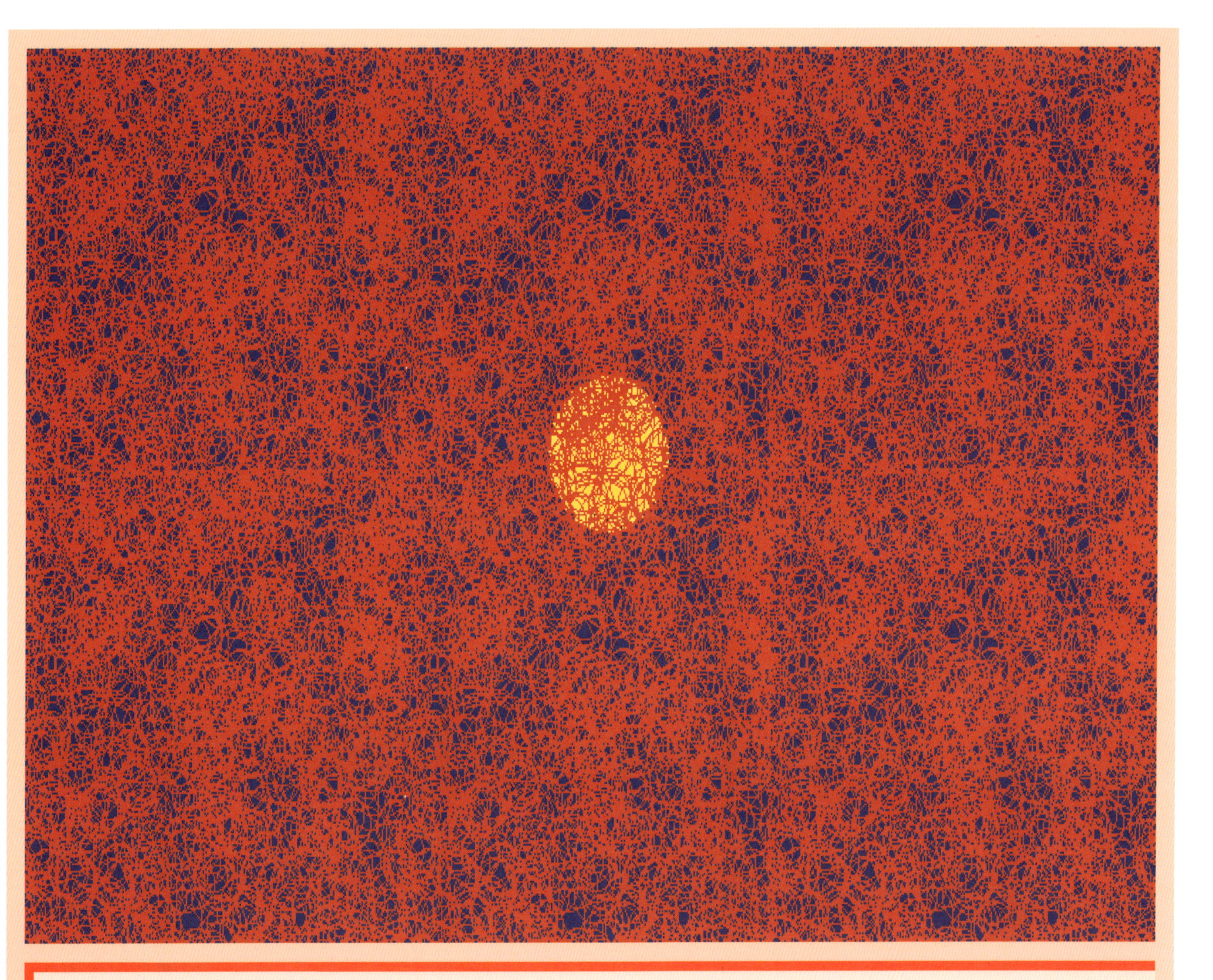

UN TROU DANS LE MUR

La plupart des illusions visuelles s'appuient sur des défaillances du système visuel humain, qui touchent tous les humains de la même façon. Cependant, l'illusion ci-dessus est perçue différemment selon les personnes.

L'image est composée d'un fond bleu sur lequel de nombreux petits cercles sont répartis de manière aléatoire. Un ovale jaune est placé en son centre.

Environ 70 % des personnes voient le cercle clair comme flottant sur le reste, alors que 20 % le voient derrière le fond. Les 10 % restants ne perçoivent pas l'effet de profondeur. Il est étonnant de constater que l'illusion s'intensifie lorsqu'on recule devant l'image.

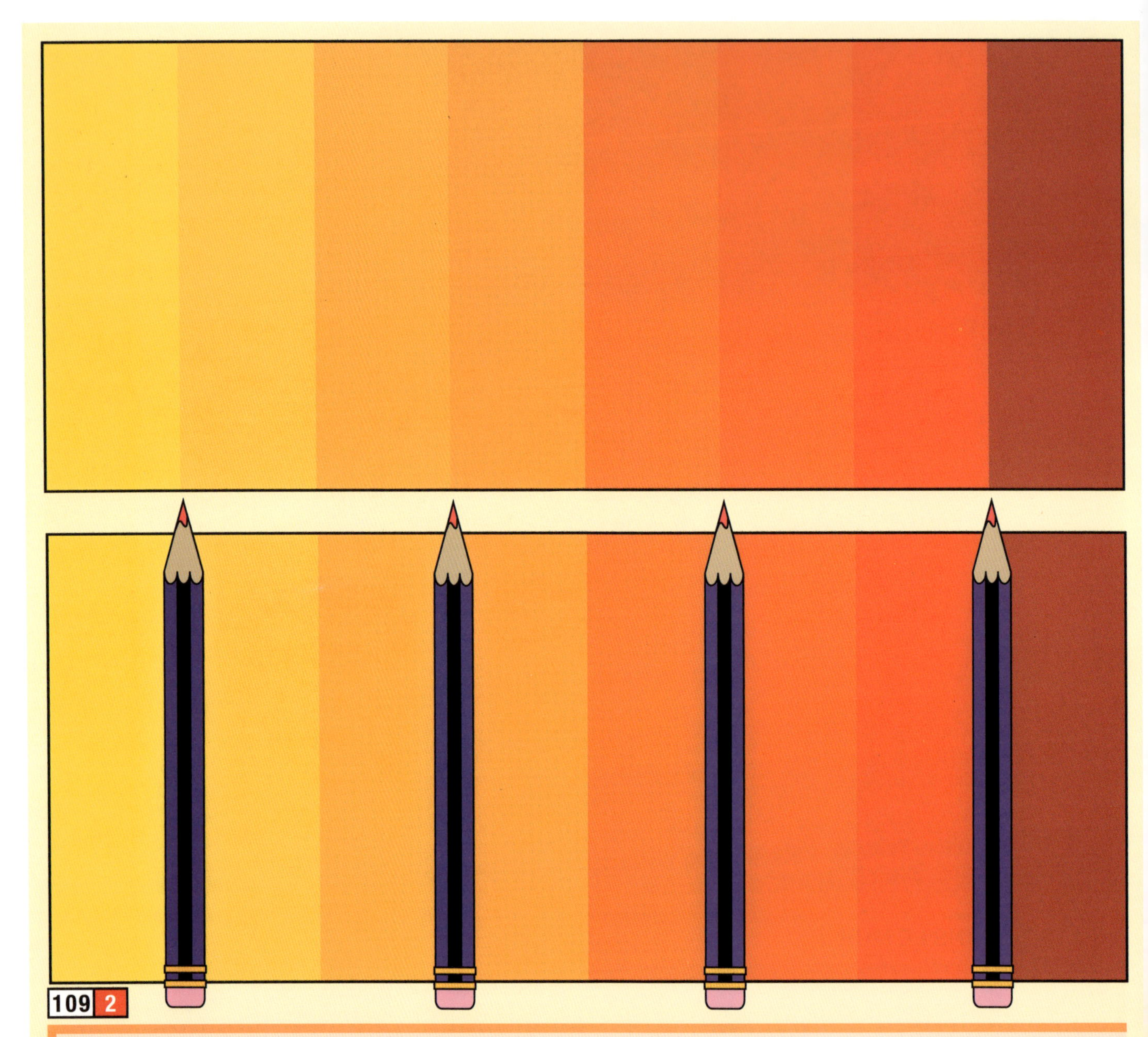

UNE ILLUSION DE CONTRASTE – COMBIEN Y A-T-IL DE NUANCES ?

Dans la bande supérieure nous voyons huit nuances de rouge, dans celle du bas seulement quatre. Rien n'a changé, sauf que nous avons couvert les traits de séparation avec des crayons. Le nombre de teintes est identique. Pouvez-vous expliquer l'effet ?

110 1

LES POINTS PERSISTANTS

Notre cerveau peut nous faire « voir » des choses qui n'existent pas. Combien de points noirs comptez-vous aux intersections des carrés noirs ci-dessus ? Dans les carrés ci-contre, combien voyez-vous de points rouges, verts et bleus même s'ils ne sont pas là ?

LA PERSISTANCE RÉTINIENNE

La persistance rétinienne est une illusion d'optique. C'est le fait qu'une image continue d'apparaître dans l'œil après la fin de l'exposition à cette image. La persistance rétinienne prend deux formes, négative (inversée) et positive (conservant la couleur d'origine).

La persistance négative survient lorsque les photorécepteurs des yeux, principalement ceux que l'on appelle les cônes rétiniens, sont surstimulés et perdent leur sensibilité. Lorsque vous détournez les yeux vers un espace vierge, les photorécepteurs surstimulés envoient peu de signal et ces couleurs restent sourdes. Cependant, les cônes environnants qui n'étaient pas excités par cette couleur restent « frais » et envoient un signal fort, qui est exactement le même que si vous regardiez la couleur opposée. C'est ainsi que le cerveau l'interprète. La persistance positive, quant à elle, semble de la même couleur que l'image d'origine. Elle est souvent très brève, moins d'une demi-seconde, et peut ne pas se produire si le stimulus est très vif. La cause de la persistance positive n'est pas bien connue.

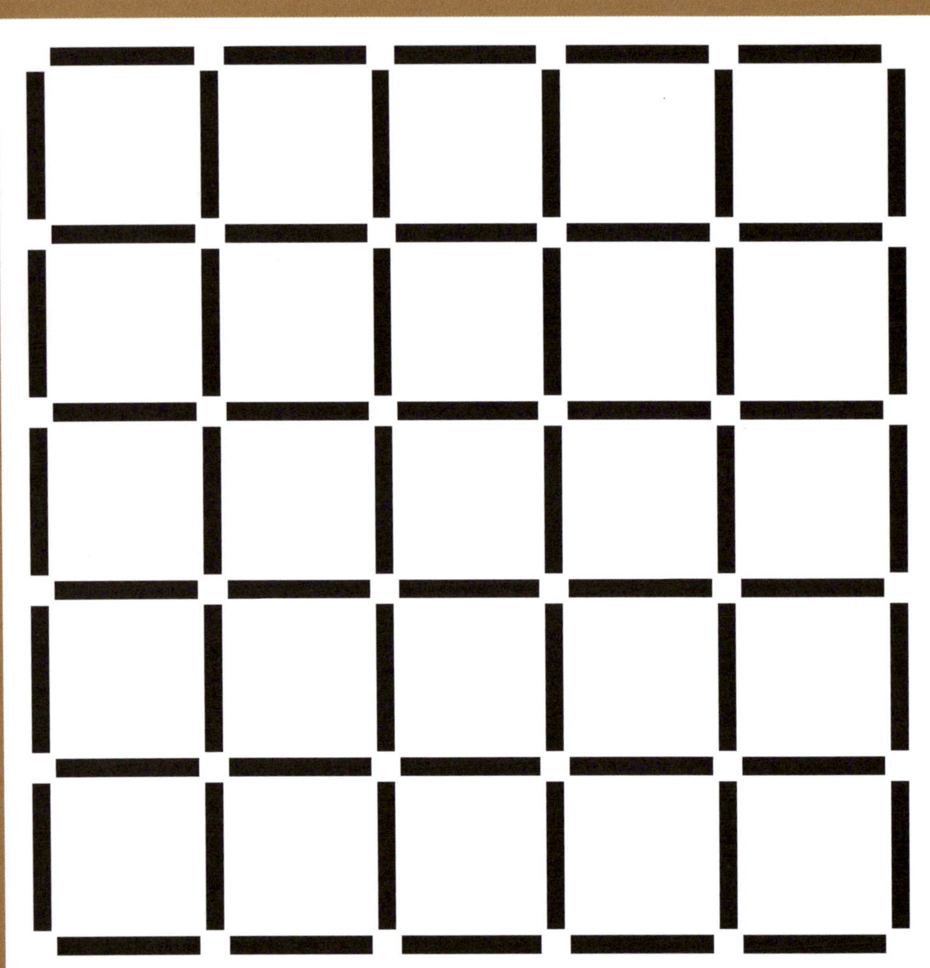

111 1

DES CONTOURS SUBJECTIFS ET DES CARRÉS ILLUSOIRES

Plus blanc que blanc

Au croisement des traits noirs épais nous « voyons » des carrés blancs qui semblent plus clairs que le fond. L'illusion est saisissante.

Dans la figure ci-contre, nous percevons un carré solide, mais il n'y a en fait que quatre cercles dessinés au trois-quarts. Si vous couvrez deux angles du carré, celui-ci disparaît. Pourquoi ?

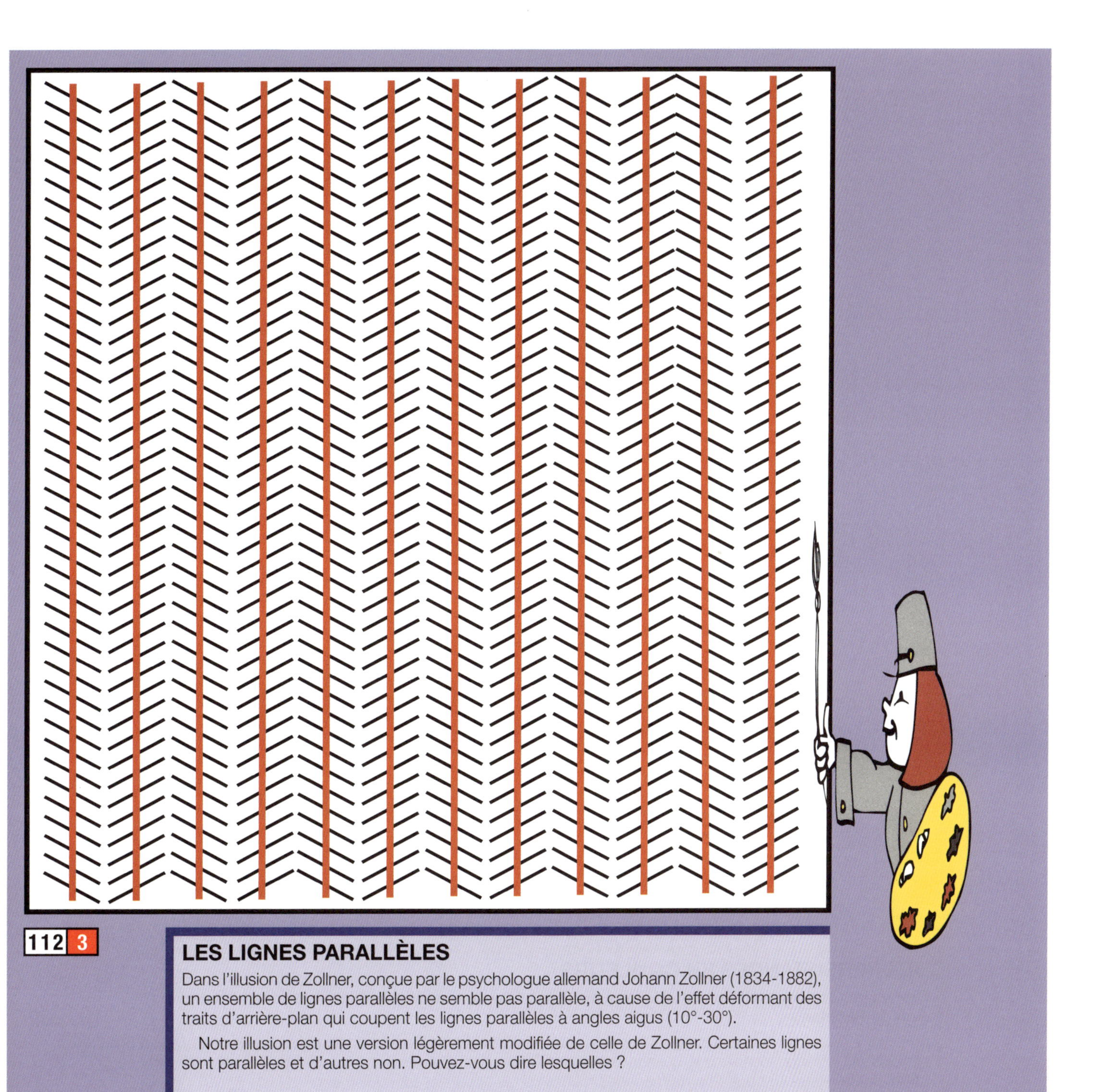

112 3

LES LIGNES PARALLÈLES

Dans l'illusion de Zollner, conçue par le psychologue allemand Johann Zollner (1834-1882), un ensemble de lignes parallèles ne semble pas parallèle, à cause de l'effet déformant des traits d'arrière-plan qui coupent les lignes parallèles à angles aigus (10°-30°).

Notre illusion est une version légèrement modifiée de celle de Zollner. Certaines lignes sont parallèles et d'autres non. Pouvez-vous dire lesquelles ?

DES PERSISTANCES EN COULEURS

Créées par Jeremy L. Hinton sous le nom de « Lilac Chaser », également connue sous le nom de « l'illusion de PacMan »

Fixez votre regard sur la croix au centre. Les points colorés disparaissent après quelques secondes, en raison d'un effet appelé « fatigue rétinienne », qui survient lorsque la persistance rétinienne d'un objet annule le stimulus de l'objet sur la rétine. Au bout d'un moment des tâches vertes apparaissent également.

LA PERSPECTIVE

La relativité de la grandeur

La perspective est la représentation sur une surface plane d'une image telle qu'elle est perçue par l'œil. La perspective telle que nous la connaissons dans l'art occidental est très récente, elle date de la Renaissance italienne, au XVe siècle. Elle est absente de tous les arts premiers et de toutes les civilisations précédentes. Dans les représentations formalisées sophistiquées de l'Égypte ancienne, les têtes et les pieds sont représentés de profil, sans mise en relief par la perspective, ce qui donne un air enfantin aux œuvres d'art.

La perspective mise au point par les dessinateurs du XVe siècle est un ensemble de règles permettant à l'artiste de donner l'illusion d'un espace tridimensionnel sur un plan bidimensionnel, en faisant converger les lignes structurelles vers un « point de fuite » imaginaire sur un horizon imaginaire au niveau de l'observateur.

Il est extraordinaire qu'il ait fallu autant de temps pour mettre au point une simple perspective géométrique (beaucoup plus longtemps que pour le feu ou la roue) sachant qu'il a toujours été possible de la voir.

Les lois et les principes de la perspective ont été clairement décrits pour la première fois par Léonard de Vinci (1452-1519), qui envisagea la perspective comme une branche de la géométrie et décrivit la façon de la dessiner directement sur une feuille de papier. Cette technique fut adoptée par les artistes connus sous le nom de « maîtres hollandais » du XVIIe siècle.

La perspective vous permet de couvrir le soleil au loin avec vos mains ouvertes ou de le tenir entre vos mains.

LE MIROIR DE L'ARTISTE

Le miroir de l'artiste fut conçu par Leon Battista Alberti (1404-1472) et utilisé par Léonard de Vinci pour dessiner des images en perspective. Cette illustration du dispositif est l'œuvre de l'imprimeur allemand Albrecht Dürer (1471-1528).

ANITTA EST UN GÉANT

Anitta visite Madurodam, la ville miniature hollandaise.

SENS DESSUS DESSOUS

Voici l'une des « Inversions »de Scott Kim. Retournez la page pour l'apprécier.

113 3

UN VERRE À VIN SUR UN PLATEAU

Selon vous, le verre à vin se trouve-t-il sur le plateau ? Il s'agit d'une surprenante illusion d'optique de Gianni A. Sarcone, telle qu'elle est parue dans le magazine Infinity, édité par les publications Tarquin.

CONVEXE – CONCAVE

La perception s'appuie dans une grande mesure sur notre utilisation d'hypothèses concernant le monde pour résoudre certaines ambiguïtés. Nous interprétons une image ombrée selon l'endroit d'où nous pensons que la lumière provient. Celle-ci émane généralement d'une source au-dessus de nos têtes. Comment pouvez-vous changer la direction de la lumière dans cette image ?

UN MONDE À L'ENVERS – MAGIE ET ILLUSIONS

La vision est une illusion. Nous « voyons » le monde à l'envers tout comme une caméra : l'image sur notre rétine se trouve la tête en bas, mais le cerveau prend le contrôle pour la retourner. Dès le plus jeune âge, nous apprenons quel côté est le « bon côté » des choses.

Les illusions d'inversion font partie des illusions perceptuelles et optiques les plus surprenantes et les plus esthétiques. Elles révèlent la façon dont le cerveau interprète le monde et nous donnent une indication de ses limites.

De nombreux phénomènes inattendus se manifestent lorsque nous regardons les choses à l'envers. Nous sommes tellement habitués à la symétrie verticale et si peu habitués à voir les choses à l'envers qu'il est très difficile d'imaginer ce à quoi ressembleraient la plupart des scènes, des images ou des objets s'ils étaient retournés. Notre conditionnement à voir les choses est responsable de diverses illusions d'inversion étonnantes.

D'une certaine façon nous voyons les choses plus clairement lorsque nous les regardons la tête en bas. Par exemple, certains artistes vérifient les couleurs d'un paysage en se penchant et en l'observant avec la tête entre les jambes. N'ayant pas l'habitude de voir les contours à l'envers, ils ne contaminent pas les couleurs en les associant avec des formes familières.

UNE ILLUSION D'OMBRE SUR UN ÉCHIQUIER

Êtes-vous prêt à croire que les cases marquées A et B sont de la même nuance de gris ?

Cette illusion contre-intuitive saisissante a été conçue par le spécialiste américain de la vue Edward H. Adelson.

Copiez et découpez les deux fenêtres du modèle et vous serez étonné de trouver deux nuances de gris identiques dans les deux fenêtres sur les carrés A et B.

DE L'ART SUR LE TROTTOIR

L'artiste anglais Julian Beever crée de magnifiques œuvres d'art en trompe-l'œil sur les trottoirs en utilisant la perspective et l'anamorphisme pour produire d'étonnants effets et illusions optiques en 3D.

UN ESCALIER EN PERSPECTIVE

Des lignes en apparence aléatoires deviennent une structure logique ordonnée lorsqu'elles sont vues d'un point donné dans l'espace selon les règles de la perspective. Les lignes peintes sur le sol et le mur ressemblent à un escalier à trois dimensions, avec des personnes dessus, comme sur une photographie.

LE CUBE DE NECKER

La réalité est perception

Le cube de Necker est une illusion d'optique publiée pour la première fois en 1832 par le cristallographe suisse Louis Albert Necker (1786-1861). C'est l'une des premières démonstrations scientifiques de l'ambiguïté de la perception, belle et fascinante dans sa simplicité et de par le phénomène étonnant qu'elle produit lorsqu'on la regarde pendant un moment.

Le cube de Necker est un dessin linéaire d'un cube en fil de fer en perspective isométrique, comme sur l'illustration. C'est un squelette bidimensionnel d'un cube tridimensionnel dans lequel il est impossible de distinguer l'avant de l'arrière.

Le cube de Necker, et de nombreuses autres figures ambiguës par la suite, montre que nous pouvons « voir » la même chose de deux (ou plus) façons différentes, même si ce que nous regardons reste inchangé.

Il est impossible de distinguer l'avant de l'arrière du cube de Necker. Ces deux notions dépendent de ce que l'on pense qu'elles sont. L'inversion ne se trouve en effet pas dans le dessin, mais en nous. Notre subjectivité accommode l'objet d'une façon, puis d'une autre. Mais étrangement l'inversion implique notre position dans l'espace. Si vous observez le cube avec la bande rouge horizontale, il se trouve tout entier sous le niveau de vos yeux, vous le voyez par le haut. Mais si vous regardez le cube avec la bande rouge verticale, il se trouve au-dessus du niveau de vos yeux.

Puisque vous ne pouvez pas être à deux endroits en même temps, il vous est impossible de voir les deux orientations simultanément dans le cube de Necker. Ainsi, la structure perceptuelle de ce cube est beaucoup plus complexe et ambiguë que suggéré au départ. Nous ne voyons jamais les deux orientations ensemble, car notre système visuel doit décider où nous nous trouvons dans l'espace.

Le même raisonnement peut s'appliquer aux dessins des « figures impossibles » créées par le graphiste néerlandais M. C. Escher (1898-1972) et par Richard Gregory, Roger Penrose, entre autres.

Necker fut parmi les premiers à reconnaître que nos yeux et notre cerveau sont impliqués dans l'interprétation des images. La découverte de son cube et des phénomènes impliqués constitua le fondement de l'étude scientifique de la perception humaine au XXe siècle.

UN CUBE DE NECKER AMBIGU

Lorsque vous regardez le cube, il s'inverse soudainement : ce qui était l'avant devient l'arrière, et inversement. Le cube de Necker démontre que tout ce que nous voyons est simplement « deviné » par notre système visuel.

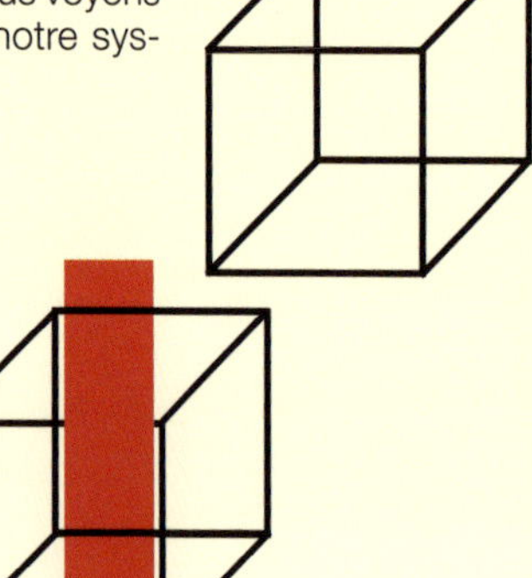

Les bandes rouges rendent le cube de Necker moins ambigu et permettent de voir clairement chaque inversion et orientation.

LE CUBE D'ANGLE

Combien d'images différentes voyez-vous ? Un petit cube devant un coin du grand cube ? Un petit cube dans un coin du grand cube ? Ou un petit cube découpé dans un angle du grand cube ? Si vous observez suffisamment longtemps, les trois possibilités finissent par apparaître sous vos yeux.

UNE COCCINELLE DANS UN CUBE DE NECKER

114 3

À combien d'endroits voyez-vous cette coccinelle ?

LA BOÎTE DE NECKER

Si vous regardez la carcasse de la boîte de Necker dépourvue d'indications concernant ses parois, elle peut devenir n'importe laquelle des boîtes illustrées ci-contre.

UN CUBE DE NECKER SUBJECTIF

Le cube de Necker et ses différentes versions peuvent apparaître même sous la forme d'une illusion optique, par leurs contours subjectifs, comme sur l'illustration.

DES CONTOURS SUBJECTIFS

Nous avons l'habitude que les figures soient définies par leurs contours. Il arrive toutefois que les contours soient apparents alors qu'en fait ils sont inexistants. Par exemple (ci-contre), le cube de Necker est matérialisé par huit cercles rouges dans lesquels les angles du cube sont blancs. En dépit de l'absence de cube de Necker, l'illusion d'en voir un, complet avec ses inversions d'orientation, est saisissante.

DES STÉRÉOGRAMMES À POINTS ALÉATOIRES

Pour percevoir la profondeur et la distance nous utilisons notre vision stéréoscopique, l'image perçue par notre cerveau des deux vues légèrement différentes reçues par nos deux yeux. Les stéréogrammes aux points aléatoires à deux images sont une invention du hongrois Bela Julesz (1928-2003) dans les années 1960. La procédure qu'il suivit est illustrée ci-après.

En 1979, Christopher Tyler, un étudiant du professeur Julesz, l'améliora en produisant un effet de décalage qui permit de créer des stéréogrammes avec une seule image, illustrés ci-dessous.

Un rectangle de points disposés de manière aléatoire.

Un groupe de points est sélectionné pour former un cercle dans le rectangle.

Un rectangle identique dans lequel le groupe de points formant le cercle est légèrement décalé sur la gauche

Lorsque les deux rectangles sont vus ensemble comme une paire stéréo classique, l'image du cercle semble flotter sur l'arrière-plan

UN STÉRÉOGRAMME À POINTS ALÉATOIRES À IMAGE UNIQUE

La technique de l'image unique est certes un peu plus subtile, mais fondamentalement identique. L'image est divisée en plusieurs colonnes étroites de points. La première est totalement aléatoire, la seconde est identique, à l'exception près que quelques pixels d'une zone sélectionnée sont légèrement décalés de côté. Ce processus se répète sur l'image dans son intégralité. La première et la deuxième colonne forment une paire, la deuxième et la troisième colonne une autre paire, et ainsi de suite. Si vous observez l'image en suivant la procédure présentée à la page suivante, vous voyez un cercle flottant sur le fond.

L'ŒIL MAGIQUE

Les stéréogrammes à points aléatoires

En 1991 le programmeur informatique Tom Baccei et l'artiste Cheri Smith collaborèrent pour améliorer les travaux de Julesz et Tyler. Grâce à l'aide de Bob Salitsky, programmeur, le groupe mit au point le premier programme de stéréogramme en couleurs : sans points, mais avec de mystérieuses formes colorées masquant les images !

Grâce à ce programme et à un logiciel de modélisation en 3D de pointe, ils inventèrent une nouvelle forme d'art brevetée, dont voici un exemple ci-dessus.

Parviendrez-vous à voir l'image cachée ?

Comment observer le stéréogramme

Normalement, lorsque vous regardez une image votre regard se concentre sur la surface du papier ou sur l'écran de l'ordinateur. Lorsque vous observerez ces stéréogrammes, laissez la ligne visuelle de vos yeux se déplacer en parallèle hors de l'image vers un point situé bien au-delà de l'image. Environ 10 % des observateurs n'arrivent pas à percevoir les stéréogrammes. Ceux qui y parviendront verront au milieu de l'image une bouilloire flottant au-dessus d'un plancher horizontal et d'un mur vertical.

LES MOTIFS EN MATHÉMATIQUES

Le monde est constitué de couleurs et de mouvements, de sentiments et de pensées. Tout dans l'univers est une sorte de motif. Les mathématiques sont l'étude des motifs purs.

Les motifs se trouvant partout, et étant souvent très beaux, ils excitent notre curiosité. L'intérêt pour les motifs se manifeste très tôt dans la vie des individus. Nous qualifions la curiosité d'un enfant pour le monde et ses motifs de « jeu » et dans le cas d'un mathématicien, nous parlons de « recherche ». Ces motifs peuvent prendre plusieurs formes : numérique, géométrique, cinétique, comportementale, etc.

En tant que science des motifs, les mathématiques concernent tous les aspects de la vie : les motifs abstraits constituent les fondements de la pensée, des communications, des calculs, de la société, et même de la vie.

Lorsque nous reconnaissons un motif nous voyons qu'il existe une relation systématique entre les éléments d'un groupe, ce qui indique une structure ordonnée sous-jacente. Lorsque nous cherchons à identifier et à exprimer cet ordre, nous parlons la « langue des mathématiques ». Les motifs sont omniprésents et tout le monde peut les voir, mais en mathématiques, nous observons des motifs dans les motifs. Une partie de la magie des mathématiques réside dans la façon dont un problème simple et amusant peut mener à une bonne connaissance de soi.

« Le motif du mathématicien, comme celui du peintre ou du poète, doit être beau… Il n'y a pas de place permanente dans le monde pour les mathématiques laides. »

G.-H. Hardy (1877-1947)

LES PAIRES DE MOTIFS ET LES JEUX DE MÉMOIRE

Les jeux de mémoire avec des cartes à jouer existent depuis plus d'un siècle. Un jeu de cartes est disposé face cachée sur une surface et deux cartes sont retournées à chaque tour : si elles constituent une paire le joueur les conserve, dans le cas contraire, elles sont replacées face vers le bas et les joueurs doivent tenter de mémoriser leur emplacement de manière à les retourner lorsqu'ils en auront besoin pour former une paire. Le jeu se poursuit jusqu'à ce que toutes les paires aient été constituées. Le joueur ayant le plus grand nombre de paires à la fin gagne.

Ce jeu fait appel à l'observation, à la concentration et à la mémoire. Nul besoin d'utiliser des cartes à jouer, n'importe quel ensemble de paires de cartes décorées convient. Vous pourriez, par exemple, créer une version particulièrement intéressante de ce jeu en copiant les cartes du problème d'appariement de motifs et en les découpant pour former deux jeux de cartes.

Toutes les cartes colorées de notre jeu s'appuient sur le même motif de lignes.

L'APPARIEMENT DE MOTIFS

LE PROBLÈME DES PAIRES DE MOTIFS

Dans cette version du jeu de mémoire, combien de temps vous faudra-t-il pour former des paires avec les cartes de la page précédente et leurs jumelles sur celle-ci ?

115 5

1	2	3	4	5
6	7	8	9	10
11	12	13	14	15
16	17	18	19	20
21	22	23	24	25
26	27	28	29	30

Page précédente

Cette page

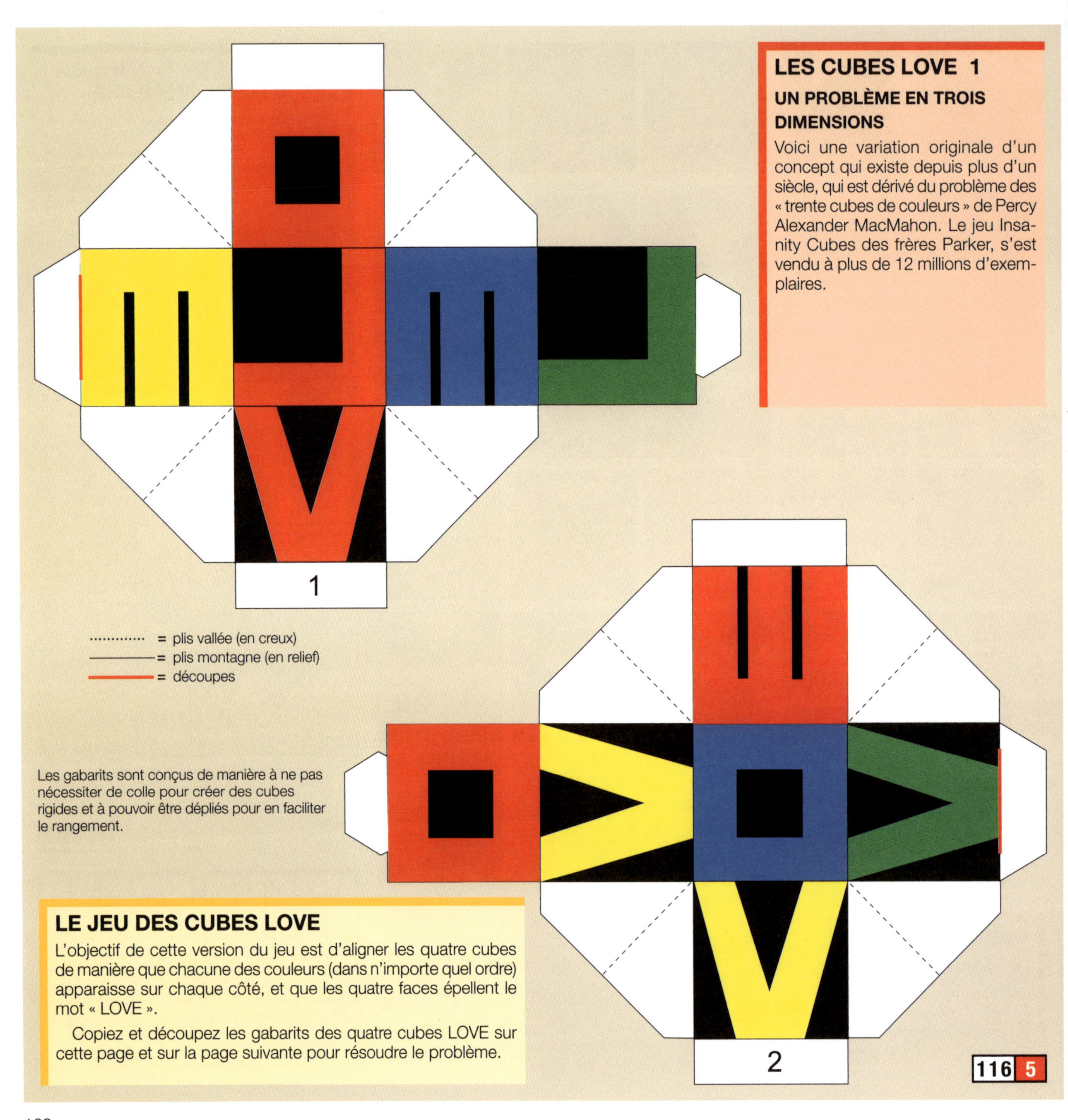

LES CUBES LOVE 1

UN PROBLÈME EN TROIS DIMENSIONS

Voici une variation originale d'un concept qui existe depuis plus d'un siècle, qui est dérivé du problème des « trente cubes de couleurs » de Percy Alexander MacMahon. Le jeu Insanity Cubes des frères Parker, s'est vendu à plus de 12 millions d'exemplaires.

············ = plis vallée (en creux)
———— = plis montagne (en relief)
———— = découpes

Les gabarits sont conçus de manière à ne pas nécessiter de colle pour créer des cubes rigides et à pouvoir être dépliés pour en faciliter le rangement.

LE JEU DES CUBES LOVE

L'objectif de cette version du jeu est d'aligner les quatre cubes de manière que chacune des couleurs (dans n'importe quel ordre) apparaisse sur chaque côté, et que les quatre faces épellent le mot « LOVE ».

Copiez et découpez les gabarits des quatre cubes LOVE sur cette page et sur la page suivante pour résoudre le problème.

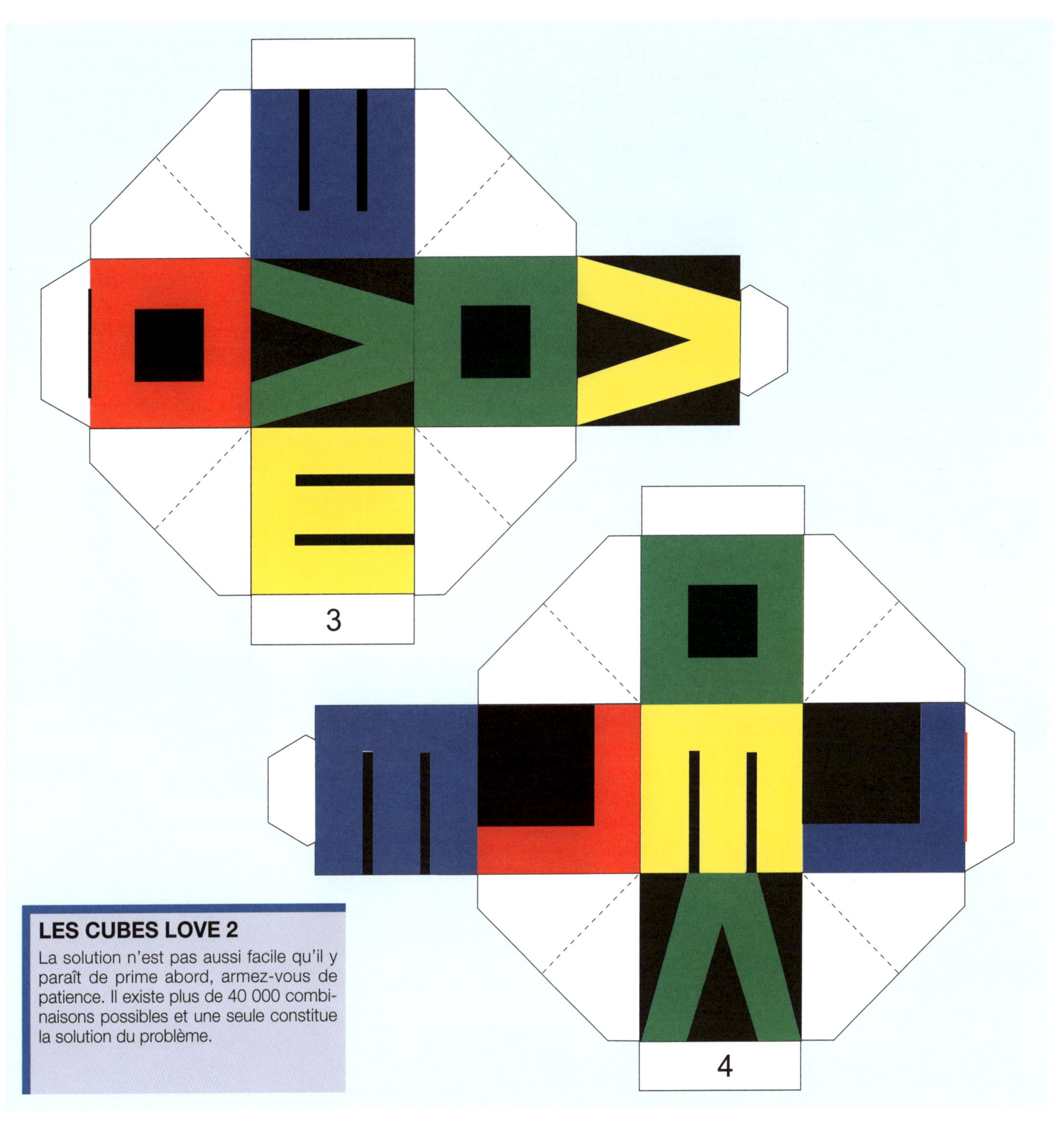

LES CUBES LOVE 2

La solution n'est pas aussi facile qu'il y paraît de prime abord, armez-vous de patience. Il existe plus de 40 000 combinaisons possibles et une seule constitue la solution du problème.

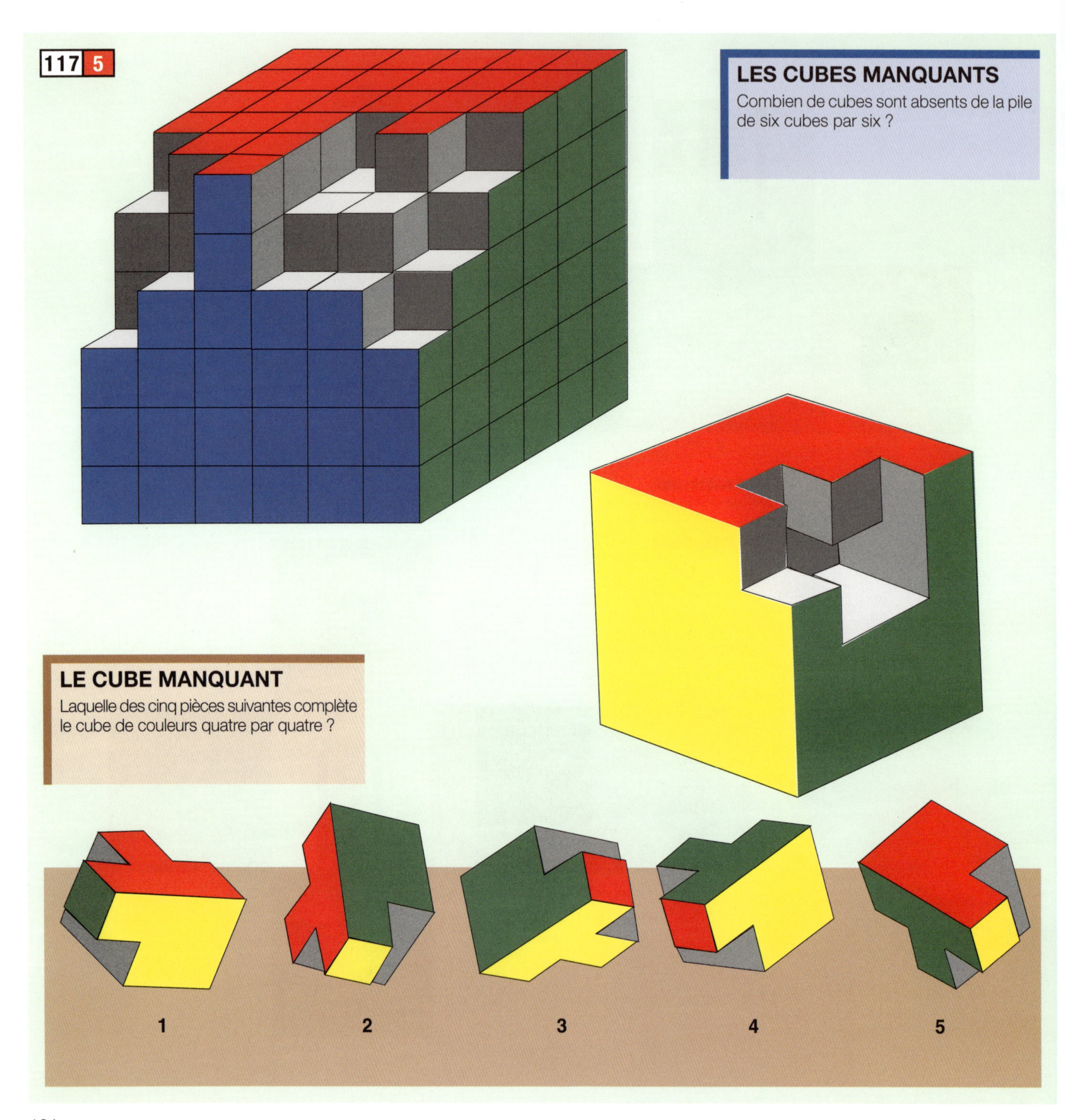
117 5
LES CUBES MANQUANTS
Combien de cubes sont absents de la pile de six cubes par six ?
LE CUBE MANQUANT
Laquelle des cinq pièces suivantes complète le cube de couleurs quatre par quatre ?
1
2
3
4
5

SOLUTIONS

001

20 - 81 - 83 -4	42 - 36 - 62 -12	43 - 29 50 - 35	30 - 14 48 - 59
21 - 80 44 - 34	86 - 31 76 - 47	13 - 1 41 - 60	2 - 23 5 - 69
39 - 70 78 - 9	24 - 33 - 8 - 58	7 - 67 10 - 64	27 - 11 52 - 63
61 - 37 18 - 65	22 - 14 49 - 6	72 - 19 71 - 82	3 - 53 25 -
51 - 85 79 - 28	56 - 77 38 - 73	40 - 26 -	75 - 55 74 - 68

1	1	2	15	16	30	2	7	9	16	59	4	5	11	14
2	1	3	14	16	31	2	7	10	15	60	4	5	12	13
3	1	4	13	16	32	2	7	11	14	61	4	6	8	16
4	1	4	14	15	33	2	7	12	13	62	4	6	9	15
5	1	5	12	16	34	2	8	9	15	63	4	6	10	14
6	1	5	13	15	35	2	8	10	14	64	4	6	11	13
7	1	6	11	16	36	2	8	11	13	65	4	7	8	15
8	1	6	12	15	37	2	9	10	13	66	4	7	9	14
9	1	6	13	14	38	2	9	11	12	67	4	7	10	13
10	1	7	10	16	39	3	4	11	16	68	4	7	11	12
11	1	7	11	15	40	3	4	12	15	69	4	8	9	13
12	1	7	12	14	41	3	4	13	14	70	4	8	10	12
13	1	8	9	16	42	3	5	10	16	71	4	9	10	11
14	1	8	10	15	43	3	5	11	15	72	5	6	7	16
15	1	8	11	14	44	3	5	12	14	73	5	6	8	15
16	1	8	12	13	45	3	6	9	16	74	5	6	9	14
17	1	9	10	14	46	3	6	10	15	75	5	6	10	13
18	1	9	11	13	47	3	6	11	14	76	5	6	11	12
19	1	10	11	12	48	3	6	12	13	77	5	7	8	14
20	2	3	13	16	49	3	7	8	16	78	5	7	9	13
21	2	3	14	15	50	3	7	9	15	79	5	7	10	12
22	2	4	12	16	51	3	7	10	14	80	5	8	9	12
23	2	4	13	15	52	3	7	11	13	81	5	8	10	11
24	2	5	11	16	53	3	8	9	14	82	6	7	8	13
25	2	5	12	15	54	3	8	10	13	83	6	7	9	12
26	2	5	13	14	55	3	8	11	12	84	6	7	10	11
27	2	6	10	16	56	3	9	10	12	85	6	8	9	11
28	2	6	11	15	57	4	5	9	16	86	7	8	9	10
29	2	6	12	14	58	4	5	10	15					

LE CARRÉ MAGIQUE DIABOLIQUE DE DÜRER

Il existe 880 carrés magiques différents d'ordre 4. Le carré magique « diabolique » de Dürer en est un, mais il contient un nombre surprenant de motifs mathématiques.

Il existe 86 façons différentes de sélectionner quatre nombres de 1 à 16 pour former la constante magique de 34. Toutes se trouvent dans le carré magique diabolique de Dürer sous la forme des motifs géométriques distincts, comme sur l'illustration.

002

LES CARRÉS (LATINS) MAGIQUES DE COULEURS

À la fin de sa vie, le mathématicien Leonhard Euler mit au point un nouveau type de carré magique, le carré latin. Dans un carré latin, un certain nombre de symboles (nombres, lettres, couleurs, etc.) sont placés dans un carré du même ordre, de manière que chaque rangée ou colonne contiennent chaque symbole une seule fois. Par exemple, un carré de cinq sur cinq peut contenir cinq lettres (a, b, c, d, e) cinq fois sans que la lettre « a » ne figure deux fois sur la même rangée ou la même colonne. Il existe aussi des carrés latins en diagonales, dans lesquels les mêmes règles s'appliquent sur les deux diagonales principales, voire sur les diagonales secondaires.

Le nombre de carrés latins d'ordre n = 1, 2, 3 etc. est 1, 2, 12, 576, 161 280, etc. Le carré magique gréco-latin présente une complication supplémentaire. Il est constitué de deux carrés latins superposés dont chaque cellule contient un élément de chacun des carrés. Chaque élément d'un carré est associé à un élément du second carré une seule fois, et chaque rangée et colonne contiennent tous les éléments des deux carrés. Voici une illustration simple de ce carré :

1a 2b 3c
2c 3a 1b
3b 1c 2a

Il est facile de voir qu'aucun carré magique gréco-latin d'ordre 2 ne peut exister.

Les carrés magiques latin et gréco-latin ne sont pas de simples diversions, ils ont des applications utiles en science expérimentale. Supposons par exemple qu'un chercheur spécialisé en agriculture souhaite tester les effets de sept types de fongicides sur des plans de blé. Il peut diviser un champ expérimental en sept bandes parallèles et traiter chaque bande avec un fongicide différent. Cependant, ce test peut être faussé par des conditions favorables dans l'une des parcelles, par exemple, la bande la plus à l'est ou la plus au sud. La meilleure façon de maîtriser ces distorsions consiste à diviser le champ en 49 parcelles dans un tableau de sept par sept et à appliquer les produits chimiques selon les prescriptions d'un carré latin. Ainsi chaque fongicide est testé dans chaque condition. Si l'expérience devait tester les sept fongicides sur sept souches différentes de blé, un carré gréco-latin peut être appliqué.

Le problème récréatif d'Euler est devenu un concept expérimental, non seulement dans le domaine de l'agriculture mais aussi en biologie, sociologie, médecine et même en marketing. La « cellule » n'a bien sûr pas besoin d'être une parcelle de terrain. Il peut s'agir d'une vache, d'un patient, d'une feuille, d'une cage d'animaux, d'une ville, d'un laps de temps, etc. Le carré constitue simplement une façon d'associer des éléments variables de manière unique.

LES CARRÉS MAGIQUES DE COULEURS D'ORDRE 3

Les 12 carrés magiques de couleurs d'ordre 3

LES CARRÉS MAGIQUES DE COULEURS D'ORDRE 4

LES CARRÉS MAGIQUES DE COULEURS D'ORDRE 5

LES CARRÉS MAGIQUES DE COULEURS D'ORDRE 6

LES CARRÉS MAGIQUES DE COULEURS D'ORDRE 7

Notez que ce carré magique de couleurs est en diagonale

003

CACHE-CASE

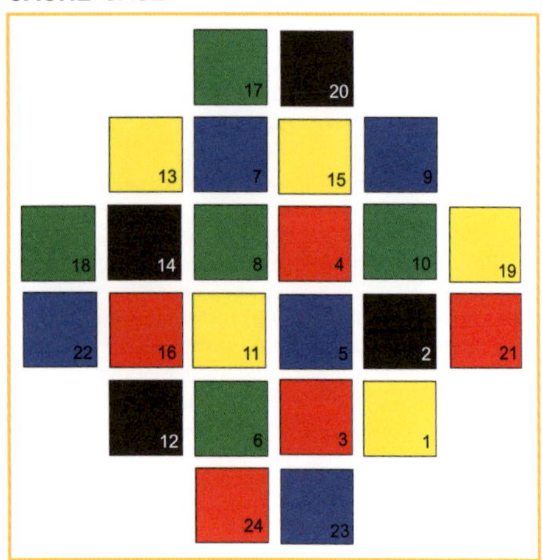

004

FORMES DE COULEURS MAGIQUES

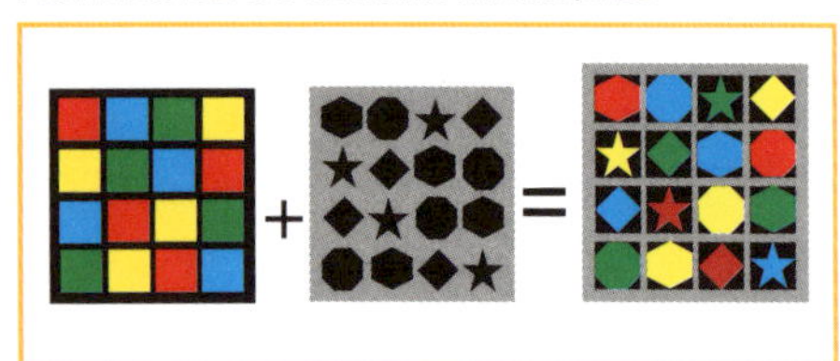

005

L'ARAIGNÉE DE JEREMIAH FARRELL

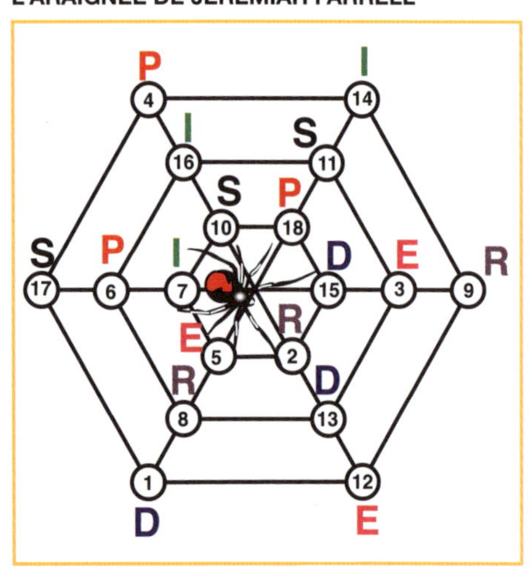

006

DECAPUZ

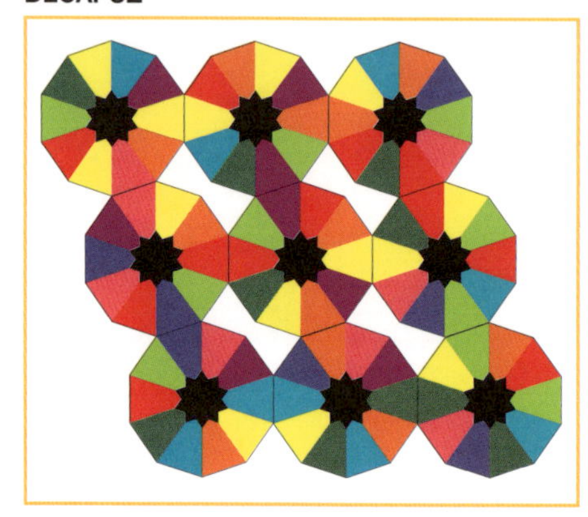

007

LE MATADOR DE COULEURS

La solution est supposée unique, sans compter les rotations ni les réflexions.

008

POLYGONES ARTICULÉS

La transformation de triangle en carré des quatre pièces articulées de Henry Ernest Dudeney est un véritable joyau de géométrie récréative. Elle présente la curieuse propriété de se plier en continu autour des articulations d'une position à l'autre, comme sur l'illustration. En pivotant les parties autour de la forme rouge dans le sens inverse des aiguilles d'une montre, vous obtenez un carré. En les pivotant dans l'autre direction, vous obtenez un triangle équilatéral.

Dans son ouvrage *Canterbury Puzzles* (1907), Dudeney présenta sa propre variation de la solution à quatre pièces pour la décomposition d'un carré en un triangle équilatéral et inversement, dont les différentes parties sont articulées ensemble. Il créa donc un nouveau type de problème, les dissections articulées et les pavages.

009

LES QUATRE PIÈCES DE SAM LOYD

010

LE SYNTÉMACHION D'ARCHIMÈDE

Zones : 144 au total.

Nous ignorons si Archimède a inventé le syntémachion ou s'il a simplement exploré les propriétés géométriques intéressantes d'un problème de dissection existant. Lorsque son livre sur le puzzle fut découvert, c'était un palimpseste provenant d'un livre de prières de Constantinople. Un palimpseste est formé d'une ou de plusieurs pages d'un parchemin ou d'un livre sur lesquelles on a écrit, puis qui ont été effacées pour être réutilisées. Le Dr Reviel Netz, qui a étudié le palimpseste, a conclu qu'Archimède tentait de résoudre le problème combinatoire du nombre de façon à former un carré à partir des 14 pièces du puzzle et qu'il avait trouvé 17 152 solutions. Le syntémachion n'était pas seulement l'un des plus anciens puzzles au monde, c'était aussi le plus ancien puzzle combinatoire de l'histoire des mathématiques.

Outre le calcul des aires des pièces, l'objectif du jeu est de disposer celles-ci de manière à former des motifs figuratifs et abstraits intéressants avec les 14 pièces. Une solution élégante, que l'on trouve dans un manuscrit écrit par le poète et homme d'état romain Ausonius (310-395 av. J.-C.), est celle de la forme d'un éléphant. Le mathématicien américain Bill Cutler a découvert qu'il existe 536 dispositions possibles des pièces du syntémachion pour former un carré, où celles qui sont équivalentes par rotation et réflexion sont considérées identiques.

012

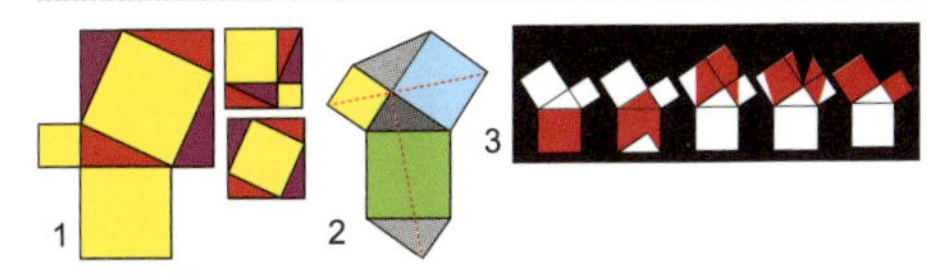

THÉORÈME DE PYTHAGORE

Les plus belles preuves

(1) **La preuve de Pythagore** Le carré jaune dans la première figure est égal à la somme des deux carrés jaunes de la seconde figure, ce qui démontre le théorème.

(2) **La preuve de De Vinci** Les pointillés divisent la figure de Léonard de Vinci en quatre quadrilatères congrus.

(3) **La preuve de Baravalle** La quatrième étape peut s'expliquer par le théorème de Cavalieri : si un parallélogramme est transformé par cisaillement sans modification de son altitude ni de sa base, son aire reste inchangée.

013

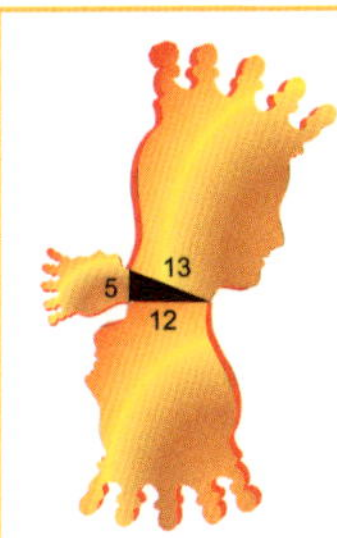

PLAQUES ROYALES

Selon la relation de Pythagore, la quantité d'or dans les deux plaques plus petites est la même que dans la grande.

Le théorème de Pythagore est bien connu dans le cas de formes carrés, mais il est généralement méconnu qu'il s'applique également à n'importe quel ensemble de figures similaires sur le plan géométrique pouvant être assemblées, chacune sur l'un des trois côtés d'un triangle rectangulaire.

La validité de cette forme décrite comme généralisée du théorème de Pythagore concerne non seulement les aires mais aussi les volumes des figures si leur épaisseur est identique.

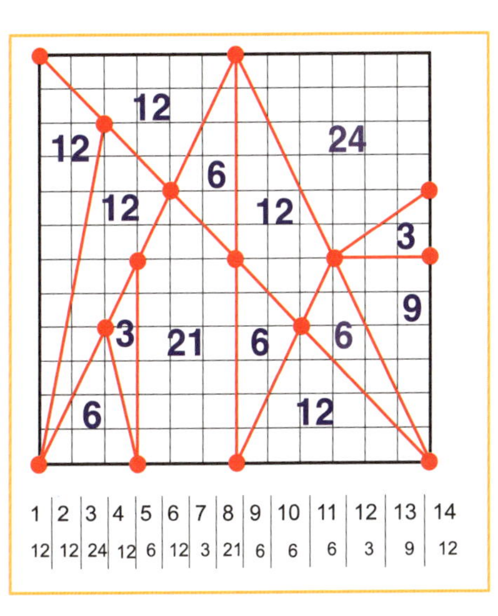

1	2	3	4	5	6	7	8	9	10	11	12	13	14
12	12	24	12	6	12	3	21	6	6	6	3	9	12

014

NOMBRES IRRATIONNELLES

Non. Il n'existe aucun nombre entier tel que $\sqrt{2} = P/Q$.

Il est assez simple d'en apporter la preuve. Supposons que $\sqrt{2} = P/Q$, et que P et Q n'aient aucun facteur commun. Si on met au carré cette équation, on obtient $P^2 = 2Q^2$, qui indique que P est un nombre pair, prenant la forme $P = 2R$. (Dans ce cas R est un nombre entier impair ou pair, on obtient un nombre pair lorsque l'on additionne entre eux des nombres pairs ou impairs.) La substitution de $P = 2R$ par $P^2 = 2Q^2$ a pour résultat $2R^2 = 2Q^2$, ou $R^2 = Q^2$, ce qui nous indique que Q est aussi un nombre pair, contrairement à l'hypothèse de départ où P et Q n'ont aucun facteur commun. Cette contradiction montre que des nombres naturels tels que P et Q n'existent pas.

Le nombre $\sqrt{2}$ est un nombre irrationnel, ce qui implique qu'il ne peut pas s'exprimer sous la forme d'un rapport entre deux nombres entiers. C'est le nombre que nous multiplions par lui-même pour obtenir 2. Si nous tentons de l'écrire sous forme décimale, la séquence de chiffres est infinie.

Des ordinateurs ont tenté de calculer $\sqrt{2}$ avec des milliers de chiffres, mais aucune preuve de motif ou de répétition n'a été trouvée. Les nombres où la séquence de chiffres ne prend pas fin sont des « décimaux infinis ». Alors que dans certains, tel $\sqrt{2}$, il n'existe aucun motif de répétition des chiffres, dans d'autres, appelés « décimaux répétés », la séquence est prévisible. Par exemple, 1/3 = 0,33333333 ou 24 282/99 999 = 0,2428124281…

LA DIAGONALE D'UN CARRÉ

Il suffit de multiplier la longueur du côté du carré par la constante de Pythagore ($\sqrt{2}$ ou 1,4142…).

$6 \times \sqrt{2} = 8{,}4852$

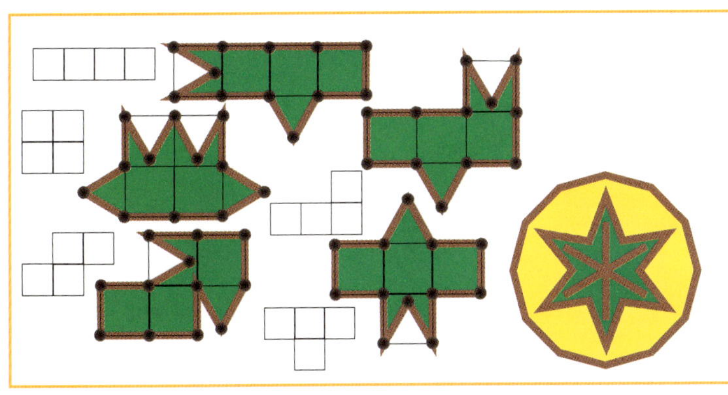

011

TRIANGLE ÉGYPTIEN ET CASSE-TÊTE À CORDE

(1) Il est possible de créer un grand nombre de polygones dotés d'une aire de quatre unités avec la corde égyptienne. Elton M. Palmer, d'Oakmont, en Pennsylvanie, a eu la bonne idée de faire le lien entre ce problème et les polyominos, plus particulièrement les tétrominos. Chacun des cinq tétrominos peut servir de base pour un grand nombre de solutions, par la simple addition et soustraction de triangles contenant les 12 longueurs égales. Certaines des solutions illustrées font appel aux cinq tétrominos différents.

(2) Toute surface entre 0 et 11,196 peut être englobée par la corde égyptienne. Eugene J. Putzer, Charles Shapiro et Hugh J. Metz ont suggéré une solution de configuration en étoile, comme dans l'illustration. En ajustant la largeur des points de l'étoile, l'aire la plus importante est celle d'un dodécagone régulier.

015

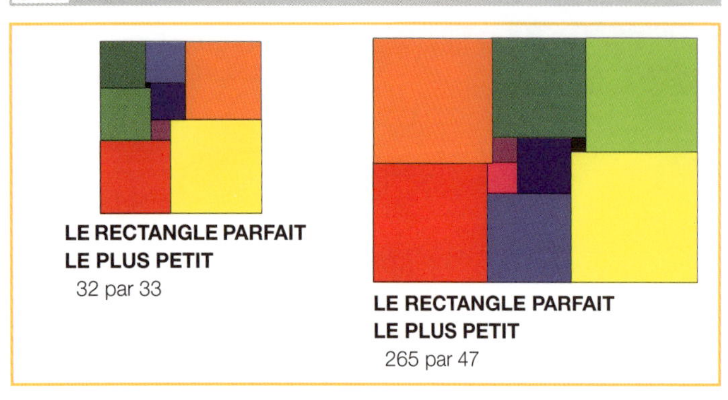

016

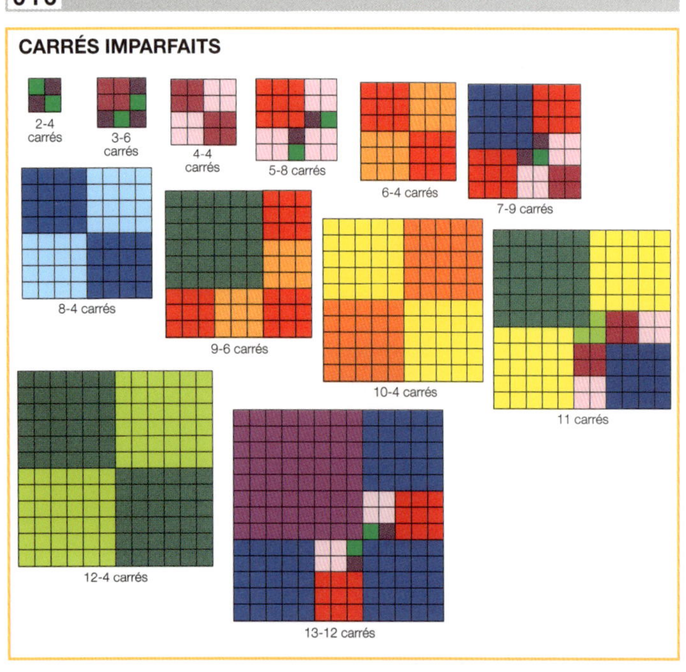

017

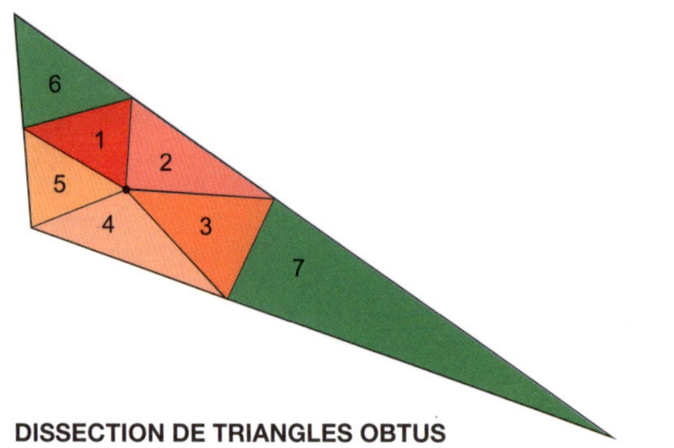

DISSECTION DE TRIANGLES OBTUS

Wallace Manheimer a publié dans le magazine *Mathematical Monthly* une belle et ingénieuse preuve. La logique de cette preuve s'appuie sur le fait que l'angle obtus doit être divisé par une ligne ne pouvant pas rejoindre le côté opposé car elle formerait un autre angle obtus (ou deux triangles à angles droits, qui ne sont pas aigus), qui devrait à son tour être décomposé, auquel cas la dissection ne serait pas minimale. Ce raisonnement se poursuit en indiquant que la ligne divisant l'angle obtus doit prendre fin à un point situé à l'intérieur du triangle. À ce point, au moins cinq lignes doivent se rencontrer pour créer des sommets d'angles aigus (inférieurs à 90°). Cela engendre un pentagone intérieur avec cinq triangles. Par conséquent, le nombre minimal de triangles aigus est sept, comme sur l'illustration.

018

DISSECTION DE TRIANGLES ÉQUILATÉRAUX

Des triangles imparfaits

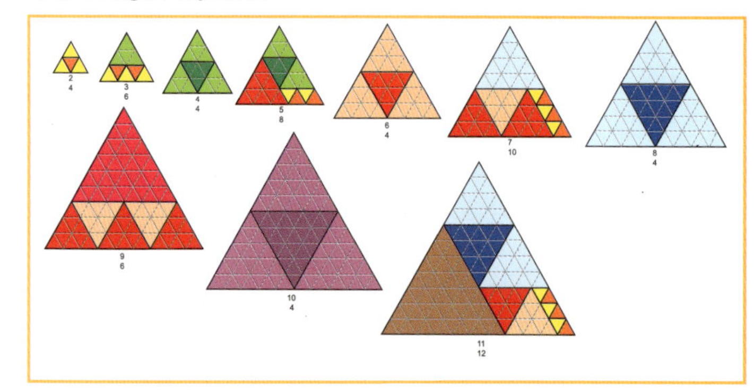

024

019

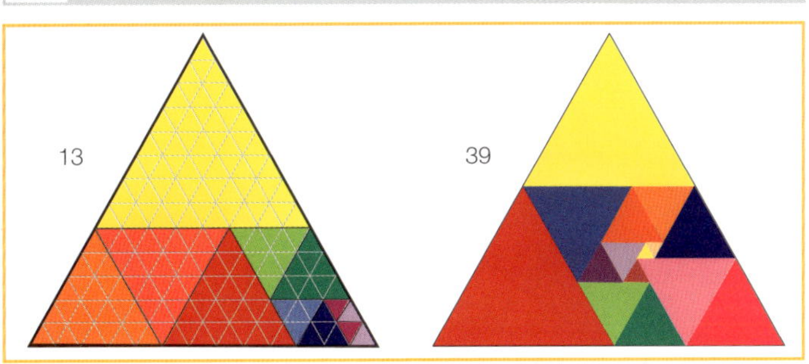

TRIANGLE IMPARFAIT 13

Le triangle 13 peut être décomposé en 12 petits triangles équilatéraux

TRIANGLE PARFAIT DE TUTTE

Quinze triangles, cinq paires de triangles de taille identique, chacune ayant une orientation différente. S'ils sont considérés différents, ils forment une configuration « parfaite ».

DISSECTION DE TRIANGLES ÉQUILATÉRAUX

Le « triangle parfait » de Tutte

Est-il possible de réaliser une mosaïque « parfaite » d'un triangle équilatéral, à savoir, de décomposer ce triangle en un nombre minimal de triangles équilatéraux plus petits de tailles différentes (comme nous l'avons fait avec le carré parfait) ?

W. T. Tutte et ses collègues ont prouvé qu'un triangle équilatéral ne peut pas être « parfait » et ne peut pas être décomposé en triangles équilatéraux de tailles différentes (sans tenir compte des orientations). En effet, au moins deux triangles ont la même taille et orientation. Cependant, les triangles équilatéraux peuvent être disposés en cascade dans deux directions, vers le haut et vers le bas. S'ils sont considérés comme différents, car non congrus, même si leur taille est identique, il est possible de trouver une sorte de « triangle parfait ». Tutte l'a trouvé. Le plus petit triangle équilatéral est doté de côtés de 39 unités, et tous les triangles sont différents si leurs orientations sont considérées comme différentes. Le triangle parfait est en cela comparable au carré des plus petits carrés parfaits de Duijvestijn.

021

LA MAGIE DES CRAYONS

Même s'il semble que le crayon situé juste à gauche du crayon supérieur bleu devient rouge, si vous pensez que tous les crayons ont été déplacés de trois places, vous voyez qu'en fait il ne l'a pas été. C'est en fait le crayon bleu qui court sur la droite qui est devenu un crayon rouge court, sur la gauche dans la partie inférieure.

023

HEXOMINOS CUBIQUES

2	7	13	14	16	18	21	22	30	33	35

020

DISPARITION MAGIQUE D'UN VISAGE

Si vous faites une découpe selon la ligne noire et que vous faites glisser la bande inférieure d'un visage vers la droite, un visage semble disparaître. En y regardant de plus près, on voit que rien n'a disparu. Comme dans l'explication, il y a en fait une augmentation progressive de la longueur des visages de gauche à droite.

022

TROMINOS SUR ÉCHIQUIERS

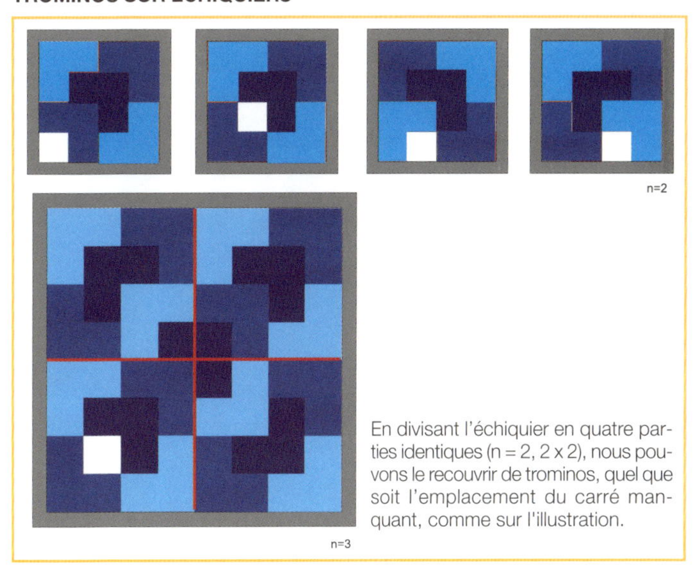

En divisant l'échiquier en quatre parties identiques (n = 2, 2 x 2), nous pouvons le recouvrir de trominos, quel que soit l'emplacement du carré manquant, comme sur l'illustration.

025

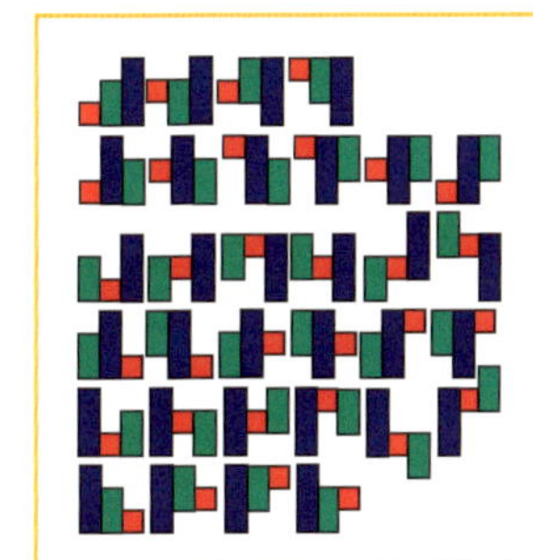

MARCHEPIED

Le jeu

Grâce à une procédure systématique, vous pouvez trouver 32 configurations qui soient différentes.

027

PAVAGES SUPERPOSÉS

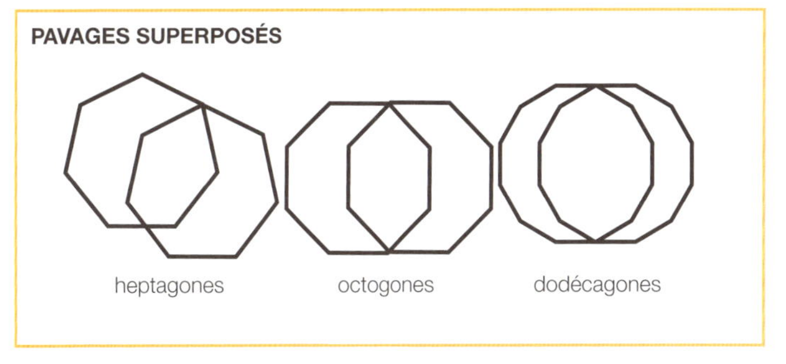

026

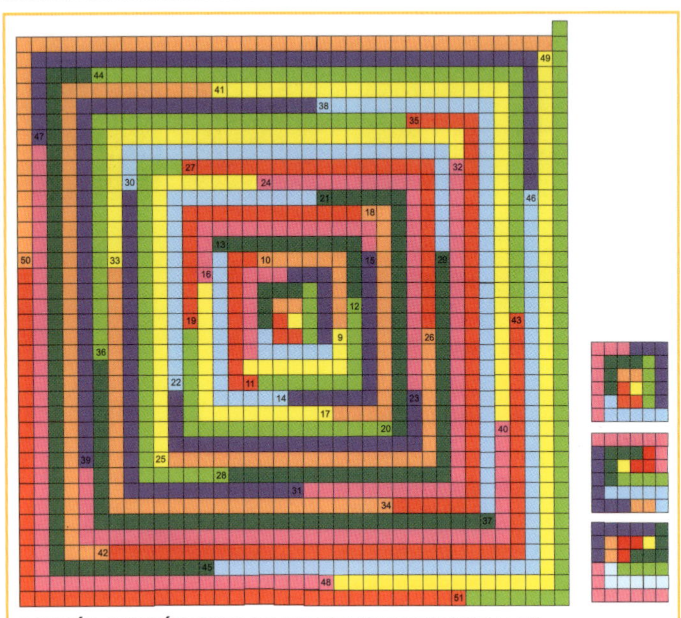

CARRÉS CONSÉCUTIFS DE POLYOMINOS EN SPIRALES

1. Plusieurs solutions sont possibles, deux d'entre elles sont illustrées.

2. Une fois le plus petit carré formé par les huit premiers polyominos consécutifs (en incorporant le plus petit rectangle 2 par 3), le rectangle suivant est un rectangle de 14 par 15, formé par les 20 premiers polyominos consécutifs (matérialisés par des contours blancs). L'aire de ce rectangle a 210 unités carrées (le 20e nombre triangulaire, représentant la somme des 20 premiers nombres entiers).

3. Le carré est un carré de 35 par 35, formé par les 49 premiers polyominos consécutifs. L'aire de ce carré est égale à 1 225 unités carrées (le 49e numéro triangulaire, qui représente la somme des 49 premiers nombres entiers).

4. La création d'une spirale de polyominos peut se poursuivre à l'infini avec le pavage du plan. Les polyominos au-dessus de 49 (50, 51...) ont été ajoutés pour le démontrer.

031

LES NOMBRES TRIANGULAIRES FIGURATIFS

Les nombres en motifs

Il faudrait un certain temps pour compter les points représentant les 100 premiers nombres consécutifs.

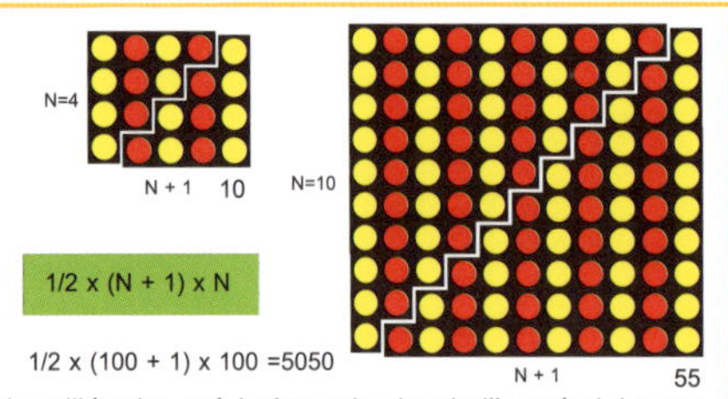

Gauss fit appel à la méthode millénaire et à la formule simple illustrée ici pour parvenir rapidement au résultat.

028

PAVAGES

Les pavages réguliers sont au nombre de trois. Il est possible de recouvrir le plan infini de triangles équilatéraux, de carrés et d'hexagones sans laisser de vides.

029

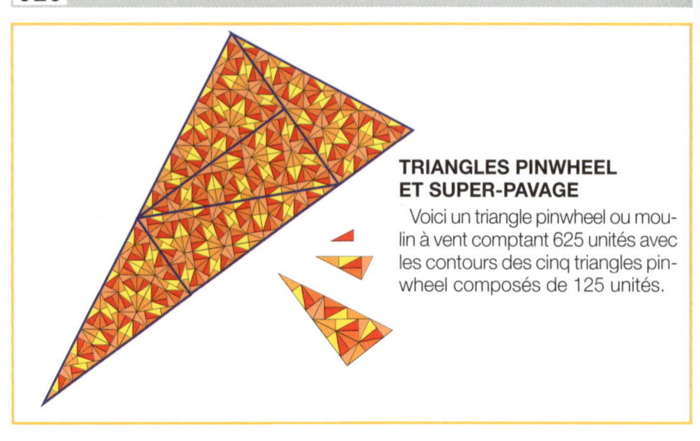

TRIANGLES PINWHEEL ET SUPER-PAVAGE

Voici un triangle pinwheel ou moulin à vent comptant 625 unités avec les contours des cinq triangles pinwheel composés de 125 unités.

030

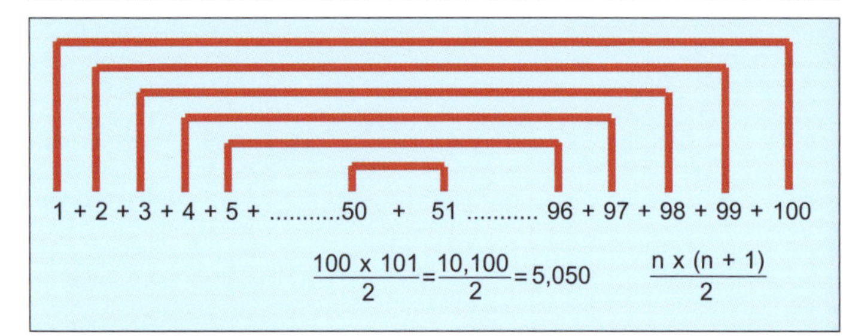

OPÉRATION DE GAUSS

Il ne fallut que quelques secondes à Gauss pour découvrir le motif et pour se rendre compte qu'il y a 50 additions de 101 dans la séquence d'additions, ce qui donne un total de 5 050. Il n'eut pas besoin de calculatrice ni de papier pour parvenir à ce résultat. Cet exploit fonctionne pour n'importe quel nombre n, pas seulement pour 100, selon l'équation suivante :

$1 + 2 + 3 + \ldots + n = n\,(n+1)/2$

Il est intéressant de noter que cette formule générale est également la formule des nombres triangulaires.

Ce problème est un bel exemple de l'importance de la compréhension de la nature profonde du problème, afin de lui trouver une alternative, une solution plus efficace que la routine ennuyeuse d'addition des nombres.

Les tablettes cunéiformes de Babylone montrent que la formule permettant de dériver les nombres triangulaires est connue depuis l'Antiquité. Pour tout nombre n donné, il est possible de calculer le nombre triangulaire (ou la somme des n premiers entiers) grâce à la formule n (n+1)/2, qui est exactement celle qu'a utilisée Gauss pour calculer n = 100.

032

LA PUISSANCE COMBINATOIRE DE LA TETRAKTYS

Il existe 10! façons de placer 10 objets. Toutefois, le triangle a le même aspect lorsqu'il est pivoté dans l'une des trois positions différentes, de même lorsqu'il est inversé. Par conséquent, le nombre de manières différentes de disposer les nombres du tetraktys est (10!)/(2 x 3), soit 604 800. Notez que le « ! » doit figurer dans la formule, car 10! signifie 10 factoriel, c'est-à-dire 10 x 9 x 8 x 7 x 6 x 5 x 4 x 3 x 2 x 1 = 3 628 800.

033

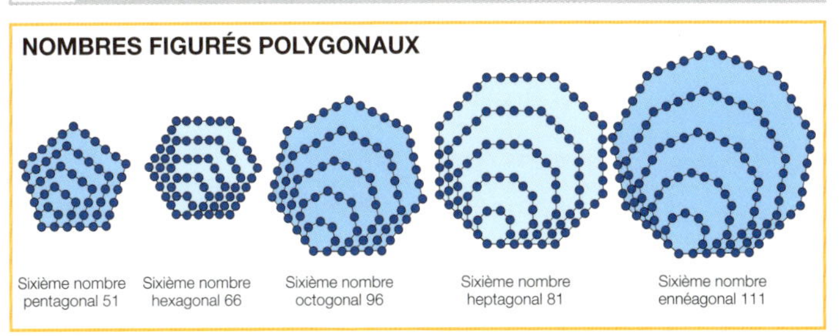

034

ENTIERS CONSÉCUTIFS

Nous savons que les nombres figurés triangulaires sont égaux à la somme des nombres n naturels (1, 2, 3, 4…). Ceux qui sont impossibles sont des puissances de 2.

1 =
2 = impossible
3 = 1 + 2
4 = impossible
5 = 2 + 3
6 = 1 + 2 + 3
7 = 3 + 4
8 = impossible
9 = 4 + 5
10 = 1 + 2 + 3 + 4
11 = 5 + 6
12 = 3 + 4 + 5
13 = 6 + 7
14 = 2 + 3 +4 + 5
15 = 4 + 5 + 6
16 = impossible
17 = 8 + 9
18 = 5 + 6 + 7
19 = 9 + 10
20 = 2 + 3 + 4 + 5 + 6
21 = 1 + 2 + 3 + 4 + 5 + 6
22 = 4 + 5 + 6 + 7
23 = 11 + 12
24 = 7 + 8 + 9
25 = 12 + 13
26 = 5 + 6 + 7 + 8
27 = 8 + 9 + 10
28 = 1 + 2 + 3 + 4 + 5 + 6 + 7
29 = 14 + 15
30 = 4 + 5 + 6 + 7 + 8
31 = 15 + 16
32 = impossible
33 = 10 + 11 + 12
34 = 7 + 8 + 9
35 = 17 + 18
36 = 1 + 2 + 3 + 4 + 5 + 6 + 7 + 8
37 = 18 + 19
38 = 8 + 9 +10 + 11
39 = 19 + 20
40 = 6 +7 + 8 + 9 + 10
41 = 20 + 21

035

NOMBRES UNIQUES

Chaque catégorie (nombres à trois chiffres, à quatre chiffres, etc.) possède un nombre unique. Ce nombre unique est le même pour tous les nombres à trois chiffres, et un nombre unique différent correspond à tous les nombres à quatre chiffres. Il suffit d'effectuer cinq calculs pour répondre à ma question.

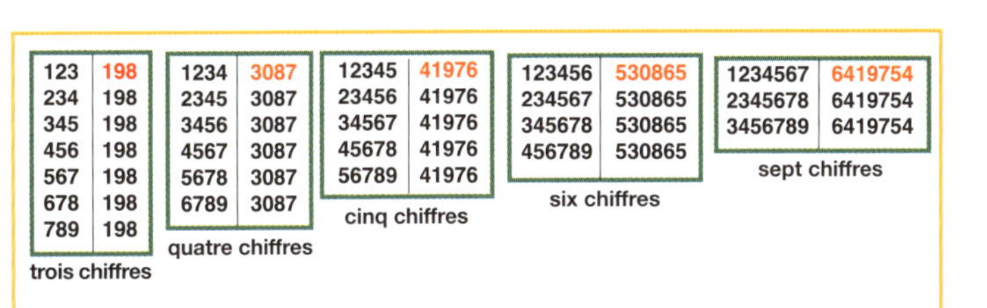

123	198
234	198
345	198
456	198
567	198
678	198
789	198

trois chiffres

1234	3087
2345	3087
3456	3087
4567	3087
5678	3087
6789	3087

quatre chiffres

12345	41976
23456	41976
34567	41976
45678	41976
56789	41976

cinq chiffres

123456	530865
234567	530865
345678	530865
456789	530865

six chiffres

1234567	6419754
2345678	6419754
3456789	6419754

sept chiffres

036

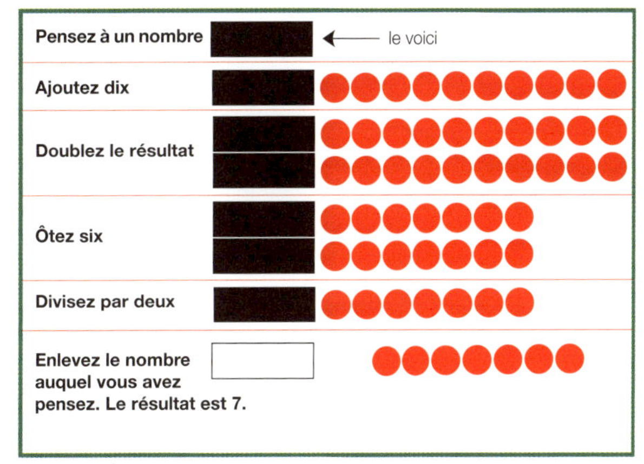

PENSEZ À UN NOMBRE

Les mathématiciens de l'Égypte antique connaissaient les nombres inconnus fixes. Nous empruntons cette idée et, au lieu de préciser la valeur de notre nombre, nous le représentons sous forme de boîte noire. Si vous suivez les instructions, le truc se révélera dans toute sa simplicité.

1. En travaillant avec un nombre sans en connaître la valeur, vous venez d'accomplir deux choses : c'est de l'algèbre, dans lequel notre « boîte noire » est matérialisée par une variable telle que x.

2. Plutôt que de vérifier si certains nombres fonctionnaient, vous avez résolu le problème en termes d'interprétation mathématique générale, qui montre que le truc doit toujours fonctionner.

Voici comment cela fonctionne sur le plan mathématique :

$$\frac{2\,(x+10)-6}{2} - x$$

$$= \frac{2x+20-6}{2} - x$$

$$= \frac{2x+14}{2} - x$$

$$= x + 7 - x = 7$$

Il existe de nombreux exemples en algèbre et en mathématiques en général de démonstrations compliquées pouvant être matérialisées par des diagrammes géométriques qui démontrent le théorème d'un coup d'œil.

037

PENSEZ À UN NOMBRE – BIS

Avez-vous pensé à un koala qui mange un abricot ou une amande au Danemark ?

Pays = Danemark / Dernière lettre = K / Animal = Koala / Dernière lettre = A Fruit = Abricot ou amande

039

LE NOMBRE TÉLÉPATHIQUE

Quel que soit le nombre à deux chiffres, la réponse est toujours un multiple de 9, qui, si on remarque bien, correspond toujours à un nombre bleu. Pourquoi ? Supposons que vous choisissiez un nombre dont la forme est 10 A + B, A étant le chiffre des dizaines et B les unités. Nous devons soustraire la somme des chiffres (A + B). Ainsi, (10A + B) - A - B = 9A, ce qui fait que le résultat est toujours un multiple de 9.

Si vous choisissez 21, (10 x 2 + 1 = 21) - 2 - 1 = 9 x 2 = 18. Si vous choisissez 49, (10 x 4 + 9 = 49) - 4 - 9 = 36. 18 et 36 sont tous deux des multiples de 9.

038

UN NOMBRE ÉTRANGE : 1089

Pourquoi est-ce toujours 1089 ?

Vous aurez besoin d'un peu d'algèbre, mais accrochez-vous, ce n'est pas difficile !

Représentez le nombre par ABC. Inversez-le pour obtenir CBA. N'oubliez pas que A représente les centaines, B les dizaines et C les unités.

Transformez ABC en CBA comme suit

Centaines	Dizaines	Unités
A	B	C
C	B	A

Voici comment procéder : soustrayez 1 centaine, ajoutez 9 dizaines et 10 unités (-100, + 90, + 10 = 0, ce qui ne change pas la réponse) :

Centaines	Dizaines	Unités
A - 1	B + 9	10 + C
-		
C	B	A
=		
A - 1 - C	9	10 + C - A

Dernière étape : inversez la réponse et additionnez les nombres deux par deux.

A - 1 - C 9	10 + C - A
+	
10 + C - A 9	A - 1 - C
=	
9 18	9

Cela donne 9 centaines, 18 dizaines et 9 unités, ce qui équivaut à 10 centaines, 8 dizaines et 9 unités = 1 089.

Comme prévu, la réponse est 1 089.

040

BOUCLES D'OREILLE

Neuf cents boucles d'oreille étaient portées au bal. Supposons que chaque femme portant deux boucles d'oreille en donne une à une femme qui n'en porte pas. Tout le monde porterait une boucle d'oreille, il doit donc y avoir 900 boucles d'oreille à la soirée.

041

LE PARADOXE DES CINQ

Parmi les 1 000 premiers nombres, 271 contiennent un 5, ce qui représente environ 27 %.

Fait surprenant, 99 % des nombres entre 0 et notre grand nombre (1 064), contiennent un 5. Nous déduirions que presque tous les nombres contiennent un 5.

Le chiffre 5 n'a pourtant rien de spécial. Pour chaque nombre contenant un 5 existe un nombre correspondant contenant un 8 dans la même position (ou les chiffres 9, 7, 6, 4, 3, 2 ou 1). Ainsi, presque tous les très grands nombres contiennent tous les chiffres !

Cela semble assez contre intuitif, contrairement à ce que le bon sens suggère, mais les diagrammes proposés vous aideront à surmonter votre scepticisme.

042

LA « DIGITADDITION » DE KAPREKAR

Soustrayez le premier nombre (générateur) du dernier de la série de digitaddition et ajoutez la somme des chiffres du dernier nombre. Dans notre exemple, soustrayez le premier nombre (23) du dernier (115) et ajoutez la somme des chiffres du dernier nombre

(1 + 1 + 5 = 7)

```
 115
- 23
  92
 + 7
  99
```

99 est la somme de tous les chiffres de la série de digitaddition partielle.

23, 28, 38, 49, 62, 70, 77, 91, 101, 103, 107, 115

5 + 10 + 11 + 13 + 8 + 7 + 14 + 10 + 2 + 4 + 8 + 7 = 99

En découvrant le secret de cette étonnante relation, Kaprekar s'est exclamé : « N'est-ce pas une merveilleuse découverte ? ».

043

LA CONSTANTE MAGIQUE DE KAPREKAR

Observez les résultats des calculs (ci-contre). Ma prévision pour tous les nombres était 6 174.

N'est-ce pas d'une beauté surprenante ?

Le déroulement de ce processus est désigné par le terme de « routine de Kaprekar » ou de « processus de soustraction inversé ». En effectuant la routine avec un nombre quelconque à quatre chiffres, le résultat est toujours 6 174. C'est ce que l'on appelle la « constante de Kaprekar » pour tous les nombres à quatre chiffres. Il ne faut jamais plus de sept étapes de la série pour atteindre la constante.

Il existe également des « constantes de Kaprekar » pour les nombres à deux et trois chiffres. En ce qui concerne les nombres à deux chiffres, les constantes sont 9, 81, 63, 27 et 45, ce qui forme un groupe cyclique. Pour les nombres à trois chiffres, la constante est 495.

```
1746
7641
-1467
6174
```

```
2435
5432
-2345
3087
8730
-0378
8352
8532
-2358
6174
```

```
5644
6544
-4456
2088
8820
-0288
8532
8532
-2358
6174
```

```
7652
7652
-2567
5085
8550
-0558
7992
9972
-2799
7173
7731
-1377
6354
6543
-3456
3087
8730
-0378
8352
8532
-2358
6174
```

```
1426
6421
-1246
5175
7551
-1557
5994
9954
-4599
5355
5553
-3555
1998
9981
-1899
8082
8820
-0288
8532
8532
-2358
6174
```

044

PROBLÈME DE COLLATZ

La séquence débute à 7 et monte jusqu'à 52 avant d'entamer la boucle infinie de 1, 4, 2…

7 - 22 - 11 - 34 - 17 - 52 - 26 - 13 - 40 - 20 - 10 - 5 - 16 - 8 - 4 - 2 - 1 - 4 - 2 -

Aucun des nombres entre 1 et 26 ne survit longtemps, mais 27 perdure. Il atteint 9 232 jusqu'à la 77ᵉ étape, où la dégringolade commence, puis à la 111ᵉ étape la boucle 1, 4, 2… est atteinte.

Le physicien Malcolm E. Lines dans son livre *Dites un chiffre* indique que tous les nombres jusqu'à un milliard (1 000 000 000 000) ont été testés par l'Université de Tokyo, et que chacun d'eux s'effondre au niveau de la boucle 1, 4, 2…

045

PALINDROMES NUMÉRIQUES

Pardonnez-moi si je vous ai obligé à produire un effort soutenu pour produire un palindrome à partir de 89 ! Martin Gardner a remarqué que parmi les 10 000 premiers nombres, seul 251 ne produit pas un nombre palindromique en moins de 23 étapes. Les mathématiciens supposaient que tous les nombres produisaient à un moment ou un autre un palindrome, mais c'était faux En 1984, Fred Gruenberger démontra que parmi les 100 000 premiers nombres, 5 996 ne génèrent jamais de palindrome, le premier étant 196.

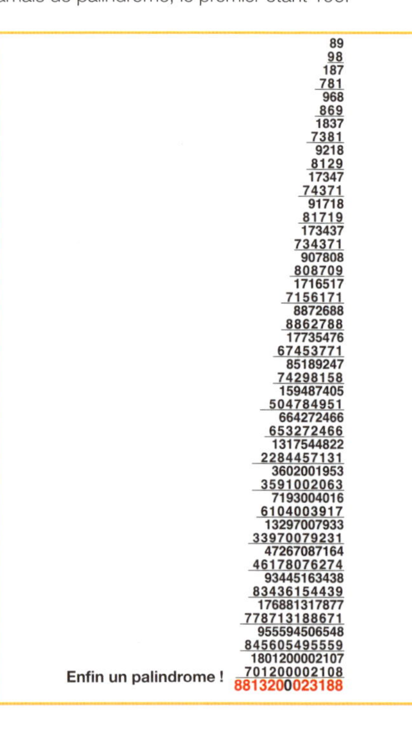

046

LE GÉNÉRAL ET SES TROUPES 1

Le nombre de soldats plus le Général doit être un nombre carré. Le plus petit nombre de soldats dans chaque groupe doit être 9 pour pouvoir créer le premier nombre carré nécessaire pour former un carré de 10 par 10 soldats, comme sur l'illustration (ci-contre).

LE GÉNÉRAL ET SES TROUPES 2

La bonne disposition est la suivante.

047

HÔTEL INFINI

Dans ce cas, le responsable de l'hôtel déplace tout le monde vers la chambre dont le nombre est le double de celui de la chambre de départ. Un nombre infini de chambres est libéré pour loger le nombre infini de clients qui arrivent.

049

LES CHEMINS CELLULAIRES

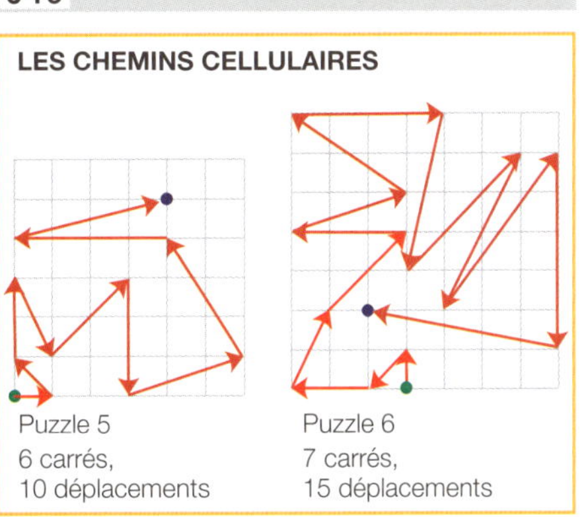

Puzzle 5
6 carrés,
10 déplacements

Puzzle 6
7 carrés,
15 déplacements

048

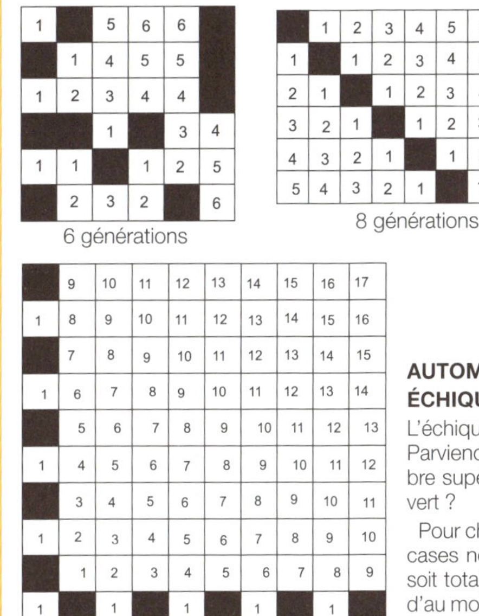

1	■	5	6	6	■
■	1	4	5	5	■
1	2	3	4	4	■
■	■	1	■	3	4
1	1	■	1	2	5
■	2	3	2	■	6

6 générations

■	1	2	3	4	5	6	7	8
1	■	1	2	3	4	5	■	7
2	1	■	1	2	3	4	5	6
3	2	1	■	1	2	3	4	■
4	3	2	1	■	1	2	5	6
5	4	3	2	1	■	1	6	7

8 générations

■	9	10	11	12	13	14	15	16	17	18	19
8	7	6	5	■	5	6	7	8	9	10	11
7	6	5	4	3	4	5	6	5	1	■	8
6	5	4	3	2	■	2	3	4	■	1	7
4	3	2	■	1	■	1	2	3	4	5	6
3	2	1	■	2	1	■	1	2	5	6	■
2	1	■	1	3	2	1	■	1	6	7	8
1	■	1	2	4	3	2	1	■	7	8	9
■	1	2	3	5	6	7	8	9	10	11	12

19 générations

■	9	10	11	12	13	14	15	16	17
1	8	9	10	11	12	13	14	15	16
■	7	8	9	10	11	12	13	14	15
1	6	7	8	9	10	11	12	13	14
■	5	6	7	8	9	10	11	12	13
1	4	5	6	7	8	9	10	11	12
■	3	4	5	6	7	8	9	10	11
1	2	3	4	5	6	7	8	9	10
■	1	2	3	4	5	6	7	8	9
1	■	1	■	1	■	1	■	1	■

AUTOMATE CELLULAIRE ÉCHIQUIERS « INFECTÉS »

L'échiquier est recouvert de 17 générations de carrés infectés. Parviendrez-vous à trouver un motif initial nécessitant un nombre supérieur de générations pour que l'échiquier soit recouvert ?

Pour chaque échiquier de côtés à n unités, le nombre initial de cases noires doit être au moins n carrés pour que l'échiquier soit totalement recouvert. Un jeu rectangulaire a x b, a besoin d'au moins (a + b)/2 carrés infectés pour être infecté en totalité.

050

1/2
1/4
1/6
1/8
1/10
1/12
1/14
1/16
1/18

PARADOXE DU DÉCALAGE INFINI

La solution surprenante de ce problème est que le décalage peut être aussi important que vous le voulez, ce qui semble assez incroyable. Lorsque vous déplacez le bloc supérieur sur le reste de manière qu'il soit juste en équilibre, son centre de gravité repose sur le bord du bloc du dessous. À chaque fois que vous déplacez un bloc, vous trouvez le centre de gravité d'une nouvelle pile de blocs : le bloc que vous déplacez plus ceux du dessus. Le bord de chaque bloc agit comme un point d'appui pour tous les blocs au-dessus.

Si vous observez la position du centre de gravité des blocs à mesure que la pile se construit, le premier bloc est déplacé de la longueur d'un demi-bloc le long du second bloc, les deux blocs supérieurs sont déplacés d'un quart de la longueur d'un bloc le long du troisième bloc, les trois blocs supérieurs d'un sixième de la longueur d'un bloc le long du quatrième bloc, et ainsi de suite.

Si vous disposiez d'un nombre infini de cartes ou de blocs, le décalage serait la limite de la séquence de nombres suivante, comme montré dans notre pile de 10 blocs :

1/2 + 1/4 + 1/6 + 1/8 + 1/10 + 1/12 + 1/14 + 1/16 + 1/18……

C'est ce que l'on appelle une série de nombres harmoniques. Elle diverge très lentement, et il faudrait un grand nombre de blocs pour obtenir ne serait-ce qu'un léger décalage. Par exemple, avec un jeu de 52 cartes le dépassement maximal correspond à la longueur d'environ 2,25 cartes.

053

SCHÉMA DES NOMBRES PREMIERS

Le nombre premier suivant est 1 009, à une distance de 11 nombres, distance à colorer en violet.

051

VIRÉE MYSTÉRIEUSE

Le ver du bois a mangé 41,8 % du volume du cube, en faisant 148 déplacements. Parviendrez-vous à trouver une meilleure solution ?

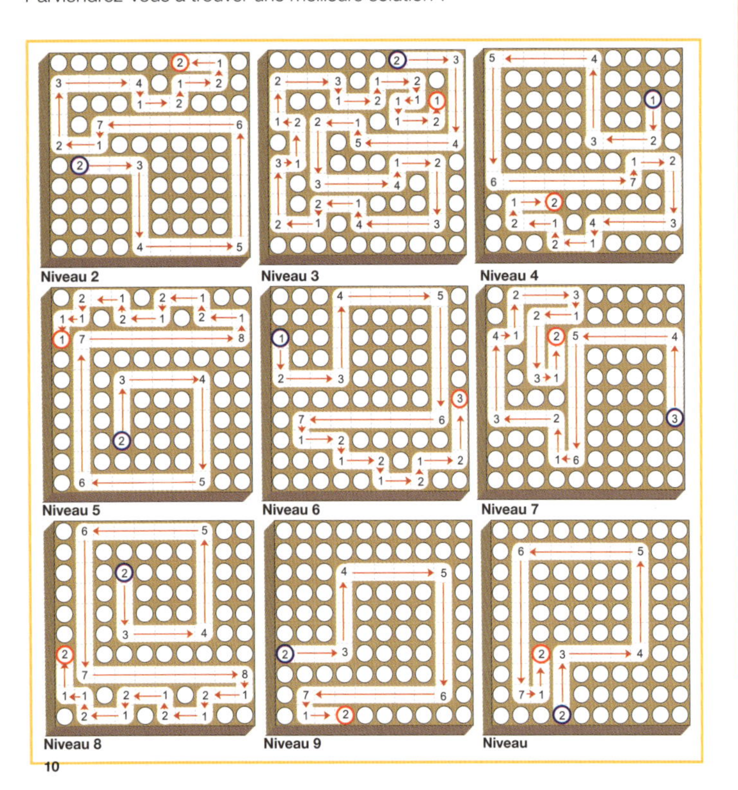

052

NOMBRES PREMIERS

La répartition des nombres premiers jusqu'à 1 000 (**nb. p. = nombre(s) premier(s)**)

100	2-3-5-7-11-13-17-19-23-29-31-37-41-43-47-53-59-61-67-71-73-79-83-89-97-	**2 nb. p.**
200	101-103-107-109-113-127-131-137-139-149-151-157-163-167-173-179-181-191-193-197-199	**21 nb. p.**
300	211-223-227-229-233-239-241-251-257-263-269-271-277-281-283-293-	**16 nb. p.**
400	307-311-313-317-331-337-347-349-353-359-367-373-379-383-389-397-	**16 nb. p.**
500	401-409-419-421-431-433-439-443-449-457-461-463-467-479-487-491-499-	**17 nb. p.**
600	503-509-521-523-541-547-557-563-569-571-577-587-593-599-	**14 nb. p.**
700	601-607-613-617-619-631-641-643-647-653-659-661-673-677-683-691-	**16 nb. p.**
800	701-709-719-727-733-739-743-751-757-761-769-773-787-797-	**14 nb. p.**
900	809-811-821-823-827-829-839-853-857-859-863-877-881-883-887-	**15 nb. p.**
1000	907-911-919-929-937-941-947-953-967-971-977-983-991-997-	**14 nb. p.**
LISTE DES NOMBRES PREMIERS INFÉRIEURS À 1 000	**Un total de**	**168 nb. p.**

054

L'ESCALIER DES NOMBRES PREMIERS

Selon la conjecture de Goldbach, tous les nombres pairs supérieurs à 2 sont la somme de deux nombres premiers. Dans notre escalier de nombres premiers, nous pouvons créer tous les nombres pairs jusqu'à 446.

055

SPIRALE DE NOMBRES PREMIERS

213	212	**211**	210	209	208	207	206	205	204	203	202	201	200	**199**
214	161	160	159	158	**157**	156	155	154	153	152	**151**	150	**149**	198
215	162	117	116	115	114	**113**	112	111	110	**109**	108	**107**	148	**197**
216	**163**	118	81	80	**79**	78	77	76	75	74	**73**	106	147	196
217	164	119	82	**53**	52	51	50	49	48	**47**	72	105	146	195
218	165	120	**83**	54	33	32	**31**	30	**29**	46	**71**	104	145	194
219	166	121	84	55	34	21	20	**19**	28	45	70	**103**	144	**193**
220	**167**	122	85	56	35	22	**17**	18	27	44	69	102	143	192
221	168	123	86	57	36	**23**	24	25	26	**43**	68	**101**	142	**191**
222	169	124	87	58	**37**	38	39	40	**41**	42	**67**	100	141	190
223	170	125	88	**59**	60	**61**	62	63	64	65	66	99	140	189
224	171	126	**89**	90	91	92	93	94	95	96	**97**	98	**139**	188
225	172	**127**	128	129	130	**131**	132	133	134	135	136	**137**	138	187
226	**173**	174	175	176	177	178	**179**	180	**181**	182	183	184	185	186
227	228	**229**	230	231	232	**233**	234	235	236	237	238	**239**	240	**241**

056

BOULIER BINAIRE

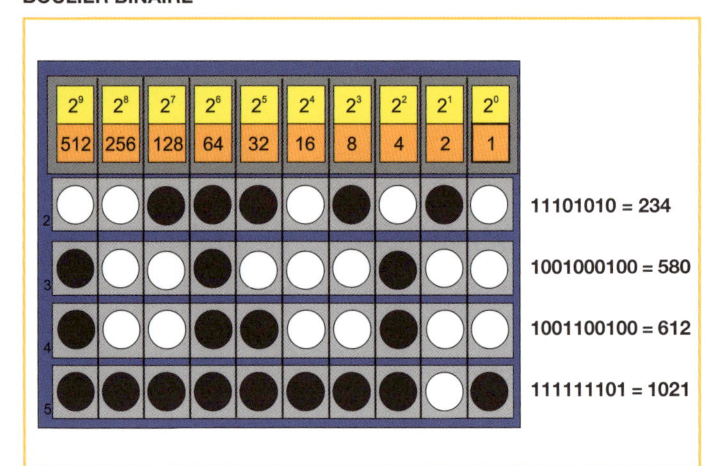

057

LA TOUR DE HANOÏ

Le célèbre problème de Lucas a été commercialisé sous la forme d'un jeu pour enfants. C'est un modèle ingénieux pour le concept de série géométrique exponentielle. On trouve toujours une version de ce problème dans les magasins de jouets du monde entier.

Seuls sept déplacements sont nécessaires pour transférer les trois pièces.

Pour transférer quatre pièces, 15 déplacements sont nécessaires, pour cinq pièces 31 et pour six, 63.

En règle générale, le transfert de n pièces demande 2n - 1 déplacements.

La solution du problème de Babylone est délicate car il est très facile de faire un déplacement erroné.

Voici une astuce pour parvenir à la solution :

1- Déplacez le plus petit disque de la colonne dans laquelle il se trouve vers la suivante, toujours dans le même ordre cyclique,

2- Puis, déplacez n'importe quel disque sauf le petit. Cette règle peut sembler arbitraire, mais elle vous permet toujours un déplacement autorisé, jusqu'à ce que le problème soit soudainement et miraculeusement résolu (pas nécessairement avec le plus petit nombre de déplacements possible).

058

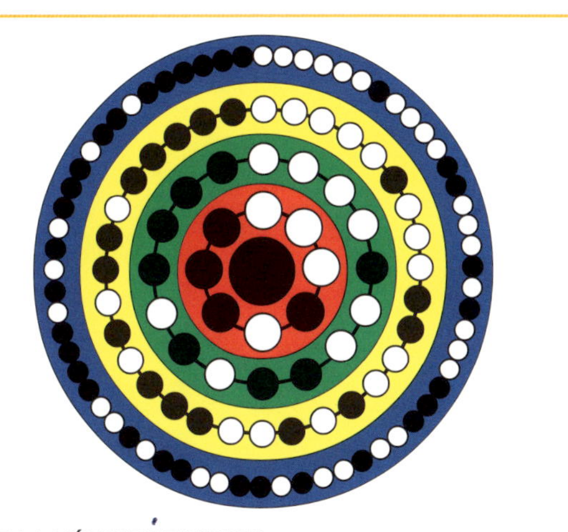

ROUES DE LA MÉMOIRE BINAIRES

Quatre roues :

Rouge : nombres binaires à 3 bits.

Cette solution est unique. Des roues binaires plus longues servent à coder les messages dans les transmissions téléphoniques et la cartographie au radar. Le mathématicien de l'Université de Californie, Sherman K Stein a baptisé ces structures binaires des « roues de mémoire ».

Vert : nombres binaires à 4 bits. Une solution est illustrée.

Jaune : nombres binaires à 5 bits.

Bleu : nombres binaires à 6 bits.

059

PARADOXES DE ZÉNON

Achille et la tortue

La faille de l'argument de Zénon est l'hypothèse selon laquelle la somme d'un nombre infini de nombres est toujours infinie.

La somme infinie de

1 + 1/2 + 1/4 + 1/8 + 1/16 + 1/32 + 1/64... est égale à 2.

C'est ce que l'on appelle la ***série géométrique***. (Une ***série géométrique*** est une séquence commençant par 1, dans laquelle les termes successifs sont ceux qui multiplient le terme précédent par un nombre fixe, par exemple x qui, dans ce cas est 1/2. Les séries géométriques infinies convergent vers un nombre fini lorsque x est inférieur à 1.)

La distance parcourue par Achille et le temps qu'il lui faut pour atteindre la tortue peuvent tous deux être exprimés sous la forme d'une série géométrique infinie dans laquelle x est inférieur à un. Par conséquent, la distance totale qu'Achille parcourt pour rattraper la tortue n'est pas infinie. Il en va de même pour le temps qu'il lui faut.

Supposons qu'Achille laisse à la tortue 10 mètres d'avance et qu'il courre un mètre par seconde, soit dix fois plus vite que la tortue. Il lui faut cinq secondes pour couvrir la moitié de cette distance. L'autre moitié lui prend 2,5 secondes, et ainsi de suite, jusqu'à ce qu'il ait parcouru la distance totale en 10 secondes, selon la série géométrique infinie mentionnée. Pendant ce temps, la tortue a parcouru 11 mètres. Nous savons qu'Achille doit la dépasser à 11,11 mètres de son point de départ, ce qui lui prend 11 secondes.

Les paradoxes de Zénon ont engendré l'idée d'une série infinie convergente qui cristallise un certain nombre de concepts mathématiques, le principal étant la notion de ***limites***. Les paradoxes ont suscité un regain d'intérêt à la Renaissance, lorsque plus de 500 collections de paradoxes ont été publiées.

060

SUR LA ROUTE DE VERIT'VILLE

Demandez à l'homme « Pouvez-vous désigner la route menant à la ville d'où vous venez ? ». S'il vient de la Ville de la vérité, il indiquera la route. S'il vient de la Ville des mensonges, il donnera la même direction. Le fait intéressant dans sa réponse est que, même si vous obtenez la direction que vous cherchez, vous ne savez pas vraiment si l'homme vous a dit la vérité ou s'il a menti.

VÉRITÉ ET MARIAGE

Le jeune homme doit poser la question suivante à l'une des filles « Êtes-vous mariée ? ». Quelle que soit la jeune fille à laquelle il pose la question, la réponse « oui » signifie qu'Amélia est mariée et « non » que Leila est mariée. En effet, si la question est posée à Amélia, elle répondra la vérité. Si c'est « oui », elle est mariée et si c'est « non », elle n'est pas mariée et, par conséquent, Leila doit l'être. Si la question est dirigée à Leila, celle-ci répond par un mensonge. Si c'est « oui », elle n'est pas mariée, donc Amélia l'est, et si c'est « non », c'est un mensonge, elle est donc bel et bien mariée.

VÉRITÉ, MENSONGES ET DEMI-VÉRITÉS

Posez à l'homme la question suivante deux fois : « Faites-vous partie des personnes qui mentent et disent la vérité en alternance ? ». S'il répond « non » deux fois, il doit dire la vérité. S'il répond « oui » deux fois, ce doit être un menteur. S'il répond « oui » puis « non », il est membre du groupe qui ment et qui dit la vérité en alternance.

061

GÂTEAU, GELÉE ET PUDDING

Ce diagramme de Venn présente très clairement les informations de la fête.

Parmi les 99 enfants présents à la fête, 59 mangent de la gelée, 22 du pudding et 61 du gâteau. L'un d'entre eux mange de la gelée, du pudding et du gâteau, 7 de la gelée et du pudding et 4 du pudding et du gâteau.

57 mangent un seul aliment : 21 uniquement de la gelée, 26 uniquement du gâteau et 10 uniquement du pudding. Personne ne mange rien du tout.

062

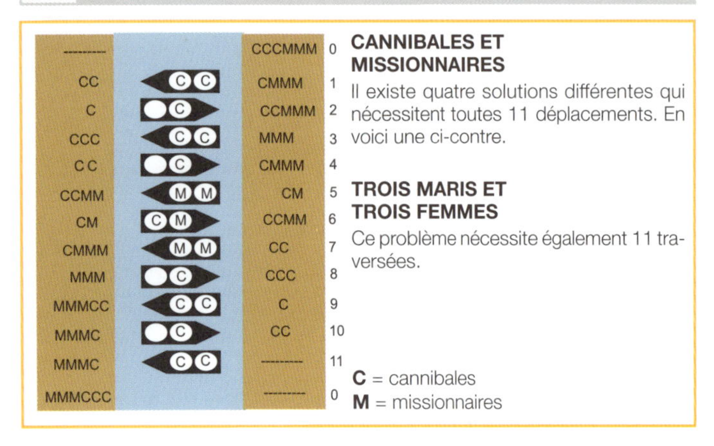

CANNIBALES ET MISSIONNAIRES

Il existe quatre solutions différentes qui nécessitent toutes 11 déplacements. En voici une ci-contre.

TROIS MARIS ET TROIS FEMMES

Ce problème nécessite également 11 traversées.

C = cannibales
M = missionnaires

063

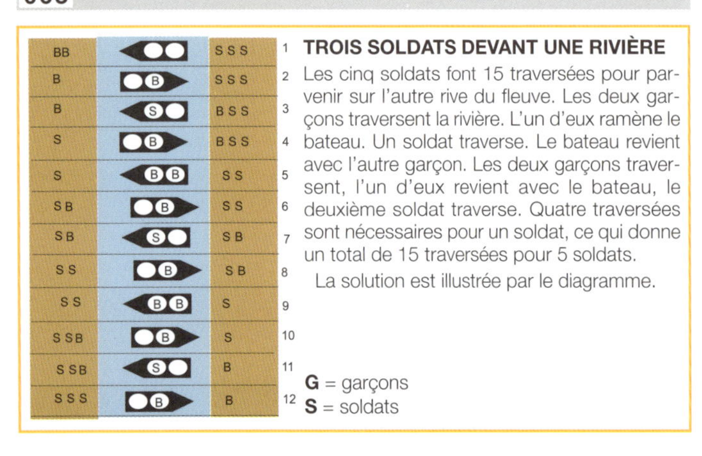

TROIS SOLDATS DEVANT UNE RIVIÈRE

Les cinq soldats font 15 traversées pour parvenir sur l'autre rive du fleuve. Les deux garçons traversent la rivière. L'un d'eux ramène le bateau. Un soldat traverse. Le bateau revient avec l'autre garçon. Les deux garçons traversent, l'un d'eux revient avec le bateau, le deuxième soldat traverse. Quatre traversées sont nécessaires pour un soldat, ce qui donne un total de 15 traversées pour 5 soldats.

La solution est illustrée par le diagramme.

G = garçons
S = soldats

064

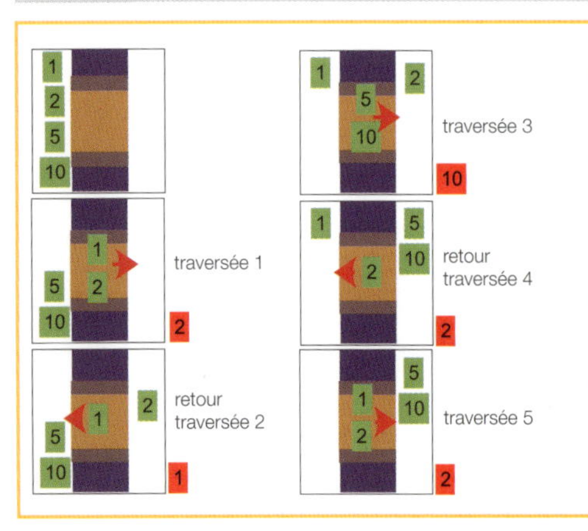

TRAVERSÉE NOCTURNE

Les quatre randonneurs y sont arrivés de justesse. Ils ont traversé en 17 minutes, juste avant l'effondrement du pont. La première solution est montrée dans l'illustration. Dans l'autre solution, le randonneur 2 traverse à nouveau lors de la seconde traversée.

065

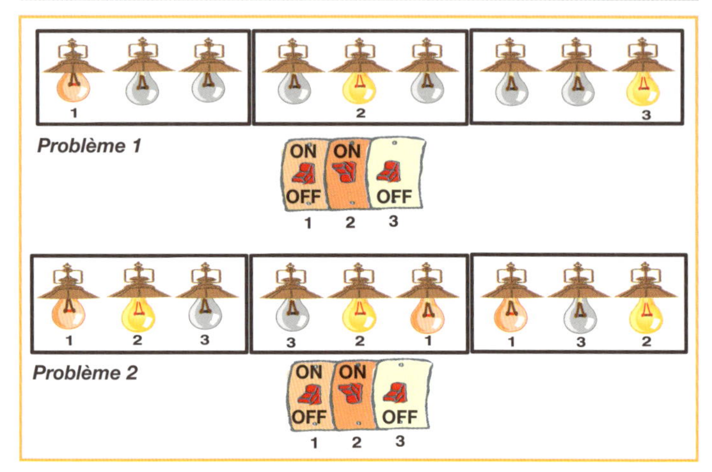

LA LAMPE DU GRENIER

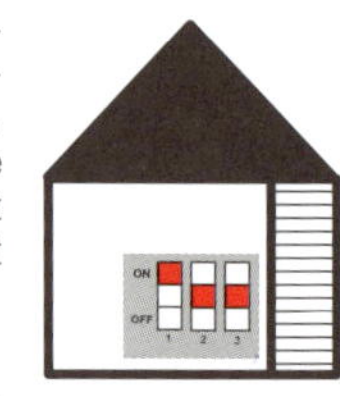

De nombreuses personnes prétendent que les informations fournies sont insuffisantes pour résoudre ce problème. C'est seulement parce qu'elles n'ont pas pris le temps de la réflexion. Rappelons le fonctionnement d'une ampoule : elle produit de la lumière, mais aussi de la chaleur et elle reste chaude pendant quelques minutes après son extinction. En gardant cela à l'esprit vous trouverez facilement la solution aux deux problèmes.

Problème 1

Tout d'abord, allumez l'interrupteur 1 et laissez la lampe allumée pendant quelques minutes pour que l'ampoule chauffe. Éteignez l'interrupteur 1 et allumez le 2, puis rendez-vous rapidement dans le grenier. Si la lumière est allumée, cela signifie que l'interrupteur 2 la fait fonctionner. Si l'ampoule est éteinte mais chaude, c'est l'interrupteur 1 qui la commande. Si elle est éteinte et froide, c'est l'interrupteur 3, celui qui n'a pas été utilisé.

Problème 2

Procédez exactement de la même façon que ci-dessus. La lampe chaude fonctionne grâce à l'interrupteur 1, la lampe allumée par l'interrupteur 2, et la lampe froide doit être commandée par l'interrupteur 3, qui n'a pas été utilisé.

066

PROBLÈMES DE LANGFORD

Problème 1 - Quatre équipes de deux personnes

Les trois premiers coureurs sont bleu, vert et jaune. Cette solution est unique pour quatre paires du problème dit de Langford, dont la forme générale est la suivante : si n est le nombre de paires, le problème trouve une solution uniquement s'il s'agit d'un multiple de 4 ou 1 ou s'il est inférieur à ce multiple. Le problème a été posé par le mathématicien écossais C. Dudley Langford après qu'il ait observé son fils jouer avec des blocs de couleurs.

Problème 2 - Neuf équipes de trois personnes

Pour ce problème n = 9 : Langford et ses collègues ont trouvé une solution unique, illustrée ci-après.

067

chapeau 1 chapeau 2

déplacement 1

déplacement 2

LE TOUR DU CHAPEAU

Douze œufs.

Voir l'illustration. Lors du déplacement 1, le pire scénario consiste à transférer quatre œufs d'une couleur plus un d'une autre couleur. Lors du déplacement 2, le pire scénario serait de transférer 9 + 3 = 12 œufs pour satisfaire la condition d'avoir au moins 3 œufs d'une couleur dans le chapeau 1.

068

CHAPEAUX ET COULEURS 1

Le clown B. Si le clown A voyait deux chapeaux rouges ou verts, il connaîtrait la couleur de son chapeau (et celle du chapeau du clown caché) et pourrait la crier. Mais, il ne voit qu'un chapeau de chaque couleur, ce qui ne lui sert à rien. Il en conclut que la couleur de son chapeau est différente de celle du chapeau qu'il voit.

CHAPEAUX ET COULEURS 2

Le clown A voit deux chapeaux rouges et un chapeau bleu. Le sien peut donc être rouge ou bleu. Le clown B sait que A voit seulement un chapeau bleu. Il peut en déduire que son chapeau doit être rouge. Le clown C ne peut pas connaître la couleur de son chapeau.

Le problème était de déterminer qui pouvait déduire la couleur du chapeau du clown A. La réponse est que seul le clown D en est capable. Il sait que le clown A ne voit aucun des chapeaux bleus (sinon il saurait que son propre chapeau est rouge) ni trois chapeaux rouges (sinon il saurait que le sien est bleu). Ainsi, le clown D sait que le clown A voit deux chapeaux rouges et un chapeau bleu, ce qui laisse un rouge et un bleu que peuvent porter les clowns A et E dans n'importe quel ordre. Le clown D pouvant voir le chapeau du clown E, le clown D sait que le clown A porte un chapeau de la couleur de celui que le clown E ne porte pas.

071

PROBLÈMES D'ANNIVERSAIRE

(1) 23. Ce problème est un bon exemple de la difficulté d'utiliser le sens commun pour résoudre des problèmes de probabilité. La plupart des personnes devinent la réponse à cette question, généralement 150 ou plus. Ainsi, pour seulement 23 personnes d'un groupe pris au hasard, les chances que deux personnes aient la même date d'anniversaire sont de 50-50. Ce résultat peut être surprenant et vous convaincre qu'il est préférable de s'appuyer ici sur la théorie mathématique des probabilités plutôt que sur l'intuition.

Le raisonnement est le suivant : si deux personnes forment un groupe, la probabilité que leurs dates d'anniversaires soient différentes est élevée : 364/365. Avec un groupe de trois : 364/365 x 363/365 : un groupe de trois ayant un groupe de deux, les fractions sont multipliées. La probabilité que les dates d'anniversaire soient les mêmes augmente à mesure que la probabilité que les dates soient différentes diminue. En prenant le problème de manière combinatoire, pour les 23 personnes il existe 253 paires possibles, ce qui rend plus crédible le fait qu'un si petit nombre de personnes suffise.

(364/365) x (363/365) x...... x (365 - n + 1)/365

n étant le nombre total de personnes.

Le nombre total de paires parmi n personnes est :

n x (n-1)/2 qui est égal à 1+2+3+ ..... + n-1

Pour une année de n jours et un groupe de personnes r prises au hasard, la probabilité qu'au moins deux personnes partagent la même date d'anniversaire est égale à 1 moins la probabilité que tout le monde ait une date d'anniversaire différente :

Pn(r)=1 – (n/n x n-1/n x n-2/n x .... x n-(r-1))/n = 1- n!/nr(n-r)!

(2) La réponse est 253.

La probabilité d'une coïncidence est de 1- (364/365)n, n étant le nombre de personnes, en dehors de vous-même.

069

LE PARADOXE DE LA PASTÈQUE

La pastèque pesait 5 kilogrammes en arrivant sur la table du dîner. Reportez-vous à la démonstration dans le diagramme ci-dessous.

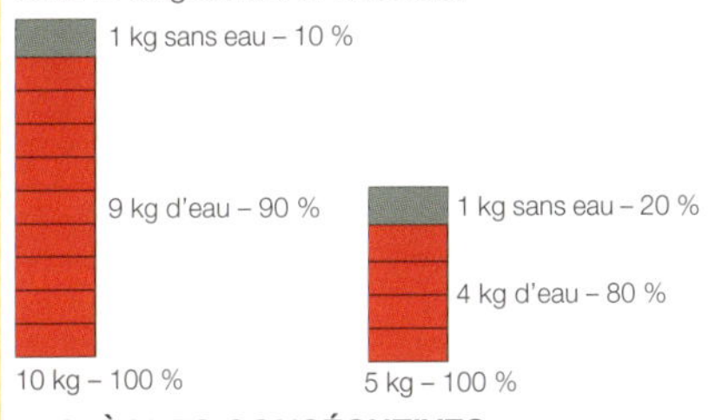

PASTÈQUES CONSÉCUTIVES

La pastèque la plus lourde pesait 13 kilogrammes.

?	?	?	7	?	?	?
1	3	5	7	9	11	13

070

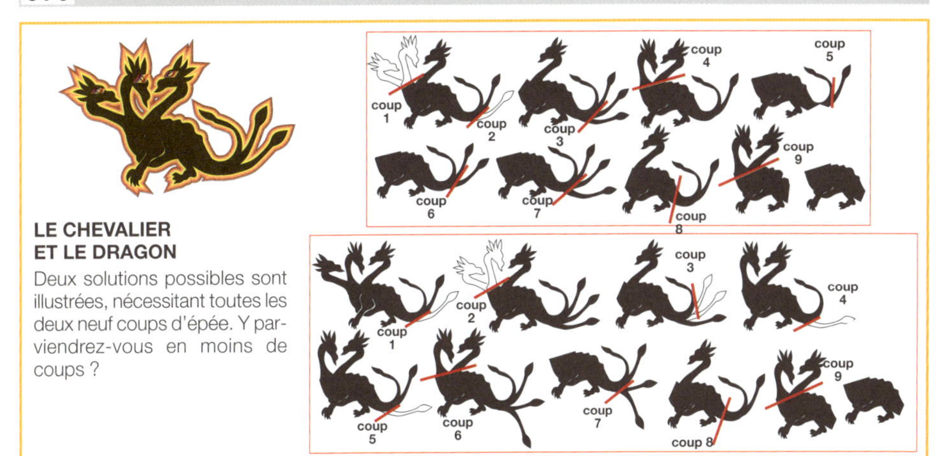

LE CHEVALIER ET LE DRAGON

Deux solutions possibles sont illustrées, nécessitant toutes les deux neuf coups d'épée. Y parviendrez-vous en moins de coups ?

072

LA GRANDE ROUE DE LA FORTUNE

Ne pariez pas, c'est un pari de dupes. Deux tours finissent sur le même numéro 94 % du temps. En adoptant la même formule que celle utilisée pour les problèmes des anniversaires, le calcul de cette probabilité est le suivant :

1 - (360! / (36045 x 315!)) = 94,3 %.

073

PILE OU FACE

Le raisonnement est erroné. En effet, nous savons qu'une pièce peut tomber sur l'une ou l'autre de ses faces. Nous avons vu que deux pièces présentent deux combinaisons. Nous pouvons démontrer qu'il existe huit façons de tomber pour trois pièces. Les voici :

FFF FFP FPF FPP PFF PFP PPF PPP.

Nous pouvons constater que dans seulement deux des huit cas les trois pièces sont identiques. Par conséquent, la bonne probabilité est 2/8 = 1/4.

CINQ LANCERS DE PIÈCE

À chaque lancer de pièce, deux résultats sont possibles. Nous pouvons conclure de la « loi de dénombrement fondamentale » que le nombre total de résultats est donné par

$2 \times 2 \times 2 \times 2 \times 2 = 2^5 = 32$

La loi de dénombrement fondamentale

S'il existe m façons d'effectuer une tâche et, une fois la première tâche terminée, n façons de mener à bien une seconde tâche, il existe m x n façons d'effectuer les tâches dans l'ordre.

LE JEU DE PILE OU FACE

Même si chaque joueur a les mêmes chances que la pièce tombe côté pile à chaque fois, le joueur qui commence a un avantage évident, quelle que soit la durée du jeu. Appelons les joueurs Rouge et Vert. Rouge l'emporte dans les scénarios suivants :

1- H **probabilité = 1/2**

2- T T H **probabilité = 1/2 x 1/2 x 1/2**

3- T T T T H **probabilité = 1/2 x 1/2 x 1/2 x 1/2 x 1/2**

4- etc. etc. etc.

La probabilité globale que le premier joueur gagne correspond simplement à la somme des probabilités de chacun des scénarios ci-dessus :

(1/2) + (1/2 x 1/2 x 1/2) + (1/2 x 1/2 x 1/2 x 1/2 x 1/2) + ...,

soit une série contenant un nombre infini de termes, dans ce cas 2/3.

Puisque, en fin de compte, Rouge ou Vert doit gagner, la probabilité que Vert l'emporte est simplement égale à 1 moins la probabilité que Rouge gagne, soit 1 - 2/3 = 1/3.

Comme nous le voyons, le premier joueur a deux fois plus de chances de victoire que le second, ce qui est une conclusion surprenante. La meilleure façon de le vérifier consiste à jouer à ce jeu pendant un moment.

PIÈCES EN ÉQUILIBRE

Il se trouve que le bord d'une pièce d'un penny n'est pas exactement perpendiculaire à ses faces. Ce léger biseau permet au penny (mais aussi à d'autres pièces) de tomber facilement du moule après sa fabrication.

074

100 LANCERS DE PIÈCE

Les chances d'obtenir 100 fois pile en lançant 100 fois une pièce sont comme suit :

1 pile : 1/2 = 0,50

2 piles : 1/2 x 1/2 = 1/4 = 0,25

3 piles : 1/2 x 1/2 x 1/2 = 1/8 = 0,125

100 piles : $(1/2)^{100}$ =1/1 000 000 000 000 000 000 000 000 000 000

En théorie, il est possible d'obtenir 100 fois pile en lançant une pièce 100 fois, mais dans la pratique c'est fortement improbable car il existe tellement de configurations différentes de pile et de face.

Néanmoins, toujours pour la même raison, il est tout aussi peu probable que vous obteniez une quelconque autre séquence. Toutes les séquences présentées ont la même probabilité de se produire.

075

LOI DE BENFORD : LE PLUS GRAND NOMBRE DE PILE OU FACE

Le test 1 est un faux.

T. P. Hill présenta l'expérience du lancer de pièce dans le numéro de juillet-août 1998 du magazine *American Scientist*. Un « calcul relativement complexe » révéla une probabilité surprenante. Il y a de fortes chances qu'à un moment ou un autre dans une série de 200 lancers, pile ou face survienne au moins six fois successivement. La plupart des faussaires ignorent ce fait et évitent de deviner (ou de fabriquer) de telles séries, qu'ils estiment, à tort, improbables. M. Hill a donc constaté au premier coup d'œil si les résultats de ses étudiants contenaient ou non une série de six piles ou faces. Dans la négative, il en concluait qu'il s'agissait de faux.

La loi de Benford s'applique à divers phénomènes. Ainsi, une quantité de nombres sélectionnés au hasard dans un journal obéit à la règle qu'environ 30 % des nombres commencent par un 1, 18 % par un 2, jusqu'à 4,6 % par un 9.

Cela semble un paradoxe incroyable. Quelle en est la raison ?

Il s'agit d'une loi qui s'appelle également la « loi du premier chiffre » ou le « phénomène du premier chiffre ». La loi de Benford stipule que dans des listes, des tableaux de statistiques, etc., le chiffre 1 a tendance à survenir avec une probabilité supérieure aux 11,1 % attendus (à savoir, un chiffre sur neuf). Il est possible d'observer la loi de Benford, par exemple, en examinant des tables de logarithmes et en notant que les premières pages sont beaucoup plus usées et souillées que les dernières (Newcomb, 1881). La loi de Benford s'applique à de nombreuses situations au quotidien, mais ce n'est que récemment qu'elle a trouvé une explication satisfaisante, dans le travail de Hill (le théorème de Hill, 1996).

Cela signifie que, certains phénomènes sont dominés par une seule distribution, par exemple, la courbe d'une cloche, mais de nombreux autres sont dictés par une association aléatoire de toutes sortes de distributions.

Les détournements de la loi de Benford sont facilement repérés grâce à des tests statistiques standards (analyse numérique) qui permettent actuellement de détecter les fraudes. La préférence de la nature pour certains nombres, comme le ratio d'or ou la séquence de Fibonacci, est connue depuis longtemps. La loi de Benford est désormais considérée comme une autre caractéristique fondamentale de l'univers mathématique.

Ironie du sort, les trois sont reliés. Les ratios des termes successifs dans une séquence de Fibonacci tendent vers le ratio d'or, alors que les chiffres de tous les nombres composant la séquence de Fibonacci ont tendance à respecter la loi de Benford !

076

SCATTERHEAD

Après six expériences de dénombrement des billes apparaissant aléatoirement dans les fenêtres de Scatterhead, nous avons ce résultat : rouge = 31, vert = 6, jaune = 7, bleu = 16. C'est une relativement bonne approximation de la véritable distribution de 60 billes colorées cachées dans la boîte. La véritable distribution des billes colorées dans la boîte était la suivante : rouge = 30, vert = 6, jaune = 9, bleu = 15.

Les statistiques sont une science qui étudie la collecte et le sens de données. Elles s'appuient sur des exemples, comme des groupes d'objets ou les résultats de tests, sélectionnés dans un groupe important observé. Un échantillon aléatoire est un échantillon pris au hasard. La probabilité joue donc un rôle important dans les statistiques. En effet, ces dernières recourent à des sondages sur la base desquels des estimations sont formulées concernant la composition d'un groupe important en déterminant l'opinion d'une de ses parties.

Les statistiques nous indiquent aussi la quantité de risque que nous prenons d'avoir tort. Nous réduisons ce risque en utilisant un grand nombre d'échantillons. Si vous vous y connaissez un tant soit peu en statistiques, vous ne vous laissez pas abuser par les fausses affirmations basées sur de fausses interprétations de données qui sont monnaie courante aujourd'hui.

Les graphiques, très utiles, sont souvent utilisés dans les statistiques et le calcul de probabilités. Ils permettent une représentation visuelle de faits numériques et récapitulent rapidement les relations entre les données, facilitant ainsi leur compréhension et leur interprétation.

077

PROMENADE ALÉATOIRE

Les probabilités indiquent que, après n lancers, le marcheur se trouvera, en moyenne, à une distance correspondant à la racine carrée de n ($\sqrt{n}$) par rapport au point de départ, le centre. Pour 36 lancers, la distance est de 6 pas sur la gauche ou sur la droite par rapport au centre. Malgré cela, la possibilité de revenir finalement au départ est de 100 %, même si cela prend plus de temps. Une intéressante question se pose: « À quelle fréquence le marcheur est-il susceptible de changer de côté ? ».

L'aspect le plus intéressant de la marche aléatoire unidimensionnelle semble être l'absence de barrières. La question qui survient est « À quelle fréquence le marcheur est-il susceptible de changer de côté ? ». Grâce à la symétrie du déplacement, Lors d'une longue marche aléatoire, on peut s'attendre à ce que le marcheur passe la moitié de son temps de chaque côté du point de départ. Or c'est l'inverse. Le plus probable nombre de changements d'un côté vers l'autre est égal à 0.

LA MARCHE ALÉATOIRE DE L'IVROGNE

Il n'est pas vraiment possible de prédire où l'ivrogne se trouvera à la fin de sa marche, mais nous pouvons d'ores et déjà répondre à la question concernant sa distance probable par rapport au lampadaire après un certain nombre de lancers de la pièce.

La distance D la plus probable par rapport au lampadaire après un grand nombre de tournants irréguliers est égale à la distance moyenne parcourue en ligne droite L, multipliée par la racine carrée du nombre total de portions parcourues en ligne droite N. La formule est la suivante :

$D = L \times \sqrt{N}$

L'ivrogne finira avec certitude par retrouver son lampadaire sur une grille carrée finie à deux dimensions, comme dans notre jeu. S'il n'y a aucune barrière et que la marche aléatoire n'est pas finie, la situation devient assez complexe et engendre trop de problèmes et de théories sans solution. La situation est encore plus complexe dans le cas d'une marche aléatoire à trois dimensions le long d'un quadrillage fini.

La grande surprise ici est qu'un marcheur aléatoire est assuré d'atteindre une intersection dans un laps de temps fini. Dans la pratique, si vous vous trouvez à l'intérieur d'un grand bâtiment ou d'un labyrinthe doté d'un réseau très complexe de couloirs et passages, vous êtes assuré de trouver une sortie dans un laps de temps fini en vous déplaçant de manière aléatoire dans la structure.

LE CARACTÈRE ALÉATOIRE

La science et les mathématiques font la différence entre processus ***déterministe*** et processus ***stochastique***, qui provient du grec ***stokhastikos*** (« conjectural »).

La conjecture, présente dans tous les aspects de la science du XXe siècle, entretient une relation étroite avec la ***thermodynamique***, dans laquelle l'***entropie*** est une mesure du désordre. Le caractère aléatoire est devenu le fondement de la mécanique quantique, un élément de hasard dans la microstructure de l'univers. Il se pourrait que derrière ce désordre apparent existent des lois non aléatoires qui restent à découvrir. L'influence de ces idées se fait ressentir également dans de nombreux autres domaines, dans l'art aléatoire de l'expressionnisme abstrait, dans la musique aléatoire, etc.

La recherche s'est beaucoup intéressée au problème dit de la ***marche aléatoire***, qui modélise la diffusion des molécules prises dans des collisions aléatoires dans des gaz et liquides, et qui constitue un excellent outil d'analyse des jeux de hasard.

078

MOTIFS ALÉATOIRES ?

Dans un motif aléatoire, la couleur d'une cellule quelconque ne nous donnerait aucune indication concernant la couleur de la suivante. C'est vrai en ce qui concerne le motif sur la gauche.

Le motif de droite semble plus aléatoire pour la plupart des gens. Mais il ne l'est pas, car la fréquence de changement de couleur d'une cellule à l'autre est trop élevée.

079

LE TRIPLE DUEL

Les chances de Mike sont deux fois supérieures à celles de Tom et Bill. Surprenant !

Pourquoi ? Tom et Bill vont se tirer dessus (puisqu'ils représentent la plus grande menace l'un pour l'autre) et Mike tirera alors sur le premier survivant, avec 50 % de chances d'atteindre sa cible (et partant, de l'emporter) et 50 % de chances de manquer sa cible (et donc d'être tué).

Mais voici le plus intéressant : si Mike tire le premier, il fera en sorte de manquer, car s'il tue Tom ou Bill, le survivant le tuera. Ainsi, seuls deux scénarios sont plausibles :

1- Tom tire le premier et tue Bill, ou inversement.

2- Dans l'un ou l'autre des cas, Mike a 50 % de chances de tuer le survivant, la probabilité étant alors égale à 1/2.

Les chances de Tom sont de 1/2 s'il tire le premier, et de 0 si Bill commence, donc la probabilité le concernant n'est que de 1/2 x 1/2 = 1/4. Bill a la même probabilité.

Nombre des résultats de la théorie des jeux sont contre-intuitifs et ces problèmes sont très répandus dans les mathématiques récréatives, comme le « Triple duel » dans ses nombreuses variations. C'est un exemple parfait de problème faisant appel à la théorie des probabilités avec une conclusion complètement contre-intuitive.

080

UN RUBAN DE MÖBIUS DÉCOUPÉ EN SON CENTRE

Un morceau, deux bords, quatre demi-tours, longueur double.

UN RUBAN DE MÖBIUS DÉCOUPÉ PRÈS DU BORD

Deux rubans entrelacés, l'un étant deux fois plus long que l'autre, avec quatre demi-tours.

LA TRAJECTOIRE D'UN VOYAGEUR LE LONG D'UN RUBAN DE MÖBIUS

Le voyageur et sa montre suivent une trajectoire qui les ramène à leur point de départ, mais de l'autre côté du ruban. Le ruban de Möbius est donc une surface non orientable, ce qui en constitue l'une des propriétés.

081

LES DÉS NON TRANSITIFS

Ce jeu de dés démontre efficacement le paradoxe des probabilités qui défie les règles de la transitivité. La relation peut donc être qualifiée de non transitive.

Le dé A bat le dé B. Le dé B l'emporte sur le dé C. Le dé C vainc le dé D, et enfin, le dé D bat le dé A. Le jeu présente un schéma de victoire circulaire, qui peut être calculé et « prouvé » par des tableaux de score répertoriant toutes les combinaisons impliquant deux dés.

082

DES AIGUILLES NON TRANSITIVES

Lorsque deux aiguilles sont utilisées pour le jeu, 36 résultats sont possibles. Si l'on prend l'aiguille A et l'aiguille B, 24 fois sur 36 A affiche la valeur 4, qui l'emporte sur la valeur 3 de B (qui apparaît 36 fois). Avec B et C, la valeur 2 de C apparaît 24 fois, ce qui permet à B de gagner. Avec C et D, la réponse est aussi 24. Ces résultats sont illustrés dans les tableaux ci-dessous.

Fait étonnant, la compétition entre A et D montre que D l'emporte sur A 24 fois sur 36 – un paradoxe non transitif !

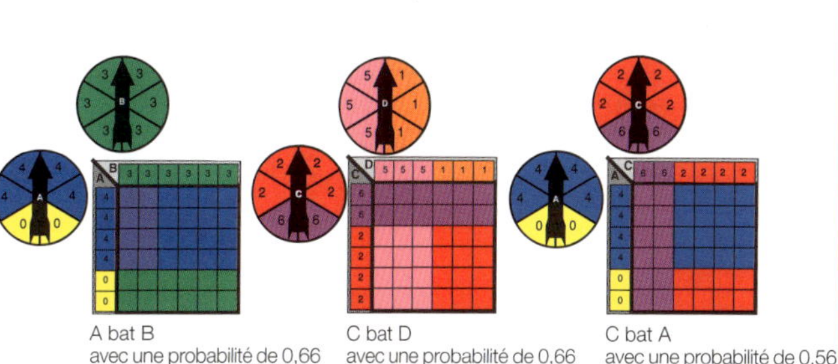

A bat B avec une probabilité de 0,66 — C bat D avec une probabilité de 0,66 — C bat A avec une probabilité de 0,56

083

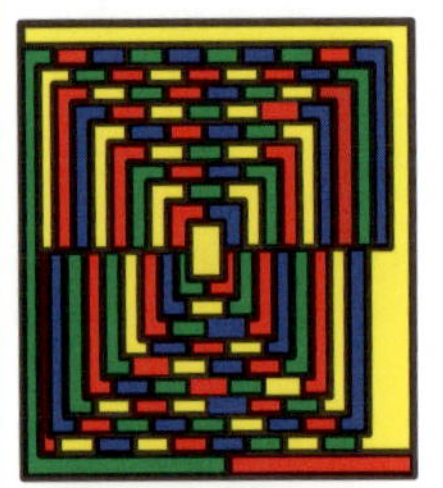

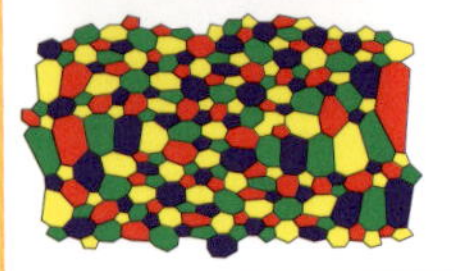

UNE CINQUIÈME COULEUR

Remarquez la date de publication : la carte de McGregor était un poisson d'avril ! Le problème des quatre couleurs a été résolu et s'appelle désormais le théorème des quatre couleurs, qui indique que quatre couleurs suffisent pour colorer une carte de manière qu'aucune zone n'ait la même couleur qu'une zone adjacente.

Après la publication de sa carte, Martin Gardner reçut des centaines de lettres avec la carte colorée avec quatre couleurs, dont nous vous proposons un exemple.

LE THÉORÈME DES QUATRE COULEURS

084

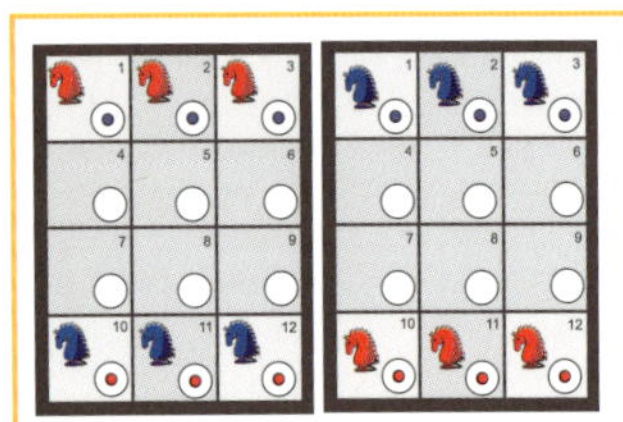

L'ÉCHANGE DE CAVALIERS

La solution nécessite 16 déplacements :

(1) 3-4 (2) 4-9 (3) 11-4 (4) 4-3 (5) 1-6 (6) 6-11 (7) 12-7 (8) 7-6 (9) 6-1 (10) 2-7 (11) 7-12 (12) 9-4 (13) 10-9 (14) 9-2 (15) 4-9 (16) 9-10

085

LE COLLIER D'ANNEAUX BORROMÉENS EN OR

Si vous coupez l'un ou l'autre des anneaux de la deuxième rangée en partant du bas, vous divisez le collier en trois parties, composée de 1-1-9 anneaux.

En effet, les trois anneaux inférieurs constituent un nœud borroméen, qui compte trois anneaux accrochés entre eux de manière qu'aucune paire ne soit reliée, mais que les trois anneaux ne puissent pas être séparés. Ils ont pris le nom de la famille italienne de la Renaissance, les Borromée, qui les utilisèrent sur leur blason. Si vous coupez l'un des anneaux, les trois sont séparés.

Il a récemment été démontré que les véritables nœuds borroméens n'existent pas, quelle que soit leur taille relative. Ils peuvent toutefois être composés de trois anneaux elliptiques congruents.

087

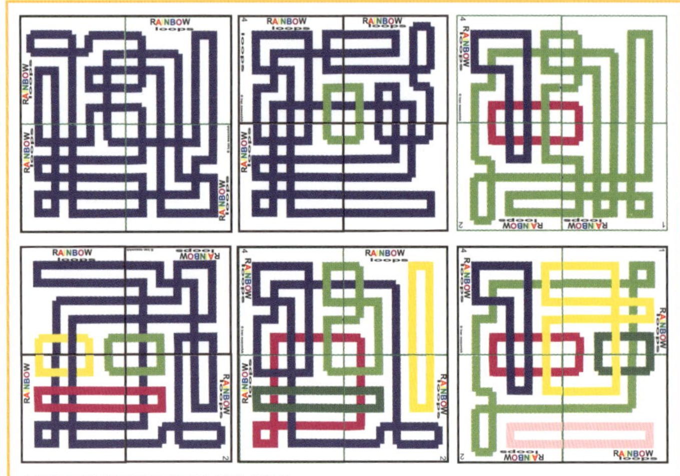

LES BOUCLES ARC-EN-CIEL

Configurations avec une à six boucles

088

Solide	Sommets (S)	Arêtes (A)	Faces (F)	V - E + F
Tétraèdre	4	6	4	2
Cube	8	12	16	2
Octaèdre	6	12	8	2
Icosaèdre	12	30	20	2
Dodécaèdre	20	30	12	2

TABLEAU DES POLYÈDRES RÉGULIERS

La formule S - A + F = 2 est désignée sous le nom de « caractéristique d'Euler ». Le tableau montre également que tous les solides réguliers ont la même relation en termes de sommets, d'arêtes et de faces exprimée dans la caractéristique d'Euler.

086

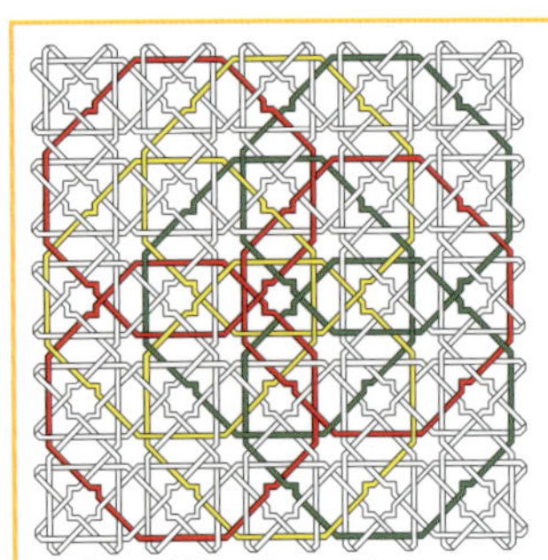

Forme (1) Neuf formes identiques

Forme (2) 12 formes identiques avec quatre orientations différentes

Forme (3) Quatre formes identiques avec quatre orientations différentes

LES MOTIFS DES MOSAÏQUES DE L'ALHAMBRA

Le motif est composé de 25 boucles fermées entrelacées de trois formes différentes et orientées différemment.

089

PLIER TROIS TIMBRES

Vous pouvez effectuer les six permutations par pliage.

PLIER QUATRE TIMBRES

Les 16 possibilités de pliage sont illustrées ci-contre.

Les nombres correspondent aux options mentionnées.

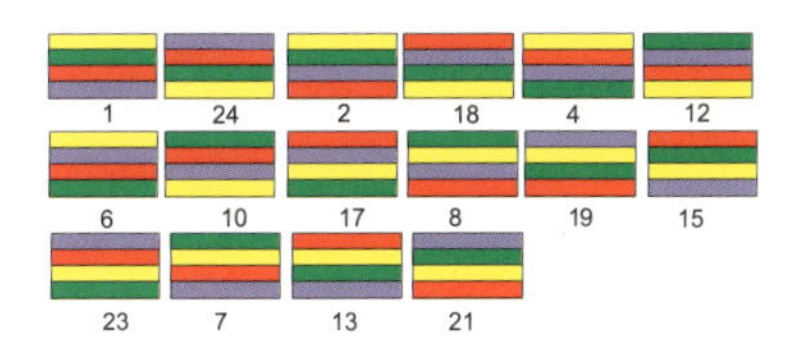

PLIER HUIT TIMBRES

Pliez la moitié de droite sur la gauche, de manière que 2 se place sur 5, 3 sur 6, 1 sur 4 et 8 sur 7. Pliez maintenant la moitié inférieure de manière que 4 se place sous 5 et 7 sous 6. Insérez ensuite 4 et 5 entre 6 et 3, puis pliez 1 et 2 sur la pile.

PLIER UN JOURNAL

La puissance du doublement

Fait surprenant, vous avez tort si vous répondez plus de 10 fois, car il est quasiment impossible de plier une page d'un journal en deux plus de huit fois, voire tout au plus dix fois, et ce, quelle que soit l'épaisseur du papier.

Pour comprendre pourquoi, il convient de penser que le fait de doubler quelque chose signifie le multiplier par deux, ce qui revient à ajouter un nombre à lui-même. Pourtant, ce fait, si simple soit-il, peut s'avérer très puissant. Après neuf plis, l'épaisseur du papier est 512 fois supérieure à celle de départ, empêchant tout pliage supplémentaire.

090

PLIER SIX TIMBRES

Le pliage n° 3 est impossible. Il est impossible en général de plier la bande de façon à ce que les couleurs en diagonale se chevauchent dans la pile.

PLIER UN CARRÉ DE QUATRE TIMBRES

Les huit pliages possibles sont les suivants.

091

LE JARDIN ARTISTIQUE IMPOSSIBLE

La sculpture s'inspire du célèbre pliage « *hypercard* », créé à partir d'une seule feuille de papier coupée en trois endroits, comme illustré. Pliez la partie jaune vers le haut à 90° selon les pointillés, puis tournez la partie de droite (blanche) en la repliant de 180° selon la moitié des pointillés de son côté. De nombreuses variations de cette structure ont vu le jour depuis sa révélation par Martin Gardner. Robert Neal et d'autres magiciens ont mis au point plusieurs fabuleux tours de magie en s'appuyant sur l'hypercard.

Vous pouvez créer ce modèle de sculpture de jardin « impossible » avec une seule feuille de papier rectangulaire.

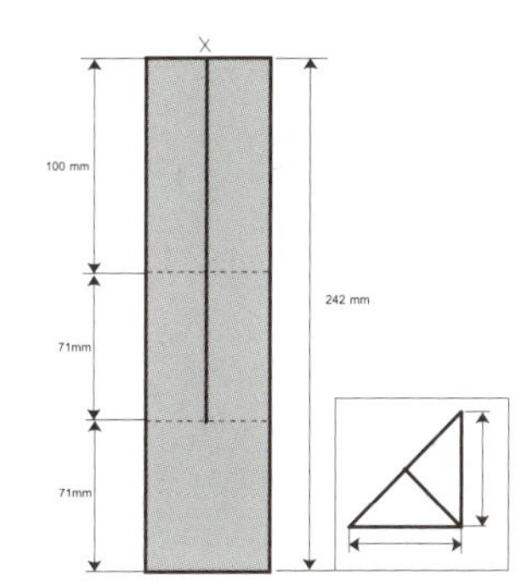

092

LE PLIAGE DE BOUCLE IMPOSSIBLE DE HARRY

Voici la solution.

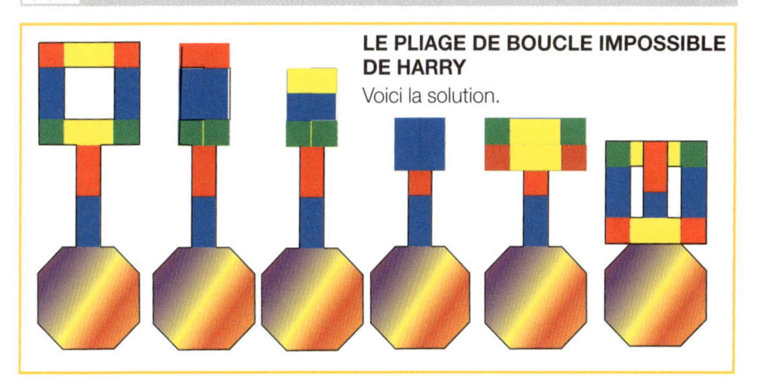

093

LE PLIAGE « IMPOSSIBLE » À CINQ BOUCLES D'IVAN

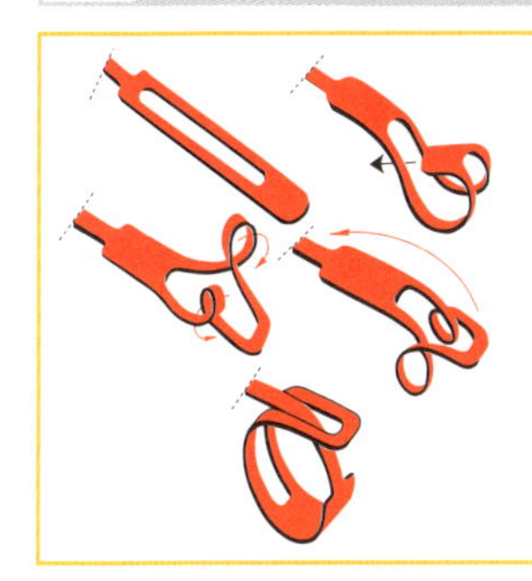

La sculpture « impossible » s'inspire d'un mécanisme topologique découvert par Rolamite Inc. On a l'impression que la structure tout entière est passée par chacune des cinq fentes, un exploit impossible en apparence. Cependant, aussi impossible que cela puisse paraître, vous pouvez y parvenir, en seulement quelques secondes par boucle, comme illustré dans la séquence d'opérations.

094

DISTORSIONS ANAMORPHIQUES

Pour voir les images déformées, tenez le livre avec le bas de la page vers vous, puis portez le bord extérieur de la page à environ 15 centimètres de votre nez, et observez la page à un angle très oblique. Fermez un œil : tout s'éclaircit.

097

CUBES ROUGES ET VERTS

La solution illustrée compte 22 cubes en contact. Il est possible de placer cinq cubes sur les quatre faces du cube rouge, comme illustré. Deux cubes supplémentaires peuvent remplir les trous sur les faces opposées du cube rouge. D'autres solutions ont également été trouvées pour 24 cubes. Les trouverez-vous ?

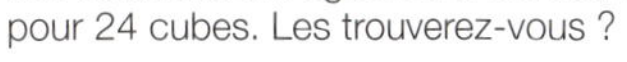

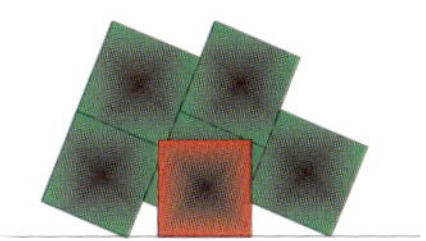

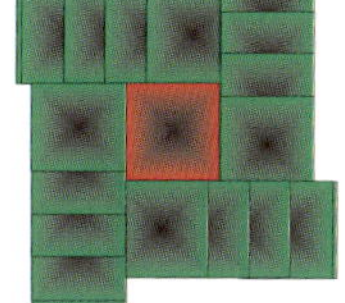

095

UN CUBE DANS UN CUBE

Le problème du prince Rupert

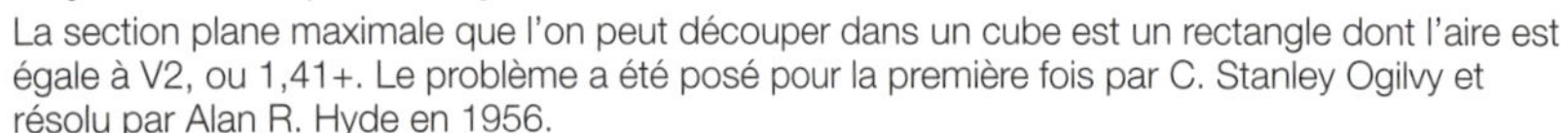

La section plane maximale que l'on peut découper dans un cube est un rectangle dont l'aire est égale à V2, ou 1,41+. Le problème a été posé pour la première fois par C. Stanley Ogilvy et résolu par Alan R. Hyde en 1956.

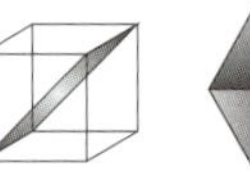

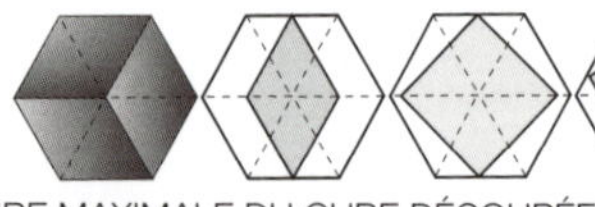

AIRE MAXIMALE DU CUBE DÉCOUPÉE

La façon la plus simple de démontrer qu'un carré d'une taille supérieure à une face d'un cube peut contenir dans le cube est d'imaginer tenir un cube devant vous de manière qu'un de ses sommets se trouve au centre. Ses arêtes dessinent alors un hexagone régulier. On imagine souvent que le fait de couper un cube pour produire un hexagone régulier représente l'aire maximale, mais la surface n'est alors que de 1,29+. Si l'on projette l'une des faces du cube vers le centre de l'hexagone, on voit que sa longue diagonale est la même que celle de la face du cube, car cette ligne n'a pas été déformée. En faisant tourner cette projection dans le plan de la coupe hexagonale on peut voir que ses angles du milieu n'atteignent pas les sommets de l'hexagone. En inclinant un peu le carré, ses quatre angles se trouvent à l'intérieur de l'hexagone sans en toucher les côtés, et donc de contenir un carré plus grand. Chaque angle du plus grand carré qui contient à l'intérieur d'un cube d'un côté d'une unité se trouve à 1/4 de distance d'un angle du cube. Si un cube possède des côtés d'1 unité, il est possible de percer un trou carré dont les côtés sont égaux à 1,035 fois le côté du cube. Pour que le reste du cube soit d'un seul morceau, le trou doit être plus petit. Si vous avez un cube de 100 mm de côtés, la taille du carré le plus grand qui passe à travers est de 103,5 mm. Un plus grand cube doté d'un côté légèrement inférieur à 103,5 mm parviendra à passer dans le cube de côtés d'une unité.

096

TRENTE CUBES DE COULEURS

La face inférieure de tous les cubes est colorée en violet. La face supérieure se voit attribuer l'une des cinq couleurs restantes à tour de rôle. Les quatre faces vierges étant équivalentes sur le plan fonctionnel, une troisième couleur au choix peut être appliquée sur la face avant. Les faces restantes se voient appliquer six permutations des trois dernières couleurs (car 3 x 2 x 1 = 6).

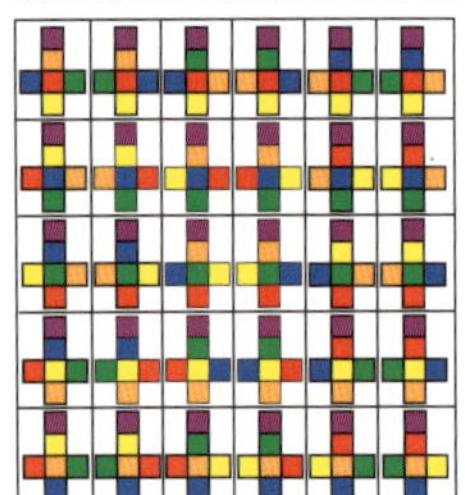

DES CUBES LINÉAIRES

L'une des solutions possibles est proposée.

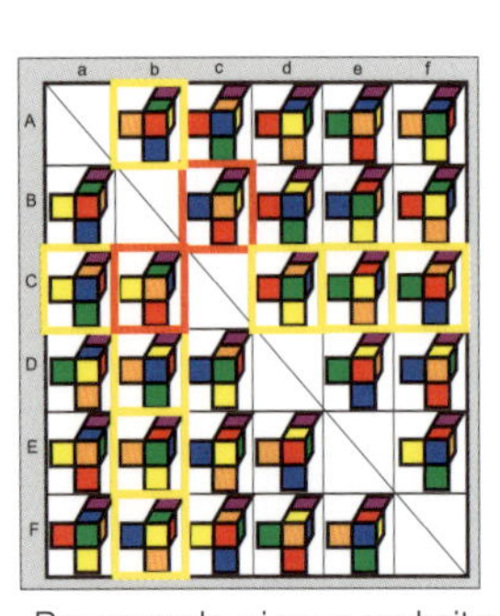

LE GRAND FRÈRE

Celui qui a trouvé la solution complète pour trouver les huit cubes est le mathématicien anglais John Horton Conway, qui disposa les 30 cubes dans un tableau de six par six, qui fournissait toutes les solutions au problème de MacMahon.

Par exemple, si vous souhaitez sélectionner le cube Bc et trouver les huit cubes permettant de créer sa réplique plus grande deux par deux par deux, prenez le cube en miroir Cb, puis sélectionnez les huit autres cubes dans la ligne et la colonne Cb.

098

	Casse-tête 1
1	= 1
2	= 2
3	= 2 + 1
4	= 4
5	= 4 + 1
6	= 4 + 2
7	= 4 + 2 + 1
8	= 8
9	= 8 + 1
10	= 8 + 2 + 1
11	= 8 + 2
12	= 8 + 4
13	= 8 + 4 +1
14	= 8 + 4 + 2
15	= 8 + 4 + 2 + 1
16	= 16
17	= 16 + 1
18	= 16 + 2
19	= 16 + 2 + 1
20	= 16 + 4
21	= 16 + 4 + 1
22	= 16 + 4 + 2
23	= 16 + 4 + 2 + 1
24	= 16 + 8
25	= 16 + 8 + 1
26	= 16 + 8 + 2
27	= 16 + 8 + 2 + 1
28	= 16 + 8 + 4
29	= 16 + 8 + 4 + 1
30	= 16 + 8 + 4 + 2
31	= 16 + 8 + 4 + 2 + 1
32	= 32
33	= 32 + 1
34	= 32 + 2
35	= 32 + 2 + 1
36	= 32 + 4
37	= 32 + 4 + 1
38	= 32 + 4 + 2
39	= 32 + 4 + 2 + 1
40	= 32 + 8

Casse-tête 2	
1	= 1
2 + 1	= 3
3	= 3
4	= 3 + 1
5 + 3 + 1	= 9
6 + 3	= 9
7 + 3	= 9+1
8 + 1	= 9
9	= 9
10	= 9 + 1
11 + 1	= 9 + 3
12	= 9 + 3
13	= 9 + 3 + 1
14 + 9 + 3 + 1	= 27
15 + 9 + 3	= 27
16 + 9 + 3	= 27 + 1
17 + 9 + 1	= 27
18 + 9	= 27
19 + 9	= 27 + 1
20 + 9 + 1	= 27 + 3
21 + 9	= 27 + 3
22 + 9	= 27 + 3 + 1
23 + 3 + 1	= 27
24 + 3	= 27
25 + 3	= 27 + 1
26 + 1	= 27
27	= 27
28	= 27 + 1
29 + 1	= 27 + 3
30	= 27 + 3
31	= 27 + 3 + 1
32 + 3 + 1	= 27 + 9
33 + 3	= 27 + 9
34 + 3	= 27 + 9 + 1
35 + 1	= 27 + 9
36	= 27 + 9
37	= 27 + 9 + 1
38 + 1	= 27 + 9 + 3
39	= 27 + 9 + 3
40	= 27 + 9 + 3 + 1

LE PROBLÈME DE POIDS DE BACHET

Le tableau ci-après montre la combinaison de poids qui permet d'obtenir la solution.

(1) Si les poids sont autorisés d'un seul côté de la balance, pour peser des objets consécutifs entre 1 et 40 kilogrammes, vous aurez besoin d'un ensemble binaire de six poids de 1 kg, 2 kg, 4 kg, 8 kg, 16 kg et 32 kg. Ces poids sont les six premières puissances de trois : 2^0, 2^1, 2^2, 2^3, 2^4, 2^5.

(2) Si les poids sont autorisés des deux côtés de la balance, pour peser des objets consécutifs entre 1 et 40 kilogrammes, vous aurez besoin d'un ensemble ternaire de poids (les quatre premières puissances de trois : 3^0, 3^1, 3^2, 3^3), à savoir : 1 kg, 3 kg, 9 kg, et 27 kg.

099

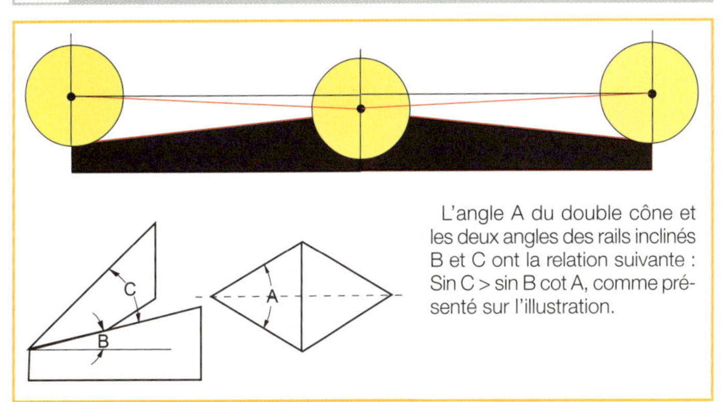

L'angle A du double cône et les deux angles des rails inclinés B et C ont la relation suivante : Sin C > sin B cot A, comme présenté sur l'illustration.

LES DOUBLES CÔNES ANTIGRAVITÉ

Le double cône semble commencer à remonter la colline, mais en fait il descend sur le rail incliné, comme on peut le voir en regardant le dispositif de côté. À mesure que le double cône semble « monter », la largeur des rails qui augmente abaisse les cônes et, dans les faits, leur centre de gravité descend. Sur les doubles rails inclinés le mouvement du double cône est celui d'un oscillateur mécanique ou même d'une machine en mouvement perpétuel théorique, dont le centre de gravité monte et descend. Cette oscillation peut se poursuivre longtemps si les cônes sont lourds.

100

L'ÉQUILIBRE DES CHANCES

Il existe six situations d'équilibre différentes (trois paires de réflexions). La probabilité d'un équilibre aléatoire est de 6/120 = 1/20 soit 5 %.

101

LE CLASSEMENT DES POIDS POUR TROIS OBJETS

Trois pesées peuvent être nécessaires pour trois objets, comme suit.

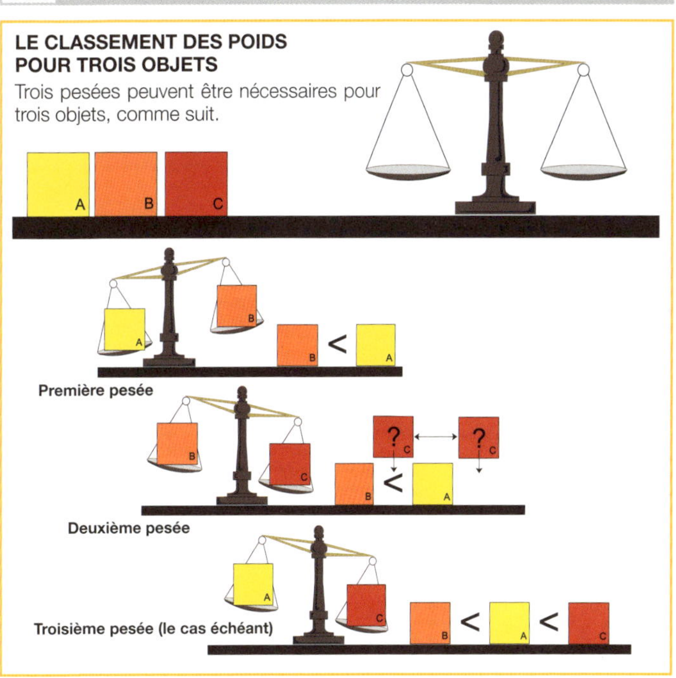

LE CLASSEMENT DES POIDS POUR QUATRE OBJETS

Cinq pesées peuvent être nécessaires pour quatre objets, comme suit.

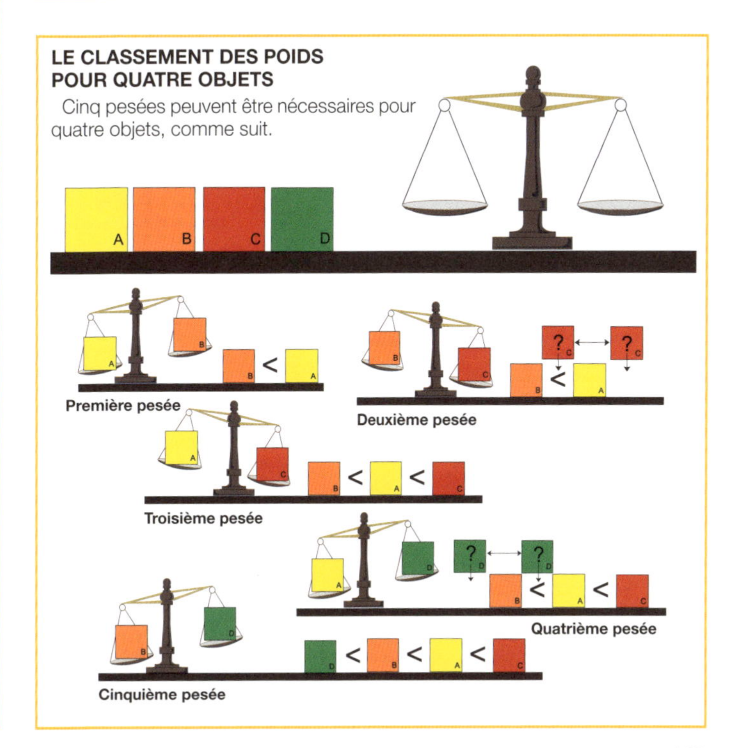

LE CLASSEMENT DES POIDS POUR CINQ OBJETS

Il est possible de classer cinq objets avec un maximum de sept pesées sur une balance.

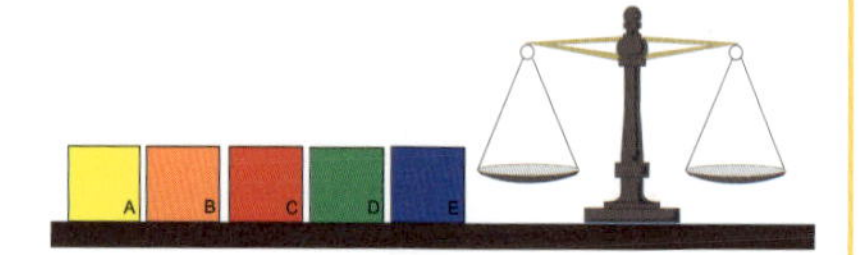

Le problème général de classement de n poids avec un nombre minimal de pesées a été proposé en 1950 par le mathématicien polonais Hugo Steinhaus (1887-1972). De 1 à 10, le nombre minimal de pesée et le suivant : 0, 1, 3, 5, 7, 10, 13, 16, 19 et 22.

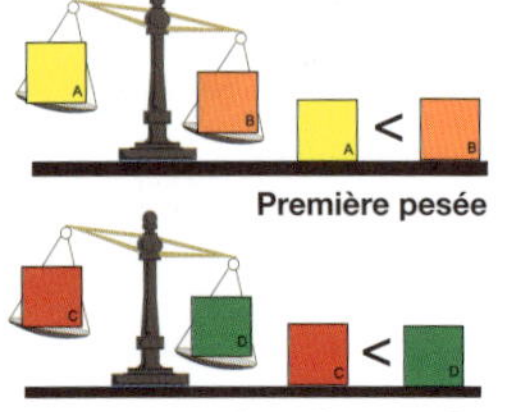

Première pesée

Deuxième pesée

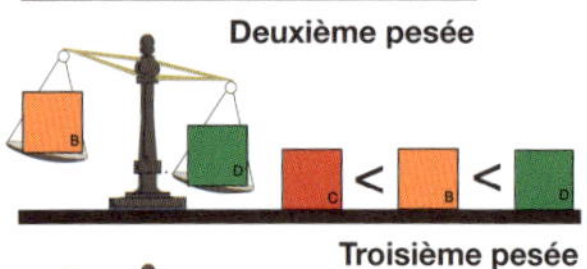

Troisième pesée

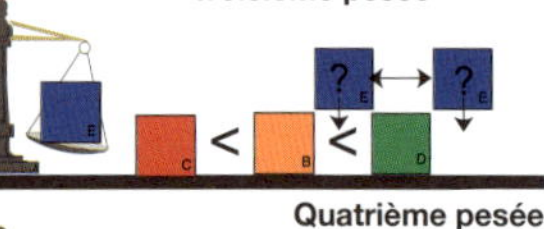

Quatrième pesée

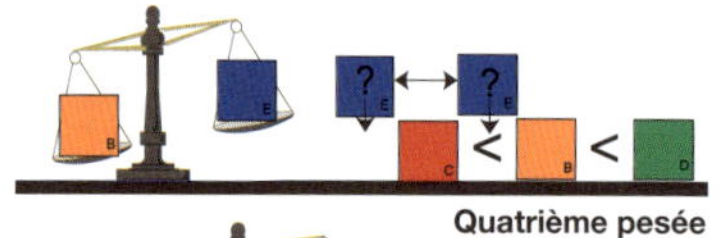

Quatrième pesée

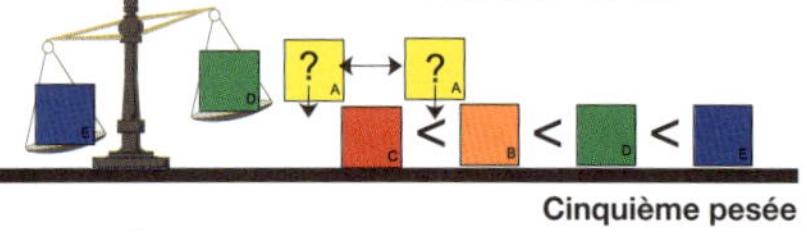

Cinquième pesée

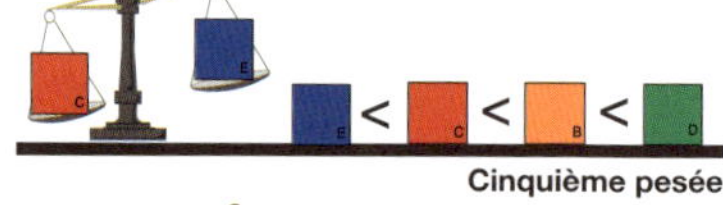

Cinquième pesée

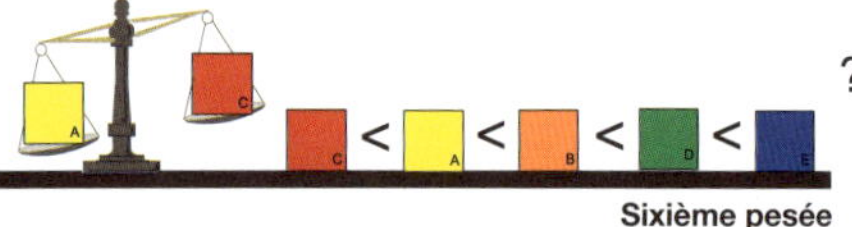

Sixième pesée

?

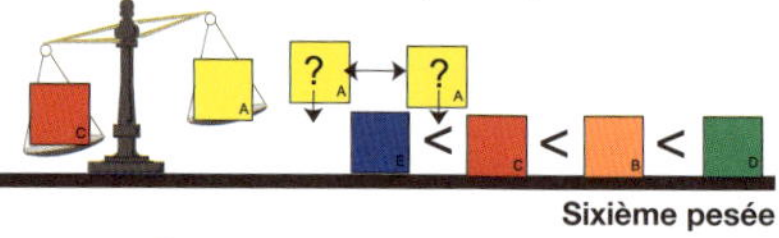

Sixième pesée

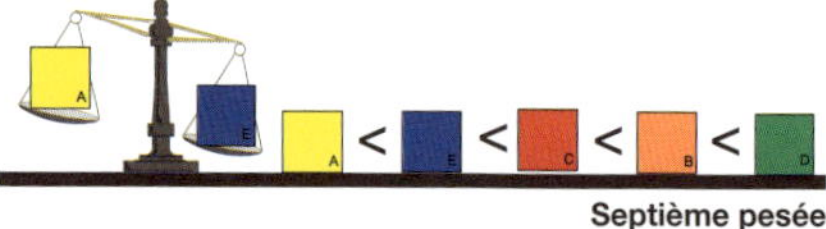

Septième pesée

103

LE PENDULE DE FOUCAULT

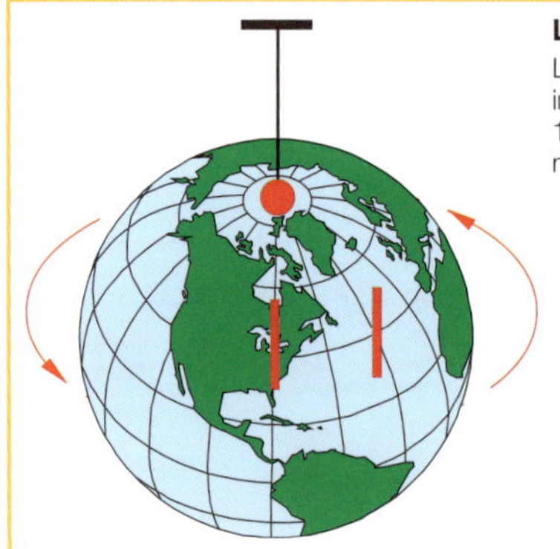

L'apparente rotation du pendule varie avec la latitude à laquelle il est installé. Sa vitesse à des points entre les pôles et l'équateur est égale à 15° par heure multiplié par le sinus de la latitude. Cela s'explique uniquement par le fait que la Terre tourne sous le pendule.

102

LE PENDULE D'UNE TONNE

Le garçon peut faire en sorte que le pendule se balance en tirant plusieurs fois sur la ficelle, ce qui fera osciller le pendule en arcs de plus en plus larges si le rythme de répétition des petites tractions est résonant. Il doit le laisser se balancer, puis lancer l'aimant fixé au bout de la ficelle de manière que celui-ci s'accroche au pendule, puis il doit tirer l'aimant lorsque le pendule termine son oscillation vers lui. S'il tire trop fort, le fil se rompt.

104

ON A MARCHÉ SUR LA LUNE

Il n'y pas de nuages sur la lune. Par conséquent, la photo est un faux. Les nuages sont constitués de vapeur d'eau flottant dans l'air. Or la lune ne possède ni air ni eau.

105

LA LUNE, MERCURE ET LES ÉTOILES

Une ou peut-être deux étoiles se trouvent dans le croissant couvrant la surface de la lune : cela signifie soit que nous regardons à travers la lune, soit que des étoiles se trouvent entre la lune et la Terre, hypothèses toutes deux impossibles.

106

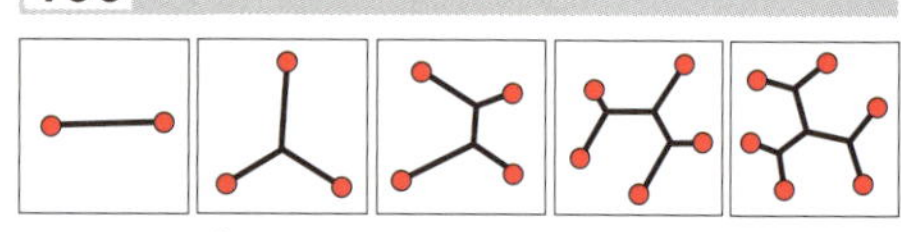

LE PROBLÈME DES CHEMINS MINIMAUX

Les chemins minimaux sont des arbres : des graphiques sans boucle fermée dans lesquels les lignes se rejoignent à un angle de 120° les unes par rapport aux autres.

107

LE PRINCIPE D'ARCHIMÈDE

Si le volume d'eau déplacé était le même dans les deux cas, cela aurait signifié que la couronne était en or massif. Mais ce n'était pas le cas. La couronne déplaça plus d'eau, ce qui montrait qu'elle contenait un alliage constitué d'un métal moins lourd que l'or, en proportions supérieures au volume d'or.

Elle était donc fausse. La renommée d'Archimède s'accrut à mesure de ses découvertes. La découverte qu'un corps plongé dans un liquide flotte (à savoir, qu'il devient plus léger) grâce à une force ascendante, la portance, qui est égale au poids du liquide déplacé, posa les fondements de la science de l'hydrostatique.

108

PERCEPTION, ART ET ILLUSION

Si vous prenez les mesures exactes, vous constaterez qu'il y a en fait quatre sculptures de tailles différentes. Cependant, nous voyons quatre objets que nous supposons être de tailles identiques à différentes distances par rapport à nous, plus un géant à l'extrémité de la rangée. Nos yeux compensent car ils comprennent l'effet de perspective, en nous faisant penser qu'il n'y a que deux tailles. En réalité, la sculpture la plus proche et la plus éloignée sont de taille identique, ce que les mesures confirment. La perspective peut fausser notre perception de la taille et de la distance entre les objets. Si deux objets de même taille sont perçus comme se trouvant à des distances différentes, le plus distant semble plus grand, comme démontré clairement dans ce jardin de sculptures.

109

UNE ILLUSION DE CONTRASTE – COMBIEN Y A-T-IL DE NUANCES ?

Les lignes de séparation entre les dégradés de couleur permettent de distinguer les différences de nuances. Mais si ces lignes sont couvertes par des crayons notre perception est trompée. Elle ne parvient pas à distinguer clairement de bord et suppose à tort que chaque bloc est constitué d'une nuance uniforme de rouge.

110

LES POINTS PERSISTANTS

Vous ne pouvez pas véritablement compter les points noirs aux intersections, car si vous regardez directement une seule intersection où apparaît un point noir, il disparaît. En fait, aucun des points n'existe vraiment.

Les points noirs apparaissent à la suite d'un processus neural appelé « inhibition latérale », phénomène qui amplifie la différence entre lumière et obscurité. La lumière frappant la rétine (la membrane sensorielle située à l'arrière des yeux) excite les neurones de la rétine, qui transmettent des impulsions au cerveau. Ce faisant, ils neutralisent aussi la réaction des cellules visuelles avoisinantes (d'où le terme d'« inhibition latérale ») pour amplifier les nuances subtiles de la lumière et aider le cerveau à voir les détails. Ainsi, si vous ne fixez pas directement une seule intersection, les carrés et lignes réguliers stimulent ces fonctions antagonistes à outrance, faisant percevoir à votre cerveau des points gris-noir là où ils n'existent pas. Mais en observant directement une intersection, vous permettez le bon fonctionnement de l'inhibition latérale : les bords sont clairs.

La figure présentée est connue sous le nom de « grille d'Hermann », du nom de son concepteur, qui la visualisa en lisant un livre concernant le son en 1870.

111

DES CARRÉS ILLUSOIRES

Le cerveau remplit les détails manquants. Notre système visuel a appris à analyser les contours définissant un objet et à remplir les vides pour former la perception de l'ensemble. C'est un excellent raccourci, mais dans certains cas il vous fait voir ce que vous attendiez, pas vraiment la réalité.

Les contours blancs subjectifs semblent plus blancs que blanc mais, lorsqu'on les observe de près, ils disparaissent. Plus surprenant, nous pouvons déformer des contours subjectifs comme s'il s'agissait de véritables lignes grâce aux illusions d'optique et obtenir les mêmes effets que si c'étaient de vraies lignes. Ainsi, nous pouvons les déformer, les rendre courbes, etc.

Les carrés blancs

Les illusions optiques peuvent engendrer une confusion de nos perceptions. Dans ce cas, nous voyons des carrés où il n'en existe pas.

112

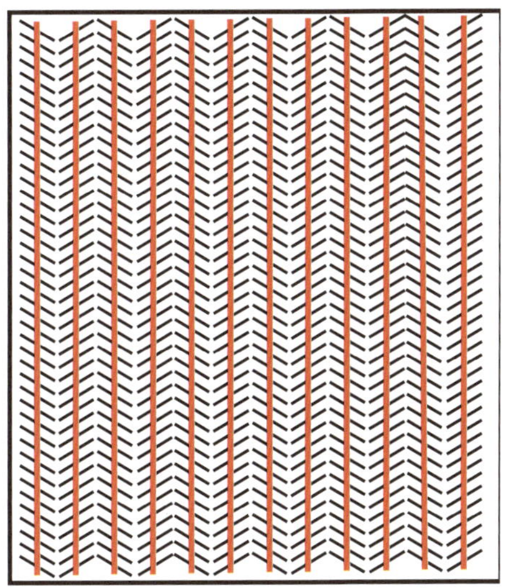

LES LIGNES PARALLÈLES

Dans notre version légèrement modifiée du problème, la distorsion des trois dernières lignes parallèles est compensée par la correction de l'illusion, en changeant la deuxième ligne en partant de la droite, comme illustré. Ainsi, nous « voyons » comme parallèles uniquement les trois lignes de droite qui en fait ne sont pas parallèles, alors que toutes les autres le sont.

114

UNE COCCINELLE DANS UN CUBE DE NECKER

(1) Vous voyez la coccinelle à l'extérieur, sur la paroi verticale du cube.

(2) Vous la voyez à l'extérieur, dans le bas du cube.

(3) Vous la voyez à l'intérieur, sur le plancher du cube.

113

UN VERRE À VIN SUR UN PLATEAU

L'illustration de droite est l'inversion de celle de gauche. Le verre à vin semble se trouver sur le plateau dans l'illustration de gauche, mais si vous placez le livre la tête en bas, vous voyez que le verre se trouve sur la table, comme dans l'illustration de droite.

CONVEXE – CONCAVE

La méthode évidente consiste à tourner l'image de 180°. Cependant, il est également possible d'obtenir un effet similaire comme avec un négatif photographique, en inversant obscurité et lumière. Dans les deux cas, les ombres deviennent des reliefs et la source de lumière semble avoir changé.

115

1	2	3	4	5
6	7	8	9	10
11	12	13	14	15
16	17	18	19	20
21	22	23	24	25
26	27	28	29	30

Page de gauche

1	2	27	9	5
6	24	23	29	10
12	30	13	19	15
16	8	14	3	20
21	22	4	7	25
26	18	17	28	11

Page de droite

LAPPARIEMENT DE MOTIFS

La solution au problème des paires de motifs se trouve ci-dessus.

116

LES CUBES LOVE

L'histoire des mathématiques récréatives recense 4 engouements majeurs pour les casse-tête : le *Puzzle quinze*, le *Tangram*, le jeu *Instant Insanity Puzzle*, puis le *Rubik's Cube*.

Les cubes Love constituent l'une des nombreuses variantes modernes d'un jeu vieux d'un siècle, qui est toujours commercialisé sous des noms différents. L'objectif est d'aligner les quatre cubes de manière que chacune des couleurs (dans n'importe quel ordre) apparaisse sur chaque rangée et que le mot « LOVE » s'inscrive sur les quatre faces.

Ce n'est pas aussi facile qu'il y paraît. En effet, il existe plus de 40 000 dispositions possibles, dont une seule constitue la solution du problème.

La version originale du puzzle fut conçue et brevetée en 1900 par Frederick A. Schossow, originaire de Detroit. Elle était décorée de motifs représentant des cartes à jouer.

117

LES CUBES MANQUANTS

Il manque 19 cubes, comme montré sur l'illustration. Les problèmes tels que celui-ci dépendent en grande partie de notre perception de la profondeur, qui est l'effet tridimensionnel proposé par la perspective sur un plan à deux dimensions.

LE CUBE MANQUANT

La pièce numéro 2 complète le cube.

HARMONOGRAMMES de Moscovich